U0144764

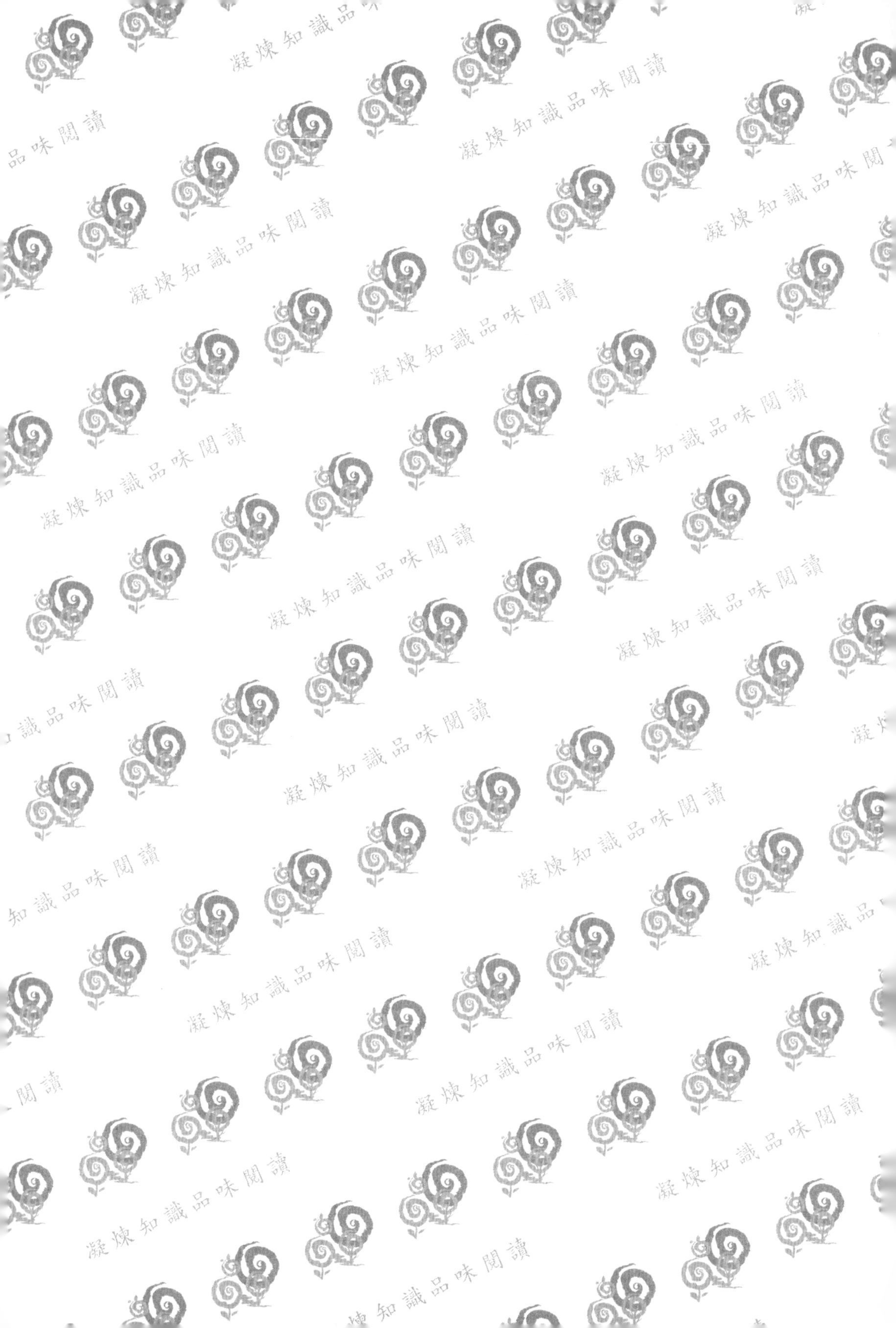
凝煉知識品味閱讀

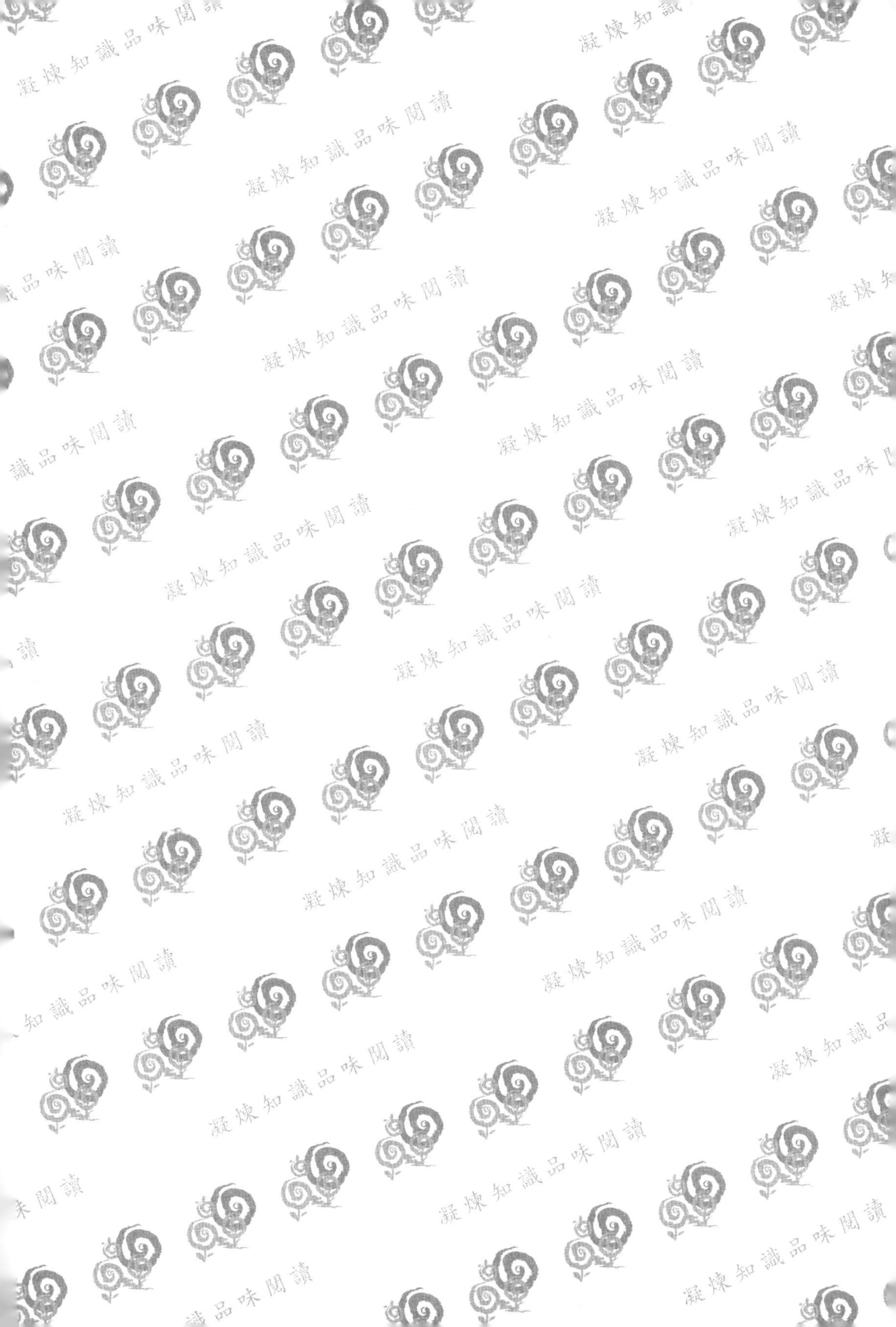

五南出版

精密機械設計

Precision Machine Design

蔡錫錚 賴景義 劉建聖 陳世叡 陳怡呈 著

五南圖書出版公司 印行

前　言

隨著工程科技的發展與精進，各種產業設備對更高精度的要求也成為可能。以往機械工程中所談到的最小單位為0.01mm，即俗稱的「條」；但到今天皆可以達到原有的1/10的微米甚至1/100或1/1000的奈米加工等級。這些的改變當然來自研究的突破與技術的精進，但在設計上仍然離不開所謂「主動」與「被動」控制誤差的法則。例如我們對在加工製程或機器運轉過程中無法完全掌握的誤差，多會透過管制零件的幾何尺寸與形態之公差來控制，或是透過設計來補償，這樣的「被動」方式就是一般最常使用來降低可能誤差值的方法。但這種方法仍然有技術上與成本效益上的極限，因此也會使用以自動控制觀念的「主動」方法，來主動補償並降低所有可能的誤差，這方法現在也多應用在現代機器設備之中。

不論技術如何精進，身為教師的我們認為上述法則仍有其基本原理，因此我們整理出在機械設計中與精度有關的內容著成本書，全書內容上共分成七章，分別由五位作者從各自之研究、教學領域的成果撰寫而成。各章內容簡單說明如下：

第一章、精度基本概念：由蔡錫錚博士撰寫。介紹機械、設備甚至儀器所要求精度、誤差的基本概念，以及造成誤差的原因與可能因應的對策。

第二章、機械精度與公差：由蔡錫錚博士撰寫。以完整有系統的方式來介紹機械設計中的尺度、幾何公差，以及加工表面的粗糙度。其中在尺度公差中除基本的公差與配合介紹外，亦說明累積公差在設計上的意義。同時也以多個圖例來介紹幾何公差之標註意義與方法，包括公差之基準，以及ISO新制訂之最大、最小實體要求，以期能使讀者了解現代製造工程中，對幾何公差與尺寸公差關係之最新管制手法。

第三章、組裝公差分析與設計：由賴景義博士撰寫。傳統累積公差的計算方法，僅能確保設計正確性，但卻無法滿足現代製造工程之經濟加工性的要求，因此本章從統計觀點介紹具成本效益的尺寸公差配置方法。先以簡單易懂方式介紹公差分析所需要的統計概念，並以此概念解說在一組合件中各零件的一維尺寸鏈公差之間的關係。由此理論基礎再介紹如何在一組合模組中，建立各零件合理的公差配置，以避免過高的加工精度要求。最後以一實例來具體說明此較抽象的概念。

第四章、精密傳動元件：由蔡錫錚博士撰寫。介紹機械設備中幾種常見且重要的傳動元件：滾動軸承、線性軸承、滾珠螺桿、螺旋齒輪以及傳動軸。內容集中在各元件之精度等級規範方式與在設計上各種必須注意事項以及可行之設計對策。

第五章、精密致動器：由劉建聖博士撰寫。在具成本效益而達成高精度要求的自動控制系統中，最重要的元件之一即是用以驅動功能零組件的致動器。在本章中將先介紹致動器在控制系統中所扮演的角色，再簡介各種不同的致動器，最後則以手機照相模組用的自動對焦致動器為實例，來說明致動器設計流程與相關機構、電路設計以及驗證。

第六章、機械傳動精度控制：由陳世叡博士撰寫。以簡單清楚的方式，介紹現代機器所使用的自動控制系統之原理與架構，包括常應用的微控制器軟硬體架構，以及感測器、伺服馬達驅動器相關硬體與電路等。

第七章、精密光學機構設計原理：由陳怡呈博士撰寫。不同於傳統探討精密機械設計法則，本章著重於國內教科書少有的光學機構相關設計法則。這些設計法則不僅應用到單純如鏡頭等設計，更可應用在結合光學元件的儀器、機器、甚至設備等設計。本章先介紹光機設計使用材料的特性，隨後介紹透鏡之固緊問題、原理與方法，以及其他安裝會遭遇之問題與對應的設計法則，如接觸應力、彈性膠、撓性安裝等。而如何透過運動學自由度方法、調整機構、或對準方法裝配重要的光學元件，以及避免溫度變化效應造成之影響進行組裝設計，皆逐一以實例說明。

在書中最後亦列出以英文為主之英中文索引，可方便讀者閱讀英文專業書籍時，使用本書做為輔助參考之用。

本書內容力求淺顯易懂，亦多貼近設計實務，除可做為一般大學或科技大學之相關機械設計進階課程之教科書，以彌補機械設計原理等基礎課程之不足外，並可做為從事設計實務工作之工程師的參考用書。

本書之撰寫係受到教育部「半導體光電產業先進設備人才培育計畫」所鼓勵，並補助相關經費，在此致上謝意；我們同時也期許能藉由本書之完成，得以推廣本計畫團隊所累積之教學成果，以提升國內相關設備開發所需之機械設計能力。當然我們另外也必須向五南圖書出版有限公司致謝，沒有該公司的協助，本書是無法得以順利出版。由於編撰過程難免有所疏漏，亦歡迎各界專家學者惠予指正，使本書能夠更加完善，俾能嘉惠學子。

著者　謹識

2014.9 於台灣 中壢 國立中央大學

目　錄

序

第一章　精度基本概念　1

1.1 概述　2
1.2 誤差概念　2
1.2.1 誤差定義　2
1.2.2 誤差分類　3
1.3 精度概念　3
1.3.1 精確度　3
1.3.2 重複精度與重現精度　4
1.3.3 靈敏度與解析度　5
1.4 誤差來源與分析　6
1.4.1 原理誤差　6
1.4.2 製造誤差　6
1.4.3 運轉誤差　7
1.5 誤差控制的方法　8
習題　9

第二章　機械精度與公差　11

2.1 概論　12
2.2 尺度公差　13
2.2.1 公差基本定義　13
2.2.2 ISO 尺度公差　14
2.2.3 通用公差　17
2.2.4 累積公差　18

2.2.5 累積公差計算實例 21
2.2.6 間隙控制之設計 24
2.3 ISO 配合系統 27
2.1.1 配合規範 27
2.3.2 常用之配合選用與設計意義 29
2.4 幾何公差基礎 31
2.2.1 幾何公差必要性 31
2.4.2 定義、符號與標註 32
2.4.3 幾何公差之標註 36
2.4.4 幾何公差之基準與基準系統 41
2.4.5 幾何公差之通用公差 46
2.5 公差原則 49
2.5.1 概述 49
2.5.2 基本定義 51
2.5.3 獨立原則 52
2.5.4 包容要求 54
2.5.5 最大實體要求 56
2.5.6 最小實體要求 65
2.5.7 可逆要求 70
2.5.8 公差相容要求之設計意義 72
2.5.9 幾何公差之標註方法 73
2.6 表面精度 76
2.6.1 表面粗糙度標註 76
2.6.2 加工方法與功能需求 80
習題 81

第三章 組裝公差分析與設計 85
3.1 前言 86
3.2 公差分析之統計基礎 88
3.2.1 統計公差基礎 88

3.2.2 常態分配與不良率分析 89
3.2.3 製程能力分析 91
3.3 尺寸鏈與公差分析 95
3.3.1 一維尺寸鏈分析 95
3.3.2 一維尺寸鏈計算方法 99
3.3.3 組裝公差分析模式 102
3.4 組裝公差設計 104
3.4.1 公差分析與公差配置 104
3.4.2 公差配置方法 105
3.4.3 進階統計公差分析與配置方法 107
3.5 公差分析與公差配置應用範例 113
3.5.1 塑膠蓋與橡膠墊 113
3.5.2 襯套擋環公差設計分析 121
習題 129

第四章 精密傳動元件 131
4.1 滾動軸承 132
4.1.1 概論 132
4.1.2 軸承精度等級與誤差種類 133
4.1.3 軸承間隙 136
4.1.4 軸承溫升與間隙變化 138
4.1.5 軸承配合之公差 139
4.1.6 軸承間隙控制與預壓設計 146
4.2 線性滑軌 150
4.2.1 概論 150
4.2.2 線性滑軌剛性與精度 152
4.2.3 組裝設計法則 153
4.3 滾珠螺桿 156
4.3.1 概論 156
4.3.2 滾珠螺桿精度與誤差 157

4.3.3 預壓方法 161
4.3.4 溫升影響 162
4.4 螺旋齒輪的精度與檢驗 163
4.4.1 概論 164
4.4.2 齒輪精度與量測 165
4.4.3 齒厚公差與量測 170
4.4.4 齒輪對背隙 174
4.4.5 齒輪對平行度 176
4.4.6 背隙控制方法 177
4.5 傳動軸 179
4.5.1 軸的剛性設計考量 179
4.5.2 軸的動平衡考量 180
習題 185

第五章 精密致動器 187
5.1 前言 188
5.2 致動器的原理與分類 189
5.2.1 電磁式致動器 189
5.2.2 靜電式致動器 190
5.2.3 壓電式致動器 191
5.2.4 電熱式致動器 192
5.2.5 形狀記憶合金致動器 192
5.2.6 氣液壓式致動器 193
5.2.7 磁致伸縮式致動器 194
5.2.8 其它致動器 195
5.3 致動器設計 196
5.3.1 手機照相模組用自動對焦致動器之背景簡介 197
5.3.2 音圈馬達自動對焦致動器的結構 199
5.3.3 音圈馬達自動對焦致動器的細部電磁設計 202
5.3.4 音圈馬達自動對焦致動器的電路設計 205

5.3.5 音圈馬達自動對焦致動器雛型品製作與實驗驗證 206
5.3.6 結論與展望 212
5.4 結語 212
習題 213

第六章 機械傳動精度控制 215
6.1 基本自動控制系統 216
6.1.1 系統動態特性 217
6.1.2 PID 控制器 218
6.2 微控制器軟硬體架構 219
6.2.1 8051 單晶片 220
6.2.2 可程式邏輯控制器 223
6.2.3 人機介面與裝置 224
6.3 精密感測技術 224
6.3.1 儀表放大電路 225
6.3.2 編碼器 227
6.4 伺服馬達及驅動器介紹 229
6.4.1 功率放大器 230
6.4.2 變頻器簡介 232
習題 233

第七章 精密光學機構設計原理 235
7.1 光機材料特性 236
7.2 透鏡固緊方法 239
7.2.1 單透鏡裝配 240
7.2.2 多透鏡裝配 245
7.3 光機介面與接觸應力 252
7.4 彈性膠安裝 255
7.5 撓性安裝 256

7.6 運動學裝配 259
7.7 調整機構 261
7.8 對準方法 264
7.9 消熱設計 267
7.10 反射鏡、稜鏡與濾光片裝配 270
習題 272

參考資料與文獻 273

索　　引 277

第一章 精度基本概念

1.1 概述
1.2 誤差概念
1.3 精度概念
1.4 誤差來源與分析
1.5 誤差控制的方法
習題

1.1 概述

隨著技術的進展，我們對現今機器或儀器精度的要求也相對提高。例如工具機之刀具運動或是旋切加工，所得到的誤差皆需控制在一定的精度要求內。又如三次元量測儀，其運動控制的精度要求又必得遠高於量測要求之精度範圍。也因此當我們規劃或設計機器、儀器時，必須能掌握到影響精度之因素，並能夠提出不同的設計方案予以滿足設計要求。

一般而言，機器是由不同之機構構成，所以機構之運動精度與構件在運轉下的變形皆會影響到整體輸出的效能，因此若要達到要求的精度，必須要滿足以下條件 [1-1]：

（1）**要能具備完美的運動基準**：運動的基準為機器中所有機構運動件彼此之間建立相對運動關係的基準，若其精度不足，代表各機構運動件之運動會有偏差，如此並無法確保相對運動可達預期之運動關係。

（2）**要能具備完美的運動對，才能根據運動基準產生理想的運動**：機構運動對必須在運動時一直保持接觸或者至少能保持固定的間隙。

（3）**機器運轉時，必須能避免產生噪音**：一般而言，噪音多因加工或升溫造成基準或運動對誤差（內部因素），或是受到外力、振動、或熱源（外部因素）而產生，噪音的發生代表無法滿足一定的精度。

（4）**必須能精準地偵測到運動**：若無法將誤差控制在要求的精度範圍內，則可以透過控制方式來補償誤差，但前提是必須能有運動訊號的回饋。

1.2 誤差概念

1.2.1　誤差定義

對任何的物理量進行製作或量測，無法避免地一定會與期待的目標值產生差距，這數據差值就稱之爲誤差。因此若對一物體進行量測，所測得到的數值與標稱值之間的差值就稱爲誤差，即：

誤差值＝量測值－標稱值。

一般而言，誤差具有以下之特點：

（1）任何量測必定有誤差存在，永遠不會等於零。

（2）多次重複量測某物理參數量時，各次的量測值並不相等。

相對於量測值，標稱值又稱為眞值，包括以下根據幾個不同類別所定義的理想值：

（1）**名義值**：為理論真值，一般為經過理論所計算或是設計所給定的數值。

（2）**約定真值**：為共同認定的幾何量與物理量的最高基準量值，例如公制中米（meter）的定義即屬此一類別。

（3）**相對真值**：標準儀器的測定值，因其誤差較一般儀器小一個數量級，所以可做為一般儀器校正之基準值。

1.2.2 誤差分類

就多次量測所得到的誤差值所呈現本身特性來看，誤差可區分為兩種不同類型：

（1）**系統誤差**：所有的誤差值會呈現一特定的趨勢，表現出此系統在量測基準上的誤差，因此可以被掌握，且可加以校正以降低此系統的誤差大小。

（2）**隨機誤差**：所有的誤差值呈現出雜亂無章、無法掌握、隨機變化的趨勢，此誤差為系統本身固有的特性所造成，因此無法透過其他方式加以校正。

1.3 精度概念

1.3.1 精確度

對於機器運轉或儀器量測多次所得到的數值，例如荷重計所量到的重量或工具機刀具運動的路徑，我們總是希望每次都能得到精準、確實的結果。但是在工程現實中，並不可能每次都得到相同的數據，因此在評估一個機械系統精度的良窳時，必須能夠加以定義精確度。

對於系統精度的判定，我們可以從**圖 1-1** 中不同的槍靶彈著點加以說明。在圖（a）中彈著點較為密集，但遠離靶心位置；反之在（b）中的各彈著點皆相當接近靶心，但各點間相當分散；而（c）中的彈著點則呈現密集落在靶心。從實際經驗中可以知道，形成彈著點分布（a）的槍支較（b）精度為佳，但是準確度不足。而此準確度通常係因為校正不佳所導致，例如槍支準星未校正或未做風向修正。如果槍支（a）經過校正，則可以得到（c）的彈著點分布。但槍支（b）除非重新改造，否則並無法加以改善彈著點分散的狀況。

從工程的角度來看，造成狀況（a）槍支的精密度佳，但準確度不佳。反之造成狀況（b）槍支的準確度佳，但精密度不佳。換言之精密度係反映隨機誤差大小的影響程度，而準確度則反映系統誤差大小的影響程度。所以可以透過校正、軟體補償等方式來降低系統誤差的影響，進而提高量測準確度；但是隨機誤差因無特定之變化，所以並無法加以修正，而呈現出系統的精密度良窳。

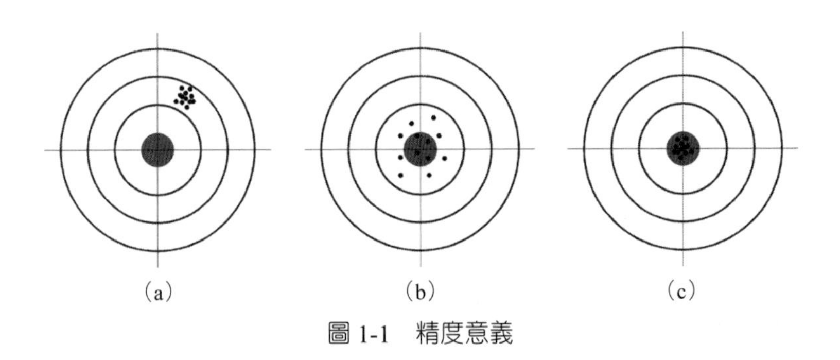

圖 1-1　精度意義

1.3.2　重複精度與重現精度

從機器或儀器運作角度來看，精度又可以區分重複精度與重現精度。

重複精度（repeatability）係指使用同一測試條件與量測方法，在一定時間內，連續多次量測同一物理參數，以得到的數據所呈現出精密度的高低。此精度呈現出設備固有誤差的精密度。

重現精度（reproducibility）係指不同的測試人員，用不同的量測方法與不同的量測儀器，在不同的地點以較長的時間，對同一物理參數進行量測，而以得到的數據所呈現出精密度的高低。

一般而言，設備精度若穩定，量測結果準確可信，則必須重複精度與重現精度皆很高，而且重現精度必會低於重複精度。

1.3.3 靈敏度與解析度

對機器或儀器的精度評估，另一個重要的指標是靈敏度與解析度。

靈敏度係指輸出值與輸入值的變化量之比值。即：

靈敏度 = 輸出值之增量 / 輸入值之增量。

靈敏度係表示量測儀器對輸入訊號所能夠偵測或識別到的最小改變量。

解析度爲儀器或設備能偵測或識別輸入量的最小值。解析度的高低亦會決定儀器量測精度，例如在機械式量具中，一般游標卡尺之最小可辨識的刻度爲 0.02mm，此即解析度；若在數位量測儀器，如一個 16 位元的電子秤，最大荷重顯示值爲 2000g，則在顯示數目爲 65536（$= 2^{16}$）下，最小顯示數值則爲 2000g/65536 = 0.03g。

一般而言，解析度與儀器所能顯示出的精確度相關，低解析度的儀器一定無法滿足儀器所具備的高精度能力，但若僅有高解析度也不一定可以具有高精度。只有相對應的解析度，才能有效達到要求的精度，一般而言，解析度約取精度之 1/3 ～ 1/10。一般市售儀器爲避免產生混淆，造成麻煩，都多直接將解析度設爲精度。

1.4 誤差來源與分析

一般在精密機械或量測儀器中常見的誤差通常來自設計原理誤差、製造誤差以及運轉誤差，相關內容說明如後。

1.4.1　原理誤差

在設計時所採用之理論或原理，多會基於一些假設，以便能夠建立出可以量化的理論計算式，但經由此算式所得的結果與實際狀況通常會產生誤差，此一誤差即稱爲原理誤差，一般主要常見如理論誤差、方案誤差、技術原理誤差、機構原理誤差、零件原理誤差、電路控制系統誤差等皆屬於此類型。

例如在機構設計中，多會以簡單機構取代複雜機構，來實現多元函數方程式，最有名的是汽車轉向機構，但轉向角度仍與阿克曼（Ackermann）原理有誤差。又如依**圖 1-2** 所示之尺寸比例關係構成之連桿機構（Hoekens 連桿機構），其耦桿點 A 在曲柄轉動半週期中可形成近似直線 E_1E_2，而且可以以近似等速方式進行運動，但是機構實際運動仍然與直線或等速有差值。必須注意的是原理誤差，並不考慮加工、組裝或運轉等影響。

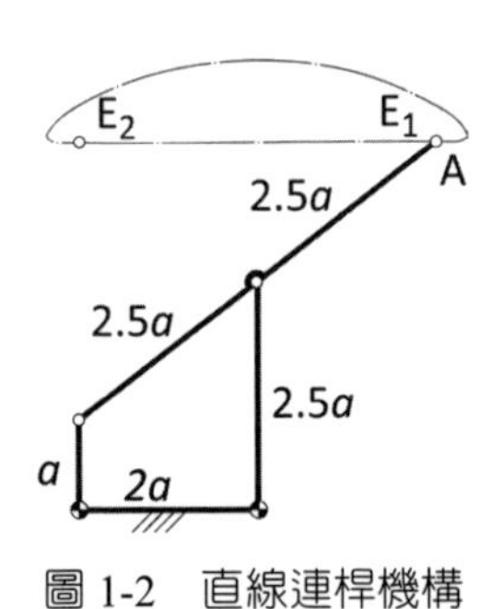

圖 1-2　直線連桿機構

1.4.2　製造誤差

製造誤差是在精密機械中最常見到的誤差類型，一般包括尺寸與幾何型態

（如位置、形狀與表面）上的誤差，而造成這兩類誤差的原因也多不相同。以**圖 1-3** 的車床加工件而言，造成圖（a）中的尺寸誤差多是加工人員的失誤或車刀進給對正的誤差。但幾何型態的誤差多與製程因素或機具本身精度相關，如圖（b）中的圓柱因僅以懸壁支撐方式夾持於夾頭上，使得在車製過程中因變形產生如圖的錐狀外形。又如圖（c），因車床夾頭之中心軸線與主軸軸線不同心，因而使分開夾持下的兩圓柱面在加工後的中心軸線產生不同心，而得圖中的外形。

其他製程或機具上的各種因素，如溫度變化、機台變形、振動等因素也多會造成零件的誤差。所以為能達成控管精度的目標，設計人員因此必須根據該零件在功能上的要求，在零件加工圖面中管制重要的加工尺寸或幾何型態的誤差。

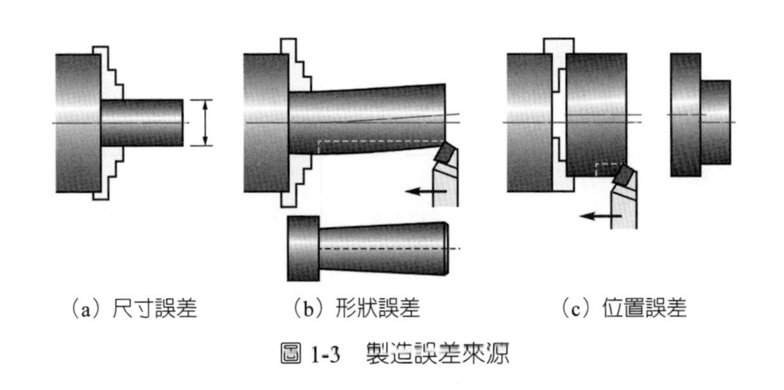

圖 1-3　製造誤差來源

1.4.3　運轉誤差

機器在運轉中，會受到不同的因素而產生不利效應，從而降低運轉或輸出精度。在表 **1-1** 中條列出幾種造成運轉誤差常見的因素與其影響、對策。

表 1-1　造成運轉誤差的不同因素與其影響、對策

因素	影響	對策
自重變形	由於自重造成重要部位產生變形。	輕量化設計，增強組件剛性，改變支撐位置設計。
應力變形	由於鍛造、鑄造、機械加工、焊接加工或熱處理後，零組件內部仍殘留有應力，在運轉下產生變形或導致工件強度降低。	進行弛力退火熱處理的工序，以消除因加工後所產生的內應力，切除應力層。
接觸變形	因相臨零件接觸，特別在點接觸的狀況下，會使需要精度之零件產生變形，如以點接觸方式固定光學鏡片，易使鏡片焦距改變。	應避免使用點接觸，或改變接觸表面形狀、材質以降低接觸應力，進而減少變形。
磨損	零件接觸表面因運轉產生磨損而使尺寸產生變化。如高精度齒輪傳動會因齒面磨損使背隙變大，而降低傳動精度。	利用磨合期使磨耗趨於穩定，接觸表面進行抗磨耗表面處理或使用適當潤滑劑，零件適當設計以減少表面磨差。
間隙	零組件配合存在必要間隙，但在機件運轉時會產生空轉，而影響精度。	採取兩單向運轉併用設計，採用間隙調整機構，減少摩擦力。
溫度	運轉過程中的溫度變化會造成零組件尺寸、形狀、物理參數的改變。	調整熱源配置，隔離熱源，增加散熱設計，採取對稱設計。
振動	振動頻率高易使工件抖動產生量測誤差，若頻率接近自然頻率，則會發生共振。	避免間歇運動機構，設計應使自然頻率避開運轉時之振動頻率，彩取防振設計。

1.5 誤差控制的方法

爲避免產生前述之狀況的誤差，在實務上可利用以下方法來達成精度的要求：

（1）透過規範零件之幾何尺寸與型態之允差。

（2）使用設計解法，將機器運轉過程中所產生的誤差加以補償。

（3）使用主動控制的方法，補償、減少所有可能的誤差。

就第一項做法而言，我們必須從機器整體的功能、結構關係以及製造成

本效益等方面，決定各個零件必要而且合適的尺度、幾何公差與表面粗糙度；這部份將在第二、三、四章分別就公差原理與設計法則、組裝後公差分析，以及重要標準傳動元件之精度要求加以說明。第二項做法則在第七章中以高精度要求的光學機構爲例，介紹相關重要的設計法則。而以主動控制方法來強化機器、儀器甚至設備之精度的第三項做法，則分別在第五章介紹常見之致動裝置、第六章介紹控制方法。

習題

1. 爲測得負載狀況，我們多會使用荷重計搭配具有 AD 轉換的數據擷取器，來讀取欲量取的負載值。現在欲測的負載範圍在 0 ～ 150 N，荷重計有兩種，最大量取值分別如下：荷重計 A 爲 200 N，荷重計 B 爲 500 N；而數據擷取器亦有兩種：數據擷取器 C 爲 16 位元，D 爲 64 位元。請問：

 （1）您會使用哪種組合進行量測？請同時說明您所根據的理由。

 （2）您所選擇的組合能量測的最小解析度爲何？

2. 現有兩種不同的重量計 A 與 B，爲選擇較適合用來量測試液的重量，我們藉由量測標準砝碼而分別得到以下的量測曲線。由圖可以知道應該挑選那個重量計？爲什麼？

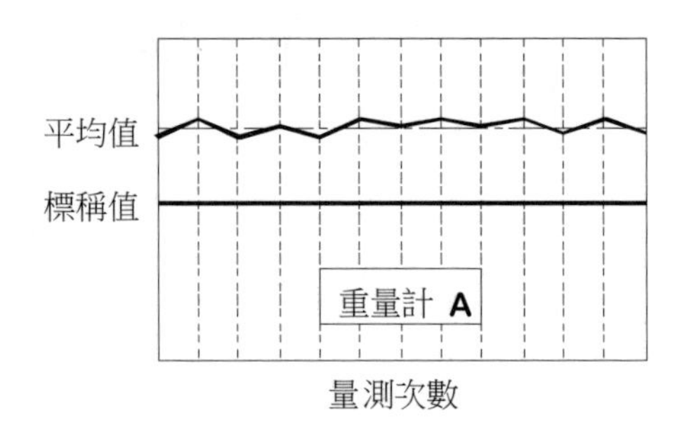

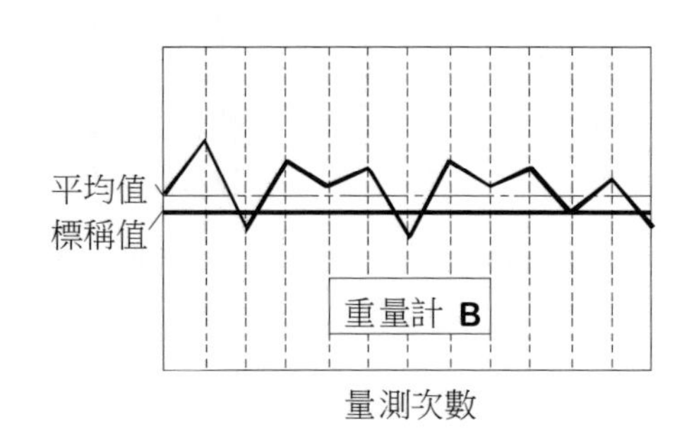

3. 下圖為近似直線運動之 Roberts 連桿機構，其設計為四連桿機構，輸入、出桿長皆為相同長度 b，耦桿以一等腰三角形定義出運動之耦桿點 A，其中等腰之長度亦為 b，底邊為 a。則 A 點在長度 a 範圍內可以得到與直線相當接近之運動軌跡。如果要將此型式的連桿機構製作出來，做為直線傳動裝置之用，請舉出在實際狀況下，會影響到 A 點的直線精度有哪些的誤差？

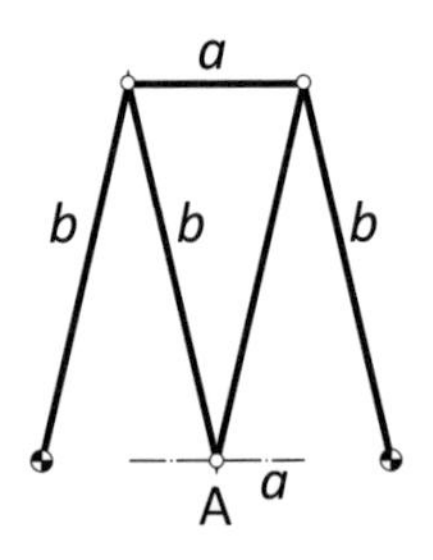

4. 下圖為一曲柄軸，動力由左側輸入端輸入，經由兩個偏心圓柱所形成的曲柄帶動兩輸出件，以形成相位角差 180° 的偏心運動，請根據圖示，說明此五個主要的圓柱幾何形態在加工上會產生哪些對精度造成影響的誤差？

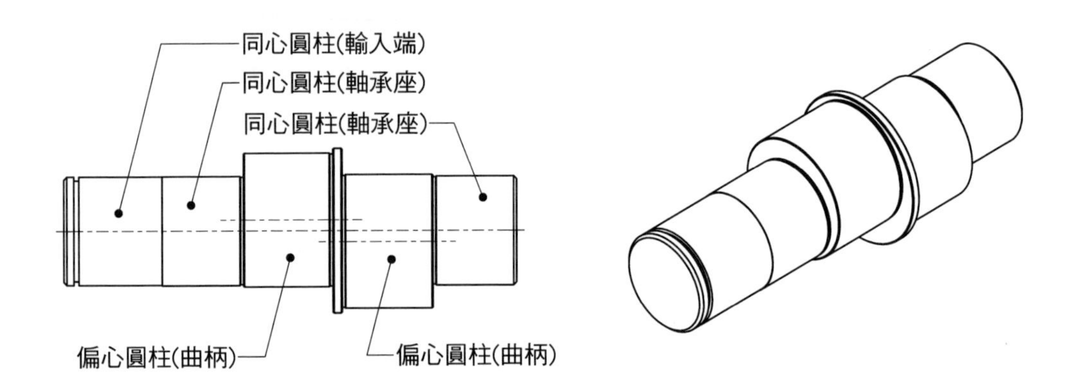

第二章

機械精度與公差

2.1 概論

2.2 尺度公差

2.3 ISO 配合系統

2.4 幾何公差基礎

2.5 公差原則

2.6 表面精度

習題

2.1 概論

所有機械皆是由各種不同零件所組合而成，整體之精度效能表現受到各主要零件本身之精度以及相鄰零件間之關係所影響。雖然加工技術不斷精進與提升，但各個零件加工卻會因人爲因素（如操作方式、機台設定等）與刀具磨損、加工溫度變化、振動、變形等因素影響，無法重製至完全一樣。因此如果根據機械裝置之精度需求，擬定主要零件之重要幾何特徵之允許誤差值，則除可以在滿足精度要求下，使加工出之零件得以有互換性，從而可以分散加工、大量生產，使製造具有經濟效益。因此如何擬訂零件之適當的允許誤差值，就變成在設計上之重要工作。

就一般加工角度而言，零件之幾何特徵在尺度、形狀、位置以及表面等方面會與理想（標稱）幾何特徵產生誤差，這些誤差之分類與意義可以由**圖 2-1** 中之孔型態爲例說明。在本章將分別以尺度公差、幾何公差（形狀公差與位置公差）以及表面粗糙度等三個項目分別介紹這些公差，在設計上扮演的角色與如何決定適當之數值。

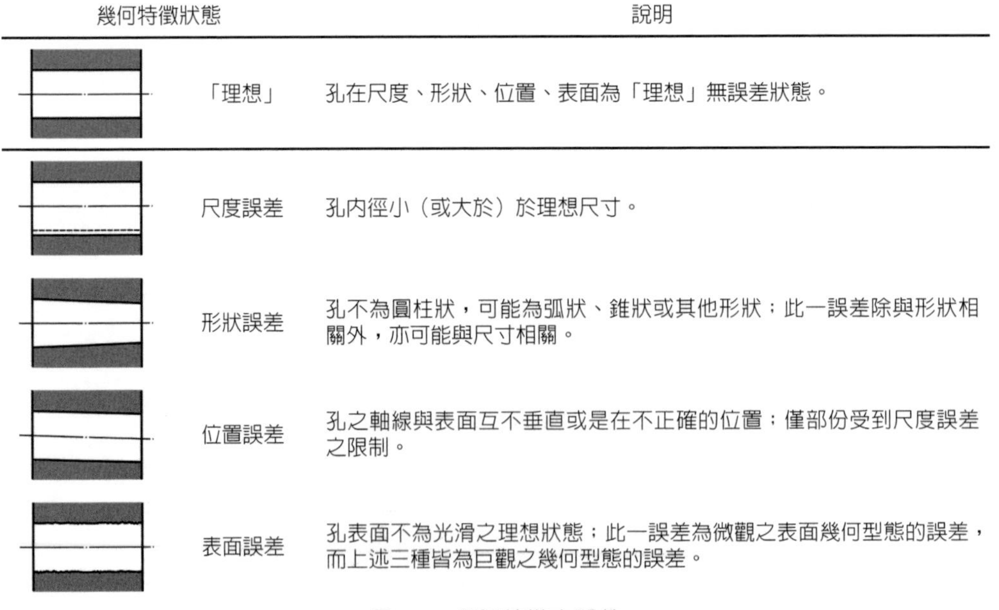

幾何特徵狀態
說明
「理想」
孔在尺度、形狀、位置、表面為「理想」無誤差狀態。
尺度誤差
孔內徑小（或大於）於理想尺寸。
形狀誤差
孔不為圓柱狀，可能為弧狀、錐狀或其他形狀；此一誤差除與形狀相關外，亦可能與尺寸相關。
位置誤差
孔之軸線與表面互不垂直或是在不正確的位置；僅部份受到尺度誤差之限制。
表面誤差
孔表面不為光滑之理想狀態；此一誤差為微觀之表面幾何型態的誤差，而上述三種皆為巨觀之幾何型態的誤差。

圖 2-1　幾何特徵之誤差

2.2 尺度公差

2.2.1 公差基本定義

由於零件在加工上，幾何尺度無法達到標稱值，因此需給定一個尺度（尺寸與角度）範圍，以管制製造精度。此加工允許的上、下界限尺度與標稱值差異值亦可以形成**圖 2-2** 的關係。我們以一標稱尺度 50 爲例：如果尺度界限爲 50.05 與 49.92，其範圍 0.13 則爲尺度公差，而尺度之上、下允許界限值與標稱尺度之差值則可定義爲上偏差 + 0.05 與下偏差 −0.08，兩偏差之差值 0.13 亦爲尺度公差，公差爲零之水平線則稱爲零線。因此可透過不同參數組合做爲加工尺寸標註以規範尺度：

（1）最大尺度與最小尺度，如 50.05 / 49.92。

（2）標稱尺度與上、下偏差，如 50 + 0.05 / 50−0.08。

（3）標稱尺度、尺度公差與一偏差值，如 50（0.13−0.08 / −0.08）。

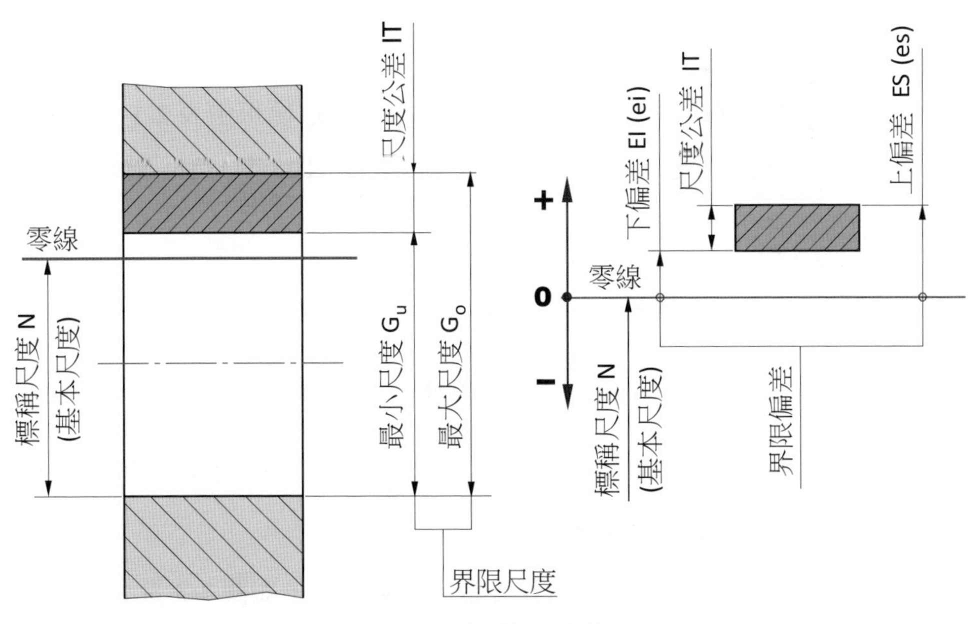

圖 2-2　公差基本定義

2.2.2 ISO 尺度公差

在上述三種不同的標註方式中，後兩項以標稱尺度加偏差之方式較容易使設計者掌握兩尺寸配合間關係，而最後一項包括尺度公差的方式更可以區別出加工精度等級要求之不同，也更能建立一共同標準體系。因此 ISO 國際標準[2-1][2-2][2-12][2-13] 對尺度公差的定義即採「標準公差」與「基礎偏差」兩個基本數據來定義不同尺度在不同精度、不同偏差位置要求下的尺度公差，如對標稱尺度 50，其公差尺度則可以用 50 **g6**（軸）或 50 **G6**（孔）方式來表示。在此系統中之阿拉伯數字表示不同等級之「標準公差」，拉丁字母則表示不同位置之「基礎偏差」。軸與孔則再分別以小、大寫字母加以區別。ISO 尺度公差定義重要的意義係能夠建立出一完整的尺度公差與配合關係，如此零件即有共同之公差系統，得以實現互換性。

1. **標準公差**

ISO 標準公差 IT 以兩個基本公差因數來定義，即

$$IT = i \cdot f_{\mathrm{T}} \text{。} \tag{2-1}$$

其中 f_{T} 為精度等級係數，由等級大小決定，係數值可由表 **2-1** 得到。i 則為與標稱尺度 N 相關係數，根據 N 在不同範圍，對 IT05 ～ IT16 等級公差則以下式計算，

$$0 < N \le 500\ \text{mm：}\quad i = 0.45 \cdot \sqrt[3]{D} + 0.001 \cdot D\,[\mu\text{m}]\text{；} \tag{2-2}$$

$$500 < N \le 3150\ \text{mm：}\quad i = 0.004 \cdot D + 2.1\,[\mu\text{m}]\text{。} \tag{2-3}$$

式中尺寸 D 表示標稱尺度範圍兩界限值 D_1 與 D_2 之幾何平均值，即 $D = \sqrt{D_1 \cdot D_2}$，D_1 與 D_2 可由表 **2-2** 查出。

而對零件採行的加工方法與公差等級亦有關聯性，如**圖 2-3** 表示各種主要的公差等級所對應合適的機械加工方法。大抵公差等級越精，需要使用材料加

工裕量微小之工法，如抛光、研磨等。

表 2-1　標準公差等級係數

標準公差等級	IT0～IT04	IT05	IT06	IT07	IT08	IT09	IT10	IT11
f_T	3	7	10	16	25	40	64	100
應用場合	量具，精密儀器	一般機械						

標準公差等級	IT12	IT13	IT14	IT15	IT16	IT17	IT18
f_T	160	250	400	640	1000	1600	2500
應用場合	較粗等級公差，鍛造、鑄造						

表 2-2　標稱尺度範圍值

$\geq D_1$	1	3	6	10	18	30	50	80	120	180	250	315	400
$< D_2$	3	6	10	18	30	50	80	120	180	250	315	400	500

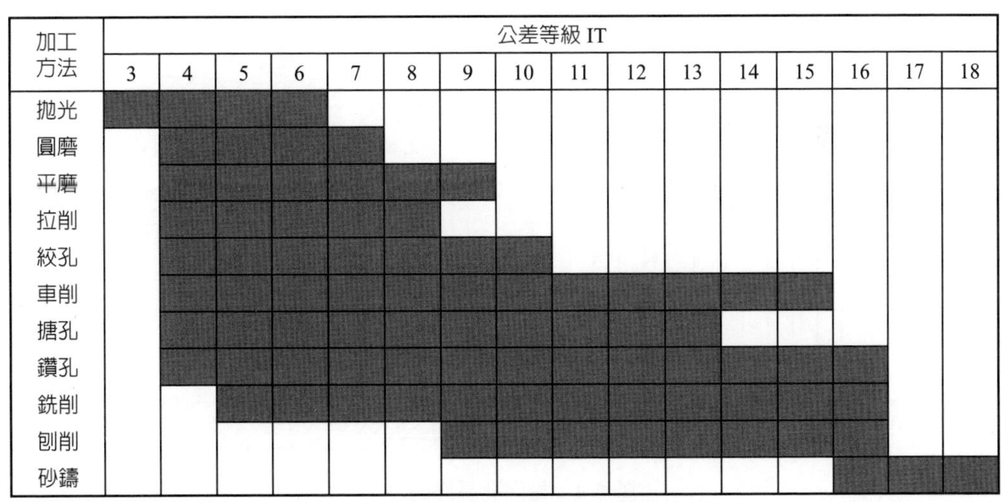

圖 2-3　不同加工方法可達到之精度等級

2. 基礎偏差

基礎偏差係規定公差區域的位置，以拉丁字母表示，孔爲大寫，軸爲小寫，以距零線最近位置之偏差做爲基礎偏差，共分 A、B、C、CD、D、E、EF、F、FG、G、H、J、Js、K、M、N、P、R、S、T、U、V、X、Y、Z、ZA、ZB、ZC 等 28 個等級，由基礎偏差與標準公差可得到另一偏差值。基礎偏差位置之定義如**圖 2-4**，相關規範重點如下：

（1）軸基礎偏差，a 至 g 因位在零線以下，為上偏差 es；j 至 zc 在零線以上，為下偏差 ei；h 基礎偏差之位置則在零線上。

（2）孔基礎偏差，A 至 G 在零線以上，為下偏差 EI；J 至 ZC 在零線以下，為上偏差 ES；H 基礎偏差之位置則在零線上。

（3）孔對零線的關係而言，孔基礎偏差的界限與相同字母符號的軸基礎偏差的界限為完全對稱。

（4）某一級數的孔與較精一級的軸相裝配，在基孔及基軸二種相比較的配合中的間隙或過盈為完全相同，如 H7/p6 及 P7/h6。

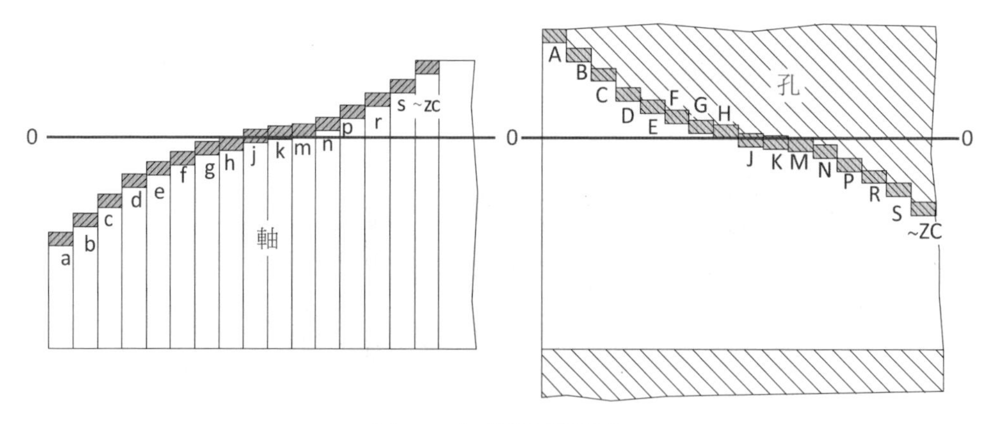

圖 2-4　軸與孔基礎偏差

2.2.3 通用公差

從工程的角度而言，任何機械加工所得到的尺度皆必具有誤差，但在加工圖面上尺度標註並不合適逐一加上公差數據，因此在國際標準中除前述之專用公差外，亦規劃通用公差 [2-5]（亦稱一般公差），使在相同範圍內的尺度皆具有相同的公差。

表 2-3 爲長度尺寸之通用公差，一般共分四個精度等級：細、中、粗、極粗，在加工圖面上僅需註明通用公差適用精度等級，所標註之尺寸即具有表中所示公差。**表 2-4** 則爲圓角與倒角之通用公差，**表 2-5** 爲角度之通用公差。但需注意角度之公差數值大小並非取決於角度本身，而是構成角度之最小弦長尺寸。

製圖時則在圖面標註「尺度公差參考 ISO 2768-1 m 級」等文字以告知。

表 2-3　長度尺寸之通用公差

長度尺寸									
公差等級		標稱尺寸範圍 [mm]							
	起	0.5	3	6	30	120	400	1000	2000
	至	3	6	30	120	400	1000	2000	4000
細（f）		±0.05	±0.05	±0.1	±0.15	±0.2	±0.3	±0.5	--
中（m）		±0.1	±0.1	±0.2	±0.3	±0.5	±0.8	±1.2	±2.0
粗（c）		±0.2	±0.3	±0.5	±0.8	±1.2	±2.0	±3.0	±4.0
極粗（v）		--	±0.5	±1.0	±1.5	±2.5	±4.0	±6.0	±8.0

表 2-4　圓角與倒角之通用公差

曲率半徑（圓角）與倒角				
公差等級	標稱尺寸範圍 [mm]			
	起	0.5	3	6
	至	3	6	--
細（f）		± 0.2	± 0.5	± 1
中（m）		± 0.2	± 0.5	± 1
粗（c）		± 0.4	± 1	± 2

表 2-5　角度之通用公差

角度尺寸						
公差等級	標稱尺寸範圍（最短弦長）[mm]					
	起		10	50	120	400
	至	10	50	120	400	
細（f）		±1°	±30′	±20′	±10′	±5′
中（m）		±1°30′	±1°	±30′	±15′	±10′
極粗（v）		±3°	±2°	±1°	±30′	±20′

2.2.4　累積公差

在機器設計中有很多場合，某一重要尺寸僅能由其他尺寸累積而得，因此組成中的各單一尺寸之控制就益顯重要。此問題可以**圖 2-5**(a)中之平板為例，尺寸 x 係由其他 4 個尺寸所構成，此一尺寸 x 之界限尺寸為何？又如**圖 2-5**(b)中兩齒輪與中間的襯套組裝於軸上，再以扣環軸向固定，則如何控制此組合的軸向間隙值？累積公差計算最簡單的方式為極端狀況關係，相關定理如下所述：

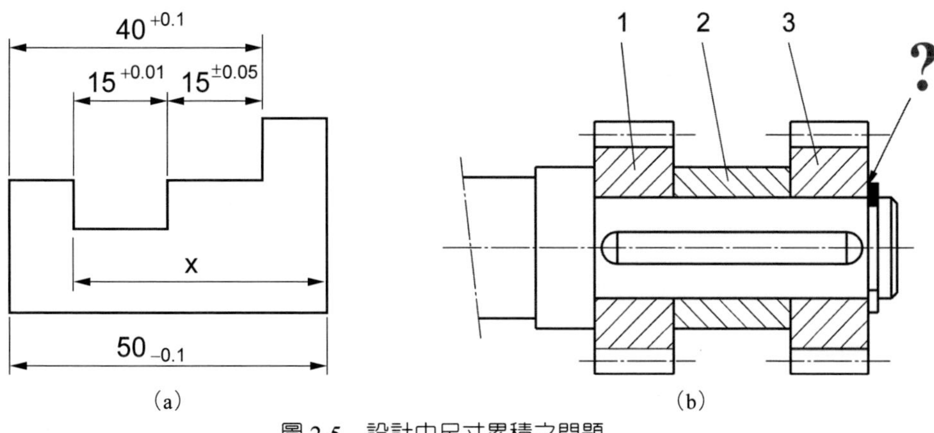

(a)　　　　(b)

圖 2-5　設計中尺寸累積之問題

（1）**基本定理 I，圖 2-6**（a）：若一尺寸為兩單一尺寸之和，則尺寸最大值為各單一尺寸最大值之和，尺寸最小值為各單一尺寸最小值之和。

（2）**基本定理 II，圖 2-6**（b）：若一尺寸為兩單一尺寸之差，則尺寸最大值為「最大單一尺寸之最大值」與「最小單一尺寸之最小值」之差，尺寸最小值為「最大單一尺寸之最小值」與「最小單一尺寸之最大值」之和。

（3）**基本定理 III，圖 2-6**：累積公差永遠為各個別公差之總和。

具公差之尺寸和與差之關係可分別由（a）與（b）見到，特別是不論兩尺寸是以相加或相差的形式構成第三個尺寸，最後所累積的公差永遠為各個別公差之總和。

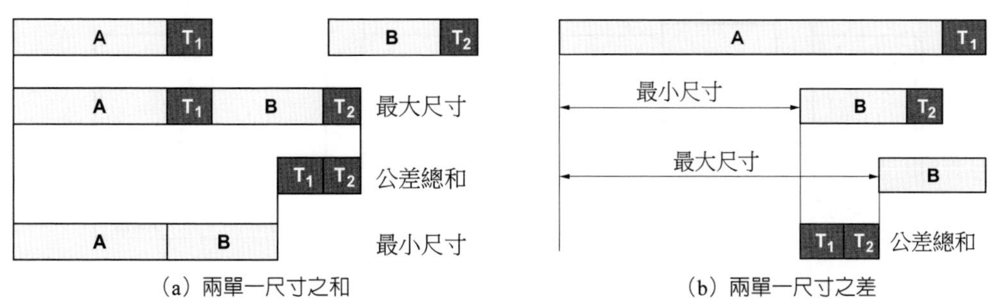

（a）兩單一尺寸之和　　（b）兩單一尺寸之差

圖 2-6　兩尺寸和與尺寸差之界限尺寸與累積公差

（4）**基本定理Ⅳ，圖 2-7**：一尺寸若由不同尺寸加與減而得，則可應用定理Ⅰ與Ⅱ建立尺寸鏈加上計算尺寸鏈。

尺寸鏈建立之法則：等號左邊為所要得到的累積尺寸，右邊為參與累積之尺寸和或差，尺寸之正或負則需以一致方向定義，如**圖 2-7** 之實例所示。

（5）**基本定理Ⅴ，圖 2-8**：在一閉合尺寸鏈中，至少需有一尺寸不得定義，否則會造成過度定義。

圖中尺寸 50 與其他 4 個尺寸形成尺寸鏈。在實務上，任何標註的加工尺寸至少需滿足通用公差，因此在尺寸標註上，不僅不得將所有尺寸皆標以特定公差，同時尺寸鏈中也需將其中一尺寸不加以定義，或以括號表示該尺寸為參考尺寸。

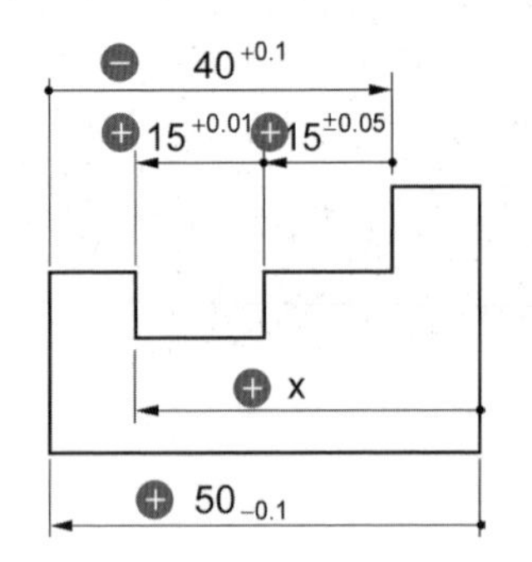

尺寸 x：

$$x = 50^{+0.0}_{-0.1} - 40^{+0.1}_{+0.0} + 15^{+0.01}_{+0.0} + 15^{+0.05}_{-0.05}$$

$$= (50 - 40 + 15 + 15) + \left({}^{+0.0-0.0+0.01+0.05}_{-0.1-0.1+0.0-0.05}\right)$$

$$= 40^{+0.06}_{-0.25}\text{。}$$

累積公差：$(0.0 + 0.1) + (0.1 - 0.0) + (0.01 - 0.0) + (0.05 + 0.05)$
$= (0.06 + 0.25) = 0.31$。

圖 2-7　以尺寸鏈計算累積尺寸以及累積公差

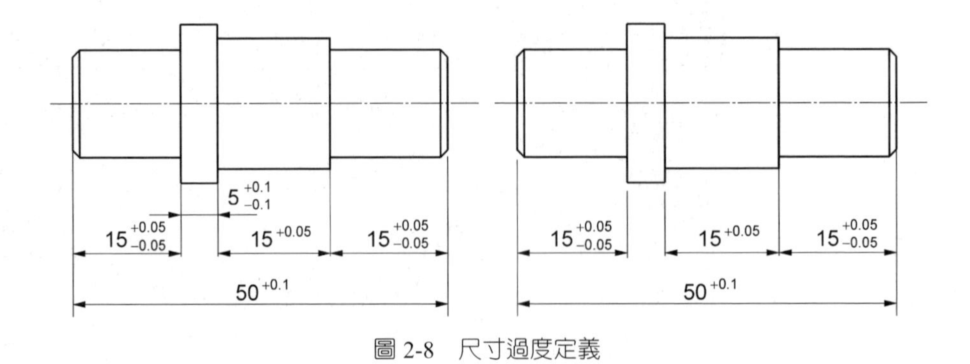

圖 2-8　尺寸過度定義

（6）**基本定理Ⅵ**，**圖 2-9**：在功能上要求較小公差之尺寸，不應由其他尺寸所決定。

由於累積公差為各尺寸公差之和，因此由其他尺寸所決定尺寸之公差必會遠大於所有相關尺寸之公差，因此若要求該尺寸公差需為較小範圍，則其他尺寸公差皆需遠小於該公差，如此使加工不具經濟效益。

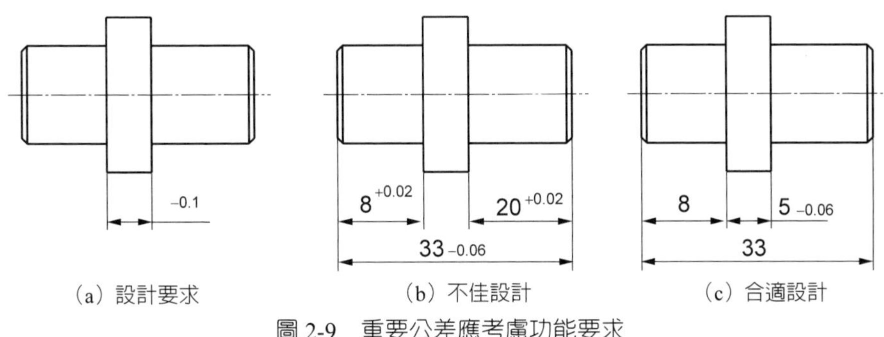

（a）設計要求　（b）不佳設計　（c）合適設計

圖 2-9　重要公差應考慮功能要求

在本章中所介紹尺度之界限值關係與計算方法，雖可確保所有符合公差要求的尺寸，皆能滿足組裝後之精度要求，但製造上並不具成本效益，在第三章將說明以統計原理規劃尺寸公差的方法。

2.2.5　累積公差計算實例

【實例一】由已知之尺寸求間隙

圖 2-10 爲一般設計常應用到的以扣環固定齒輪的方法。如果組立後之間隙值 *S* 必須掌握，則根據圖中之尺寸，間隙值 *S* 應落在何一尺寸範圍？

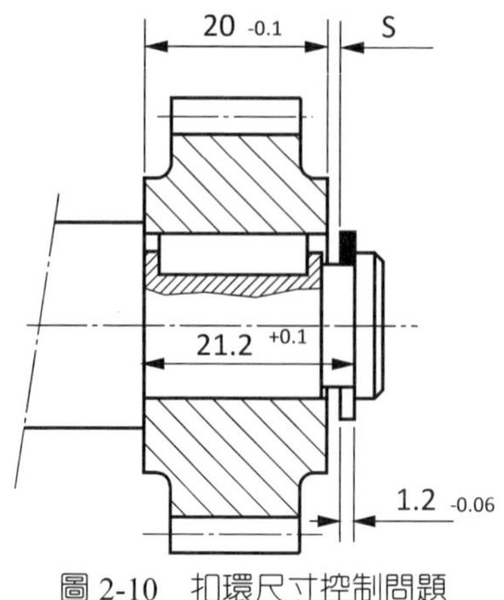

圖 2-10　扣環尺寸控制問題

【解法】

以尺寸鏈建立以下關係：

$$S = 21.2^{+0.1}_{+0} - 20^{0}_{-0.1} - 1.2^{0}_{-0.06}$$
$$= (21.2 - 20 - 1.2) + \binom{+0.1+0.1+0.06}{0 \quad -0 \quad -0} = 0^{+0.26}_{0} \text{ 。}$$

因此間隙值 S 落在 0.26mm 至 0 mm 之間。此間隙範圍區間 0.26mm 亦等於三個尺寸公差的和。

【實例二】指定間隙下求尺寸公差

圖 2-11 為使用關節銷以及扣環固定兩連桿之設計。為使此一設計方式能使兩連桿得以產生運動，則需控制間隙 S 在 0.1 ～ 0.6mm 範圍中，在連桿、扣環等厚度尺寸與公差如圖所示下，則銷軸長度 L 之公差應為何？

【解法一】

承前題之解法，尺寸 L 可根據尺寸鏈關係寫成下式：

$$L^{+a}_{+b} = 20^{+0.0}_{-0.1} + 20^{+0.0}_{-0.1} + 0^{+0.6}_{+0.1} + 1.2^{+0.0}_{-0.06} - 1.15^{+0.14}_{-0.0} = (20 + 20 + 1.2 - 1.15) + \binom{+0.0+0.0+0.6+0.0+0.0}{-0.1-0.1+0.1-0.06-0.14}$$
$$= 40.05^{+0.6}_{-0.3} \text{ 。}$$

由此方法所計算得到的銷軸長度 L 之公差 + 0.6/−0.3 反較其他尺寸的公差來得大，同時如果以累積公差方式，重新計算間隙範圍（參考前題），反而得到 1.3 數值。顯然這一計算方法為錯誤！

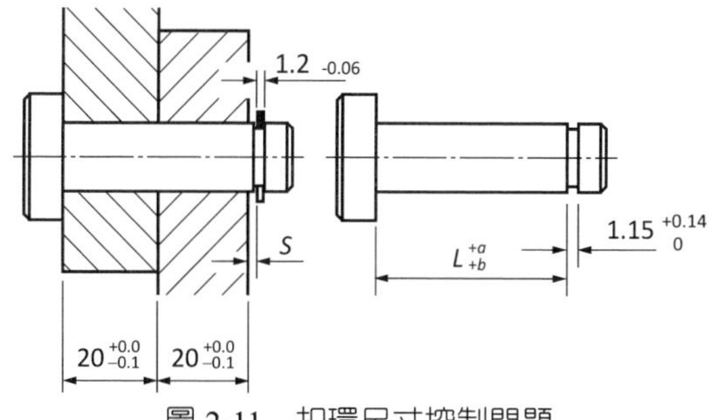

圖 2-11　扣環尺寸控制問題

【解法二】

與例一方法相同，先假設長度 L 已知，求間隙，而寫出以下等式：

$$0^{+0.6}_{+0.1}=L^{+a}_{+b}+1.15^{+0.14}_{+0.0}-20^{+0.0}_{-0.1}-20^{+0.0}_{-0.1}-1.2^{+0.0}_{-0.06}$$

$$0^{+0.6}_{+0.1}=(L+1.15-20-20-1.2)+\binom{+a+0.14+0.1+0.1+0.06}{+b-0.0-0.0-0.0-0.0}=(L-40.05)^{+a+0.4}_{+b+0.0}\text{。}$$

解得

$$L-40.05=0\text{，}L=40.05\text{；}$$

$$a+0.4=0.6\text{，}a=0.2\text{；}$$

$$b+0.0=0.1\text{，}b=0.1\text{。}$$

計算所有設計尺寸的累積公差，可以得到 0.5mm，此值與間隙範圍一致。很明顯解法二所得之公差符合累積公差的定義。

本計算範例主要呈現以下重要的觀念：在尺寸鏈計算式之等號左側，爲累積所得到的尺寸，右側爲參與累積的尺寸。而儘管間隙爲事先給定，但實際上仍爲累積所得到的，並非加工時就可以決定的。因此若與其他加工尺寸一起計算，則反而造成對欲設計之尺寸得到錯誤的公差結果。

【實例三】累積公差的判定

圖 2-12 爲一組合件，係由一個金屬反射鏡、一個間隔套筒與一個蓋板組裝在一箱體上。個別零件與箱體孔深長度尺寸與公差如圖中所示，爲控制間隙 s 達到要求，請問間隔套筒之尺寸公差應爲何？請分別討論以下兩種狀況：

（1）$s=0.8\sim0.0$mm；

（2）$s=0.1\sim0.00$mm。

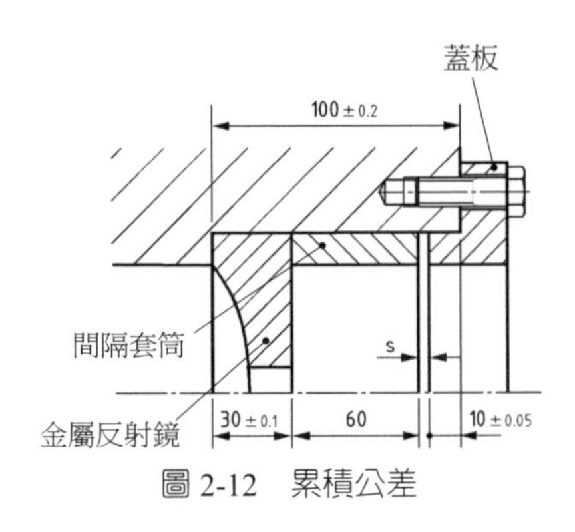

圖 2-12　累積公差

【解法】

承前題，間隙 s 公差爲 $+c/+d$，間隔套筒公差爲 $+a/+b$，列出尺寸鏈方程式如下

$$s_{+d}^{+c}=100_{-0.2}^{+0.2}-30_{-0.1}^{+0.1}-60_{+b}^{+a}-10_{-0.05}^{+0.05}=(100-30-60-10)+\left({}_{-0.2-0.1-a-0.05}^{+0.2+0.1-b+0.05}\right)$$

狀況（1）：由上式可得：

$$0.8=0.35-b，\quad b=-0.45；$$
$$0.0=-0.35-a，a=-0.35。$$

狀況（2）：由上式可得：

$$0.1=0.35-b，\quad b=0.25；$$
$$0.0=-0.35-a，a=-0.35。$$

在兩種狀況中，狀況（2）所解得的公差中，上限值 a（-0.35）卻小於下限值 b（0.25），此計算所得的數值在物理上是不合理的。如果一開始我們先計算已知公差之累積公差，可以發現共計 0.7mm，所以在狀況（1）下，尺寸 60 最多僅能具有 0.1 的公差才能滿足間隙範圍 0.8mm 的要求；相反地在狀況（2）的間隙範圍 0.1mm，尺寸 60 卻無法以公差控制方式達成要求間隙。

2.2.6　間隙控制之設計

一般設計中經常遇到如前述的多個零件所構成的組立，如**圖 2-5**（b）、**圖 2-10**、**圖 2-11** 或**圖 2-12**，由累積公差的觀點，組裝後不是產生干涉，即是會產生間隙，因此如何能控制必要的間隙，則為設計上常見的問題。**表 2-6** 有系統地彙整各種可行的方法，在表中所列解決方案係針對**圖 2-5**（b）之組裝後間隙控制的問題。在可應用的方法中，大致上可以區分為三大類型，即在組裝前控制所有元件尺寸、組裝時控制某一元件尺寸、使用調整方式固定元件。

表 2-6　組裝間隙控制方法

<table>
<tr><th colspan="2">應用方法</th><th>說明</th><th>特點</th><th>圖示</th></tr>
<tr><td colspan="2">1. 互換法</td><td>以公差設定方式，使每一零件具有較緊的公差，以滿足較小累積公差值。</td><td>■組件完全具互換性。
■組裝簡單。
■組件數目若增多，因公差要求高而增加成本。</td><td>—</td></tr>
<tr><td colspan="2">2. 群組互換法</td><td>以逐件檢驗方式，將各零件依尺寸狀況分配不同群組，再根據最佳組合條件，進行組裝以得到合適的間隙。</td><td>■群組零件具互換性。
■零件容許較大公差。
■歸於不同群組之零件數目不一，易造成廢件。</td><td>—</td></tr>
<tr><td rowspan="3">3. 配合法</td><td>3.1 應用已有尺寸墊片</td><td>以不同尺寸的墊片做為額外零件，以補償累積公差之變化。</td><td>■零件可容許有較粗的公差。
■組裝時無需再進行切削加工。
■必須準備不同厚度的墊片以供組裝。</td><td></td></tr>
<tr><td>3.2 加工某一功能零件</td><td rowspan="2">在組裝時配合其他零件之累積尺寸，加工某一零件（通常是組裝時最後一件）或是特定零件，以滿足間隙要求。</td><td rowspan="2">■零件可容許有較粗的公差。
■需配合累積尺寸量測，會中斷組裝程序。
■零件不可互換。</td><td></td></tr>
<tr><td>3.3 加工額外零件</td><td></td></tr>
</table>

應用方法		說明	特點	圖示
4. 調整法	4.1 以現地加工軸向固定	在組裝時配合其他零件之累積尺寸，直接以加工閉合零件方式進行零件的軸向固定，以滿足間隙要求。	■不具互換性。 ■零件可容許有較粗的公差。 ■多以銷固定。 ■組裝時有切屑。	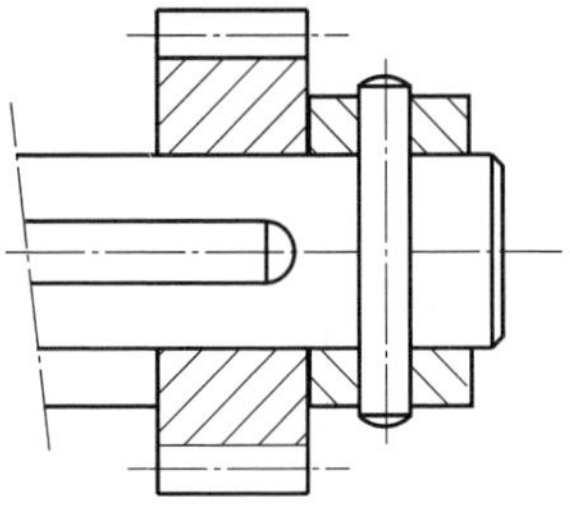
	4.2 以夾環或縮配環	在組裝時配合其他零件之累積尺寸，直接以夾環或以固定環緊配方式完成零件的軸向固定。	■具互換性。 ■零件容許較粗的公差。 ■僅適用較小軸向力的場合。 ■間隙可再調整。 ■使用夾環成本較高。 ■以緊配方式不易拆卸固定環。	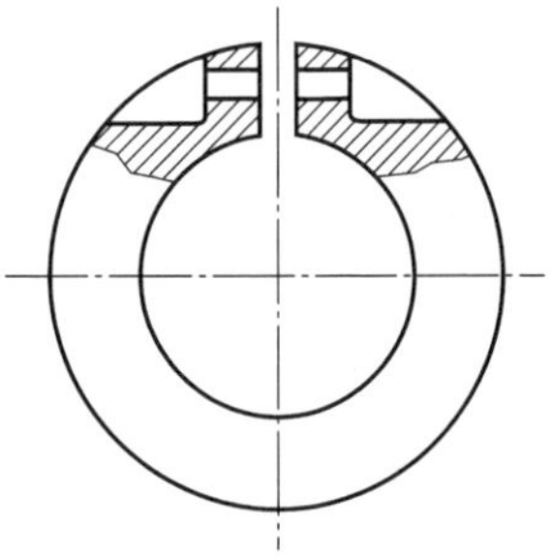
	4.3 以螺絲固定	在軸端以螺帽或螺椿（搭配固定板），直接軸向固定相關零件。	■具互換性。 ■零件可容許有較粗的公差。 ■螺絲件需考慮防鬆。 ■間隙可再調整。 ■需螺紋加工。	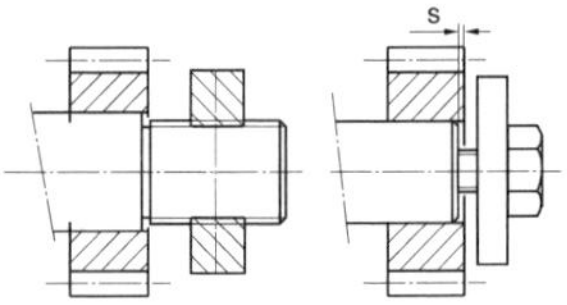
	4.4 以彈性中間件固定	在兩主要元件間以彈性元件，直接完成軸向固定相關零件。	■具互換性。 ■零件可容許有較粗的公差。 ■僅用於無間隙場合。 ■組裝時無需量測。 ■在較大軸向力狀況下需驗算。	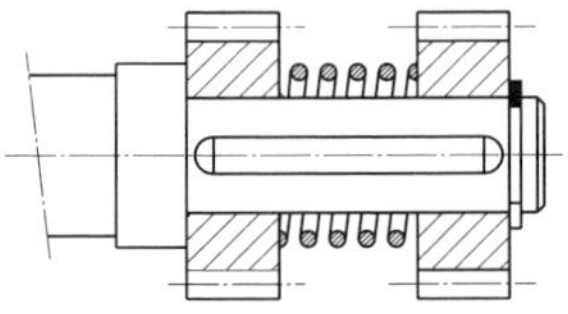

2.3 ISO 配合系統

2.1.1 配合規範

1. 配合種類

如果考慮一軸與一孔在組合時，因尺寸公差不同，可以如**圖 2-13** 所示，有三種不同的軸孔配合狀況：

（1）**餘隙配合**：軸與孔之間永遠存在間隙；

（2）**干涉配合**：軸與孔之間永遠產生干涉；

（3）**過渡配合**：軸與孔之間有可能存在間隙，也有可能產生干涉。

不同的配合對機械組裝之功能與精度影響甚大，例如有對心與容易組裝要求，就不會選擇間隙配合或干涉配合，所以對配合的了解即爲公差選擇的首要工作。

2. 基孔制與基軸制

由於要達成特定的間隙或干涉區間値的軸和孔公差組合很多種，因此爲能建立一套可共同依循的標準，以便可以明確規範符合要求配合的特定公差，就必須選擇在軸或孔之尺寸具有一特定的基礎公差，以配合另一不同的基礎公差，形成不同的公差組合，滿足配合之要求。在 ISO 公差系統中，分別以軸和孔爲基準定義出基孔制與基軸制配合系統：即如**圖 2-14** 所示，以基礎偏差在零線之 H（基孔制）或 h（基軸制）做爲標準。如此一來，在與其他基礎偏差的組合，即容易辨別配合狀況。換言之，在兩種基準下形成之配合所對應軸／孔之基礎偏差即可明確地如表 **2-7** 所示。

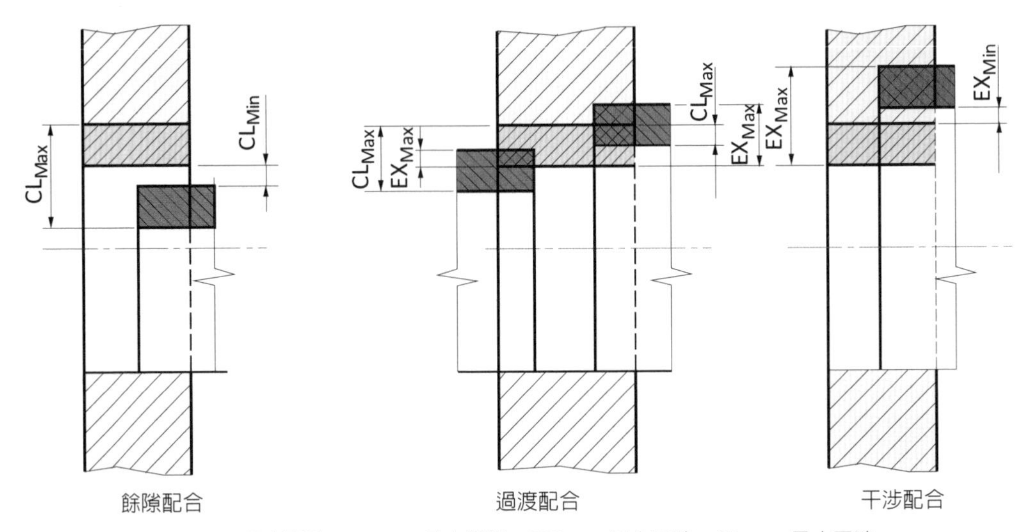

CL_{Max}：最大間隙；CL_{Min}：最小間隙；EX_{Max}：最大干涉；CL_{Min}：最小干涉

圖 2-13　軸孔配合狀況

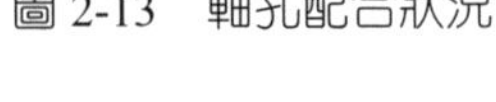

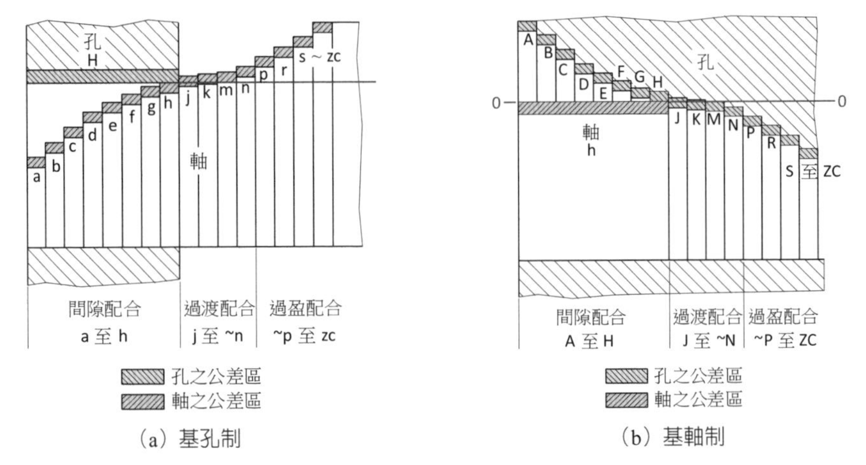

圖 2-14　基孔制與基軸制

表 2-7　兩種基準之配合所對應軸／孔之基礎偏差

	對應軸／孔之基礎偏差		
	餘隙配合	過渡配合	干涉配合
基孔制	a至h	j至n3	p至zc
基軸制	A至H	J至N	P至ZC

2.3.2 常用之配合選用與設計意義

在一般機械設計中，為達成要求的配合，實務上多會選用一些固定的基礎偏差組合，以方便設計工作。表 **2-8** 清楚以圖示呈現不同基礎偏差組合下軸孔配合的特點，常用之基礎偏差組合的特點與應用場合可由表 **2-9** 查出。這些軸孔配合公差組合雖可達成同類型的配合，但因數值不同，所以在功能上仍有所差異，如間隙配合因公差位置之不同，而有不同的間隙，H8/d9 之組合因公差位置 d 距位置 H 遠，所以得到較大間隙值。

表 2-8　不同尺寸配合與其意義

<table>
<tr><th colspan="2">粗略配合</th><th colspan="2">配合之特徵、產生方式與應用</th><th>圖例</th></tr>
<tr><td rowspan="2">間隙配合</td><td>H11/h11</td><td>相當大之間隙。
孔：螺旋鑽頭加工；
軸：車削加工或以冷拉圓棒。</td><td rowspan="2">一般孔不做檢驗；
軸以游標卡尺檢驗。</td><td rowspan="2"></td></tr>
<tr><td>H9/h9</td><td>中等間隙。
孔：螺旋鑽頭加工；
軸：車削加工或以冷拉圓棒。</td></tr>
<tr><th colspan="2">精密配合</th><th colspan="2">配合之特徵、產生方式與應用</th><th>圖例</th></tr>
<tr><td rowspan="3">間隙配合</td><td>H7/e8</td><td colspan="2">較鬆之配合裕度，具有足夠間隙。</td><td></td></tr>
<tr><td>H7/g6</td><td colspan="2">較緊之配合裕度，幾乎無間隙之感覺。</td><td></td></tr>
<tr><td>H7/h6</td><td colspan="2">相當緊之配合裕度，恰可以手移動，僅適合緩慢移轉動之工作場合。</td><td></td></tr>
</table>

<table>
<tr><th colspan="2">精密配合</th><th colspan="2">配合之特徵、產生方式與應用</th><th>圖例</th></tr>
<tr><td rowspan="3">過渡配合</td><td>H7/j6</td><td colspan="2">較鬆之固定，可以使用膠鎚或木鎚結合需用合適之防鬆元件，以防止移動與轉動不適合需移動之工作場合。</td><td></td></tr>
<tr><td>H7/k6</td><td colspan="2">較緊之固定，可以使用鐵鎚結合需用合適之防鬆元件，以防止移動與轉動特別適合需經常拆卸組合之工作場合。</td><td></td></tr>
<tr><td>H7/n6</td><td colspan="2">較緊之固定；組裝或拆卸時，需以使用較大之力，如手動壓力機。仍需使用防鬆元件以防止轉動。</td><td></td></tr>
<tr><td rowspan="2">干涉配合</td><td>H7/r6</td><td>配合尺寸至80mm</td><td rowspan="2">使用油壓機或配合件間之溫差結合或拆卸，一般不需使用防鬆元件以防轉動或移動。</td><td></td></tr>
<tr><td>H7/s6</td><td>配合尺寸大於 80mm</td><td></td></tr>
</table>

表 2-9　常用之基礎偏差組合之特點與應用場合

	公差	特　點	應　用
間隙配合	H8/d9	工件間以相當大的間隙運動	車輛軸套筒、滑座螺桿軸承
	H8/e8	工件間以足夠的間隙運動	主軸
	H7/f7	工件間的間隙可以察覺	工具機軸承、曲柄軸、凸輪軸
	H7/g6	工件間以不易察覺的間隙運動	磨床主軸軸承、分度盤主軸

	公差	特　點	應　用
過渡配合	H7/h6	以手的推力恰可以使工件滑動	套筒導軌
	H7/j6	需以輕微敲打來移動工件	皮帶輪、齒輪、輪轂與軸之鍵結合
	H7/n6	可以較小的力來移動工件	軸承襯套、活塞銷、導軌
干涉配合	H7/r6	需以較大的力來結合工件	箱體與軸承襯套
	H7/s6	需以較大的力、展延或緊縮來結合工件	齒輪環、縮配環
	H8/u6	需以展延或緊縮來結合工件	車輪與車軸、聯軸器與傳動軸組合

2.4 幾何公差基礎

2.2.1　幾何公差必要性

一張工程圖面並非標註所有尺寸、相應的尺寸公差就可完整規範其幾何特徵。由於標註尺寸為一維尺度，對於幾何形態而言，並無法完整規範真實狀態。而從設計的角度來看，這些幾何形態與所要達成的機械功能關係密切。例如圓柱之軸線是否垂直於特定平面，會影響到組合後運動元件旋轉狀態；又或是圓柱外形是否為圓柱，也會影響到縮配結合之承載能力。因此這些幾何形態的偏差皆無法用尺寸公差明確定義，更無法在圖面上達成告知加工、檢驗資訊之目的。因此對所有幾何形態所可能產生之偏差狀況，即有必要訂出公差以規範應達成之精度。

另一方面，由於幾何公差影響到機械運轉之精度，因此在設計上訂定幾何公差時，需從整體要求之精度功能，逐一確認各元件之對應的幾何形態所應規範之公差種類與數值。當圖面呈現幾何公差的標註，加工與檢驗皆必須對所標註幾何形態進行必要工序或精密檢測，而且其複雜度遠高於尺寸公差之規範。此意味著當幾何公差標註之要求增加，製造成本亦會隨之增加，所以幾何公差標註的原則是「**有需要處，應加以標註；無需要處，無須標註。**」

2.4.2　定義、符號與標註

幾何公差係規範幾何形態之外形或其所在位置的公差區域，而該形態或其位置必須介於此區域之間。表 **2-10** 為 ISO 規範的幾何公差之分類、符號與公差特性一覽表；這些幾何公差可先以是否需要基準，分為形狀公差（無需基準）、位置公差（需基準），而位置公差亦可更進一步分為方向、定位與偏轉等三類幾何公差。而公差區域一般包括兩大類：

（1）**直線尺度區域**：包括一圓內之面積或一圓柱內之體積、兩等距曲線間或兩平行直線間之空間、兩等距曲面間或兩平行平面間之空間，通常出現在形狀（圓形除外）、方向與定位公差。具誤差之幾何形態通常是直線（實際直線或軸），或是平面。

表 2-10　幾何公差一覽

分類			名稱	符號	基準需要	常用公差區域
形狀公差	單一	一維	真直度	—	否	兩直線間區域
			真圓度	○	否	兩同心圓間區域（環形區域）
		二維	真平度	⏥	否	兩平面間區域
			圓柱度	⌭	否	兩同心圓柱區域（環形區域）
	相關	一維	曲線輪廓度	⌒	否／需要	以理想曲線（面）為基準之兩等距曲線（面）間區域（± 間隔）
		二維	曲面輪廓度	⌓		
位置公差	相關	方向	平行度	//	需要	兩平面間區域，以基準元件定義方向，亦隱含平面度的規範
			垂直度	⊥		
			傾斜度	∠		
		定位	正位度	⌖	需要	以基準元件定義兩對稱平面或圓柱，以形成公差區域，方向，亦多隱含方向與平面度的規範
			同心度	◎		
			對稱度	⌯		
		偏轉	圓偏轉度	↗	需要	兩同心圓間區域（環形區域）
			總偏轉度	⌰		

（2）**環形區域**：包括兩同心圓或同心圓柱所形成的環形區域，通常出現在圓形形狀公差與偏轉公差，規範之形態為具圓形截面的真實幾何形態。

在幾何公差中，形狀公差爲管制單一的幾何形態，與工件中的其他幾何形態無關，但位置公差管制重要之幾何形態相對於基準形態之方向、正位與偏轉的誤差。而工件中各種的幾何形態（線、軸、面）僅能對應不同的幾何公差，**表 2-11** 彙整這些幾何形態做爲誤差管制或基準所能應用在的幾何公差。在幾何形態中，軸與中間面並非眞實形態，而是由眞實形態所衍生得到的，爲虛擬的幾何形態，例如圓柱之軸線或平行槽面之中間面皆屬於此類。因此管制偏轉公差的幾何形態僅能爲眞實之幾何形態，而做爲基準則爲衍生形態的轉軸。

表 2-11　幾何公差對應之幾何形態

幾何公差			符號	誤差形態					基準形態				
				真實			衍生		真實			衍生	
				截面線	邊	面	軸線	中間平面	截面線	邊	面	軸線	中間平面
形狀公差		真直度	—	●	●		●						
		真圓度	○	●	●								
		真平度	⏥			●		●					
		圓柱度	⌭			●							
		曲線輪廓度	⌒	●	●	●							
		曲面輪廓度	⌓				●	●					
位置公差	方向公差	平行度	//	●	●	●	●	●	●	●	●	●	●
		垂直度	⊥	●	●	●	●	●	●	●	●	●	●
		傾斜度	∠	●	●	●	●		●	●	●	●	●
	定位公差	正位度	⌖		●	●	●	●		●	●	●	●
		同心度	◎				●					●	
		對稱度	⌯				●	●				●	●
	偏轉公差	圓偏轉度	↗	●	●							●	
		總偏轉度	⌰		●	●						●	

表 2-12 爲統整幾何公差之標註圖例與對應說明，各項幾何公差之細節說明與在設計上之應用將於後述說明。

表 2-12　幾何公差標註圖例與說明

項目	符號	標註圖例	公差區間	說明
真直度	—	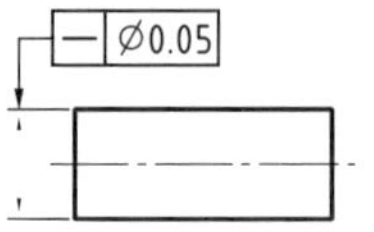	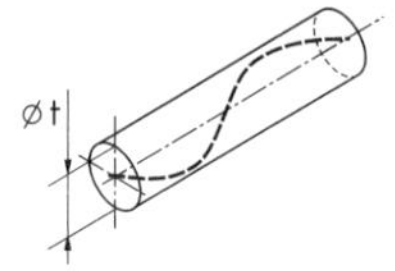	圓柱體之軸線必須在一個直徑為 0.05 之圓柱形公差區域內。
真圓度	○	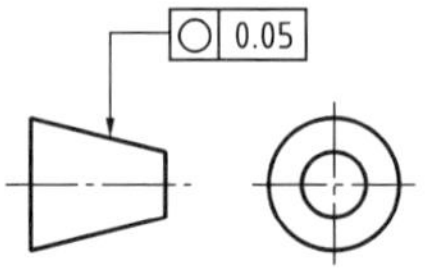	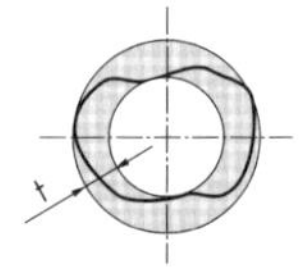	在任一與軸線正交的剖面上，其周圍須介於兩個半徑差 0.05 的同心圓之間。
真平度	▱	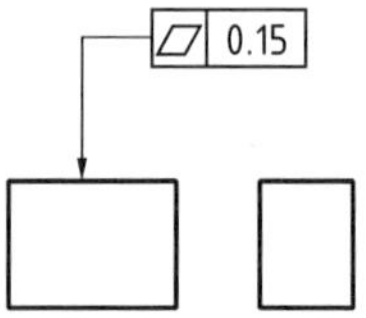	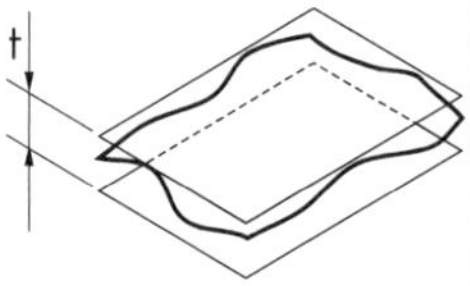	箭頭所指之平面須介於兩個相距 0.15 的平行平面之間
圓柱度	⌭	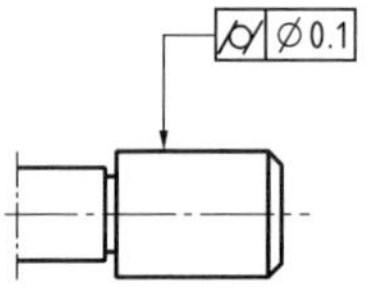	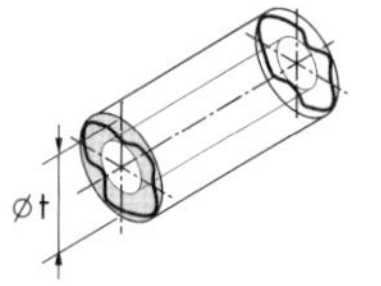	本圓柱之表面須介於兩個同軸線而半徑差 0.1 的圓柱面之間。
曲線輪廓度	⌒	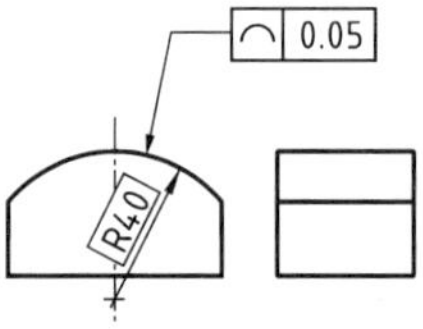	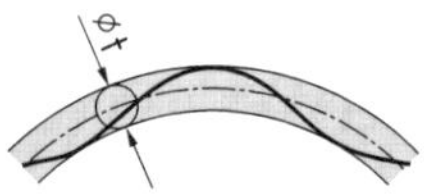	實際輪廓曲線在與投影平面平行的平面內，須介於兩個曲線之間，此兩曲線是以理想輪廓曲線上各點為圓心、0.05 為直徑的小圓所形成的兩個包絡線。
曲面輪廓度	⌓	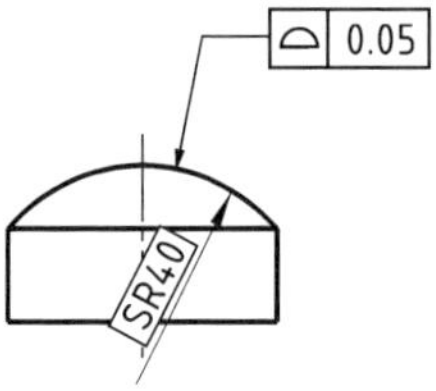	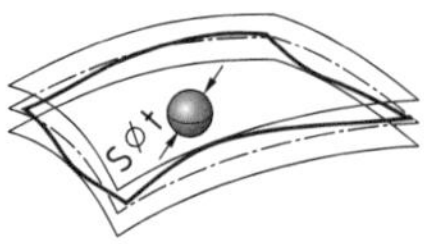	以此真實輪廓曲面上的各點為球心，以 0.05 為直徑作為若干小球，作此許多小球面的兩個包絡面，公差區域即是介於此兩個包絡面之間的體積。

項目	符號	標註圖例	公差區間	說明
平行度	//	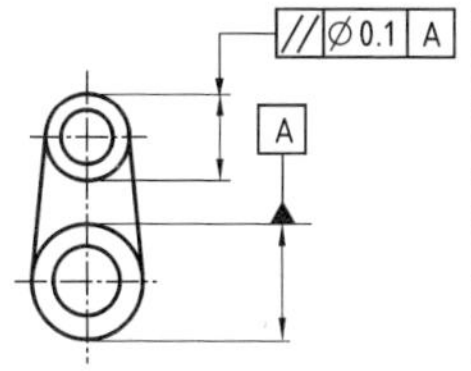	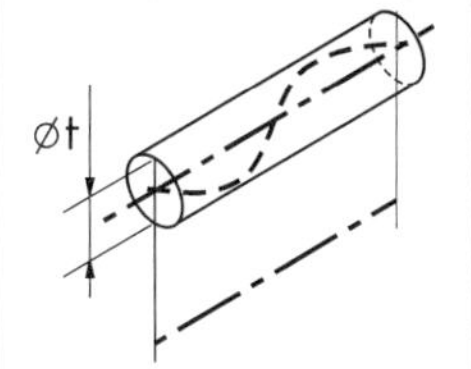	上方圓柱面的軸線須在一個直徑為 **0.1**，且其軸線與基準線相平行的圓柱內之空間
垂直度	⊥	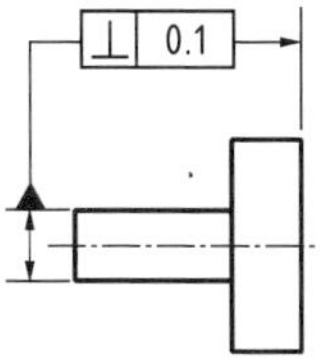	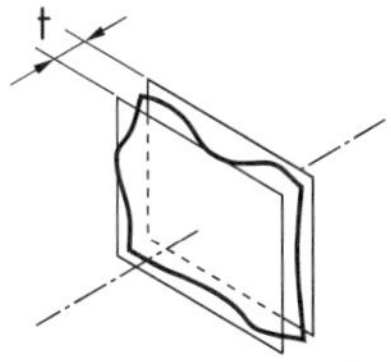	直柱之軸線須介於兩個與基準面垂直且相距 **0.1** 而在圖示平面內之直線之間。
傾斜度	∠	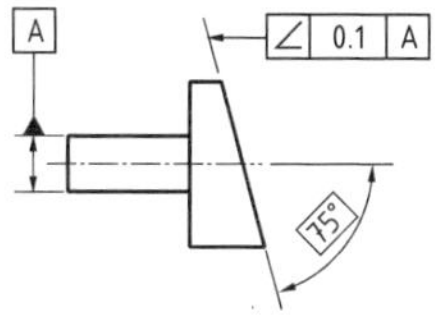	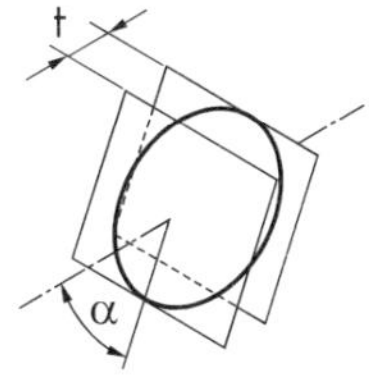	本件之傾斜面須介於兩個與基準軸線成 **750** 且相距 **0.1** 的平行平面之間。
正位度	⊕	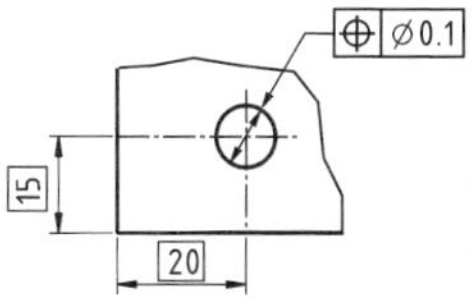	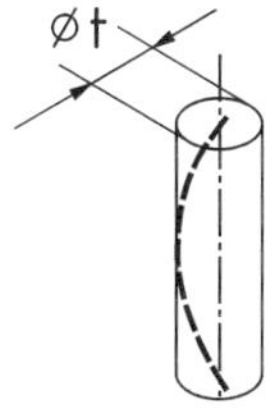	交點須在一個直徑為 **0.1** 的圓形公差區域內，此圓的圓心即為該交點的真確位置。
同心度	◎	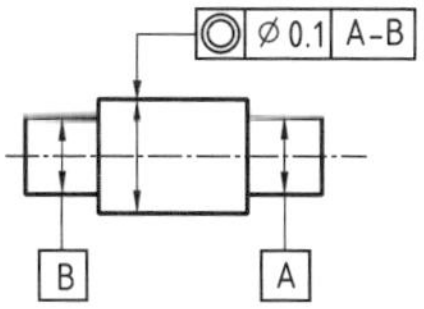	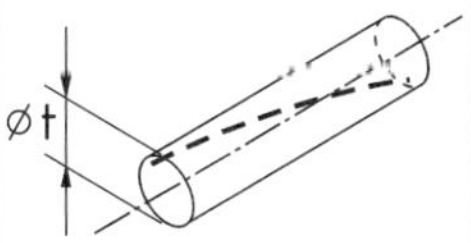	中間部份之軸線須在一個直徑為 **0.1** 圓柱形公差區域內，而公差圓柱軸線須與左右兩端 **AB** 之軸線相重合。
對稱度	≡	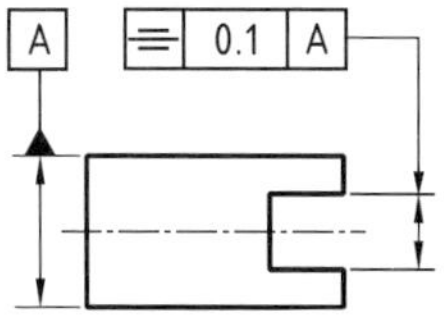	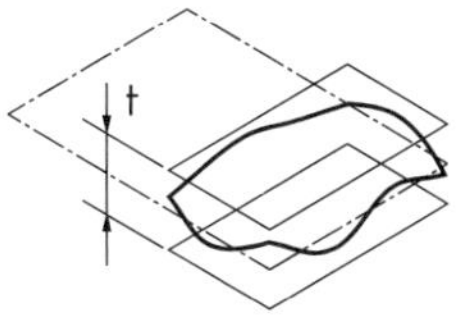	右方槽之中心面須介於兩個平行平面之間該兩平面相距 **0.1** 且對稱於基準面。

項目	符號	標註圖例	公差區間	說明
圓偏轉度	↗	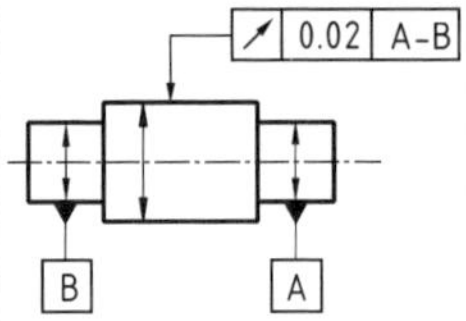	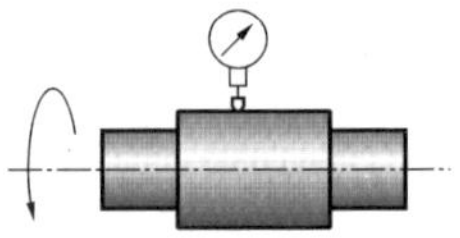	在沿圓柱面上之任何一點處，所量得與基準軸線垂直方向之偏轉量不得超過 0.02。注意：此公差不限定該圓柱面之真直度。
		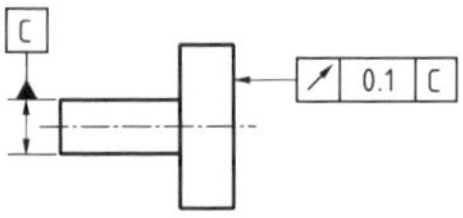	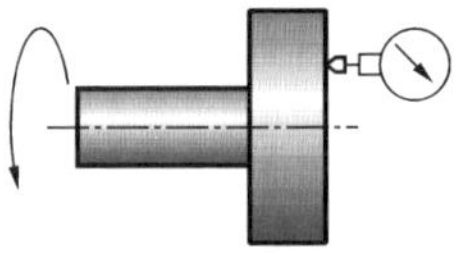	在右側平面上任何一點所量得與基準軸線平行之方向之偏轉量不得超過 0.1。注意：此公差不限定右側平面之真平度。
總偏轉度	⌰	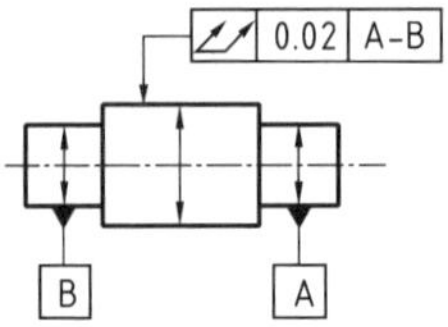	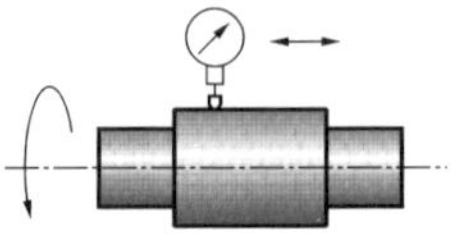	在沿圓柱面上之所有點，所量得與基準軸線垂直方向之偏轉量不得超過 0.02。
		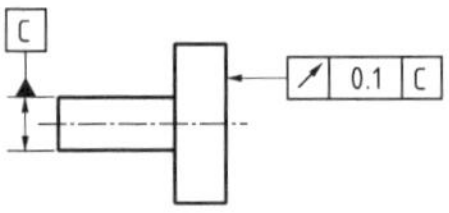	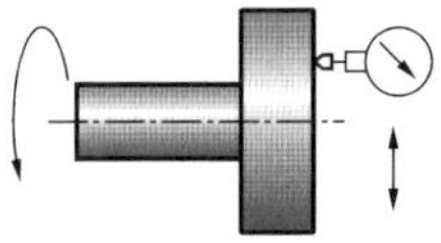	在右側平面上之所有點，所量得與基準軸線平行方向之偏轉量不得超過 0.1。

2.4.3　幾何公差之標註

一般而言在訂定幾何公差時，必須留意以下幾項重要規範：

（1）對於機件之功能與互換性有嚴格要求時，才有註明幾何公差之必要。

（2）即使未標註長度或角度之公差，亦可使用幾何公差。

（3）長度或角度之公差有時無法達到管制某種幾何形態之目的，即須註明幾何公差。

（4）幾何公差與長度或角度公差，兩者相互抵觸時，應以幾何公差為準。

（5）某一幾何公差，可能自然限制第二種幾何形狀之誤差，若此兩種幾何公差之公差區域相同時，則不必標註第二種幾何公差，如第二種之公差區域較小時，則不可省略。

而幾何公差之標註規定與要求細節，可從標準 ISO 1101[2-3]、CNS 3-4[2-10] 或一般機械製圖教科書中獲得必要的資訊，在本節中將從機械設計的角度，針對在設計工作中經常會應用到幾項易混淆或必要觀念的標註項目一一介紹與說明。

1. 標註符號之構成

幾何公差之標註與幾何型態相關，幾何型態共分兩種：需管制的幾何形態，以及做爲基準之幾何形態。因此在標註時共分兩類，針對所有管制形態的相關標註以及基準型態之符號，與標註相關之內容與注意要項，請參考**圖 2-15**。

2. 基準之標註

關於基準與基準形態在設計之意義將另在 2.4.4 節說明，在本小節將釐清基準在幾何公差標註的幾個重點。

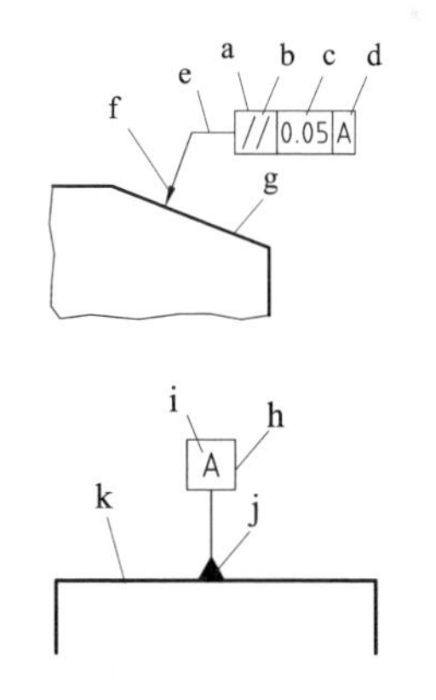

a　控制框：至少 2 個、至多 5 個方框（最多 3 個基準）
b　幾何公差符號
c　公差數值：如果公差區域為圓柱需加註 ∅，為球體加註 S∅
d　基準：以拉丁字母表示；在多基準狀況下，可增加至 3 個基準，表示方式細節見後述
e　參考線：與控制框、公差箭頭引線相連結
f　公差箭頭引線：定義管制之幾何形態，箭頭引線必須與該形態垂直，表示方式細節見後述
g　管制之幾何形態：可以為真實形態或衍生之虛擬形態
h　基準框
i　基準代號
j　基準三角：定義基準幾何形態
k　基準幾何形態：可以為真實形態或衍生之虛擬形態

圖 2-15　幾何公差標註內容之構成

一般在設計中，對於方向、定位或偏轉公差的管制，不一定僅會用到單一基準，更多場合會用到兩個甚至多個基準，以有效管制零件的幾何形態。個別基準則以眞實形態或衍生形態（表 **2-11**）定義，而多個基準又可以區分爲「共

同基準」與「多基準」。在製圖時則必須如**圖 2-16** 依（a）單一基準、（b）共同基準 與（c）多基準（基準系統）等狀況對管制形態標註公差。其中共同基準係以兩個相等重要之基準形態共同形成一個基準，所以標註時需以連字號將兩基準字母置於同一方框中；而多基準則以個別基準、依重要序方式在公差數據方框之後，由左至右標註，以進行管制。

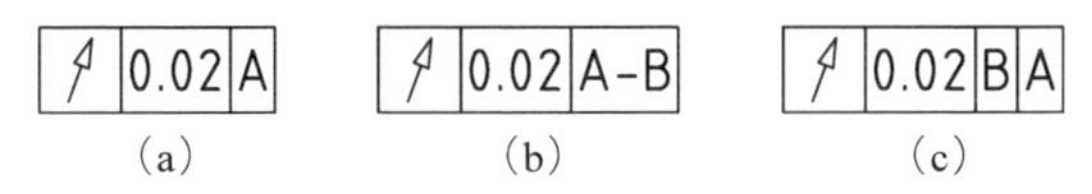

圖 2-16　單基準、共同基準與雙基準之標註

而定義共同基準必須遵循明確定義之原則，以**圖 2-17**（a）爲例，一軸以兩個軸承座部位分別做爲基準 A 與 B，並以此二者形成共同基準，以管制直徑 30mm 圓柱之偏轉公差。而另一種常見的標註方式，**圖 2-17**（b），則直接以軸中心線做爲基準，但此一標註方式並無法明確指明何一基準形態做爲基準，雖然在實務上多會選擇有尺寸精度要求的形態爲基準，如**圖 2-17**（a）之基準 A 與 B，但如此的標註，不如圖（a）之明確，因此圖（b）之標註方式不宜再採用。類似的基準形態的標註，如圖（d）與（e）亦是不佳的方式，建議採取圖（c）或（f）的方式。

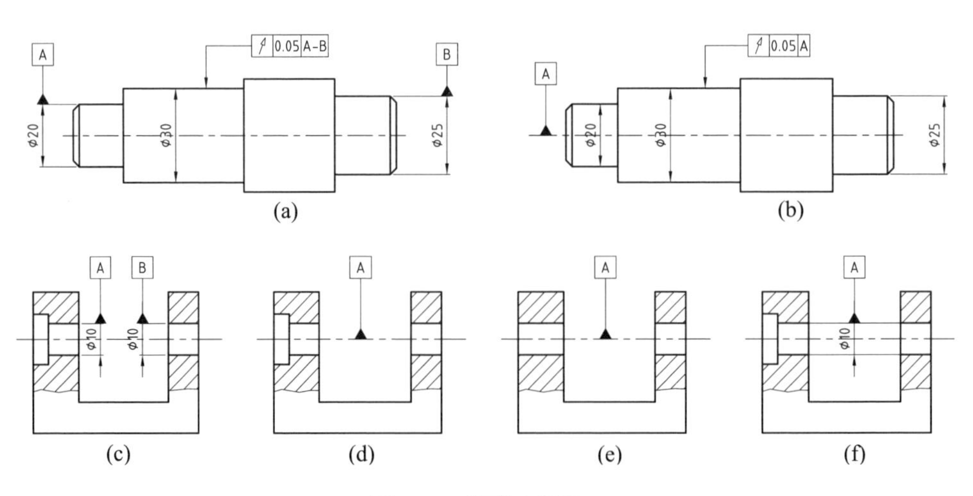

圖 2-17　基準之標註

3. 偏差幾何形態之標示

對於需標示幾何公差的幾何形態有兩種，一種是眞實的幾何形態，另一種則爲由眞實的形態所衍生出的幾何形態。衍生幾何形態多爲一圓柱之軸線或是兩平面之中間面，在標註時會如**圖 2-18**（b）將公差的引線箭頭與該眞實形態尺寸線箭頭相對。而標註在眞實的幾何形態上時，公差的引線箭頭與尺寸線箭頭之位置須相隔一定距離（至少 4mm），以免造成混淆，**圖 2-18**（a），同時也不應直接標註在不明確的幾何形態，如**圖 2-18**（c）。此規則亦適用於標註基準形態，如**圖 2-17**（a）、（c）、（f）。

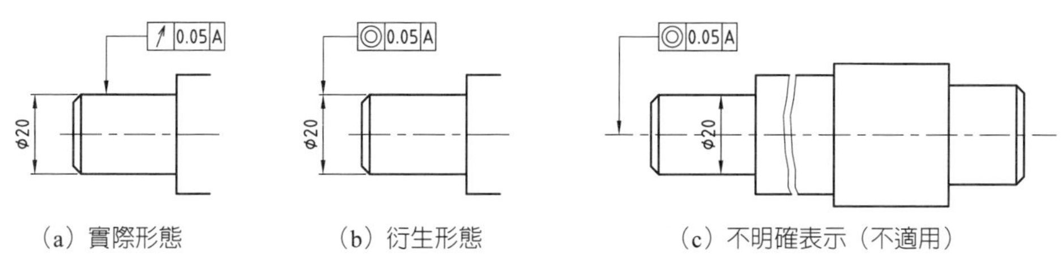

（a）實際形態　（b）衍生形態　（c）不明確表示（不適用）

圖 2-18　偏差幾何形態之標示

4. 幾何公差區間

幾何公差使用的公差區間如果爲圓柱，需在公差數值之前加註 ∅ 符號，其他線性尺寸，如兩平面間距或兩同心圓環形區間，則無須註明。因此對同一幾何形態管制相同的幾何公差，但公差數值前有無加註 ∅ 符號，其結果所代表意義不同。所以在標註公差時必須加以留意。**圖 2-19** 爲管制一銷與平板之眞直度圖例，圖（a）與（c）無加註 ∅ 符號，圖（b）與（d）則加註。圖（a）與（c）分別表示在銷的圓周或平板側邊面上任一直線需落在兩平面之間，其間距爲 0.2mm。而圖（b）表示銷的中心軸須落在直徑 0.2 圓柱中，但圖（d）則表示平板中間面須在兩間距爲 0.2mm 之平面內。

同理，在管制位置公差時亦同，**圖 2-20** 爲管制一孔之正位度公差實例，其中共使用平板三個面做爲基準。**圖 2-20**（a）之標註表示公差區間爲一六面體，其邊長爲 0.2×0.2×10，而圖（b）則表示爲直徑 0.2 之圓柱。

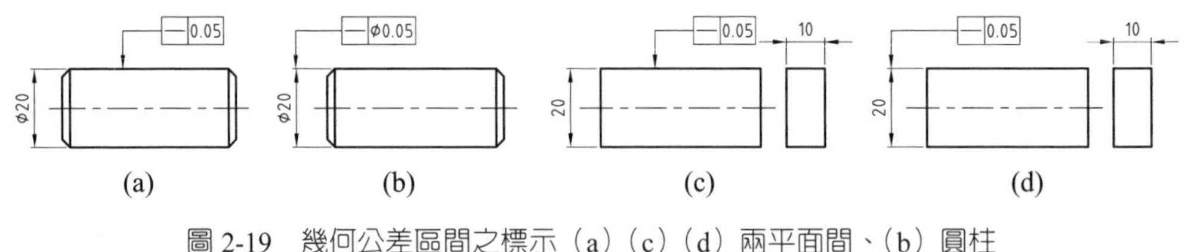

圖 2-19　幾何公差區間之標示（a）（c）（d）兩平面間、（b）圓柱

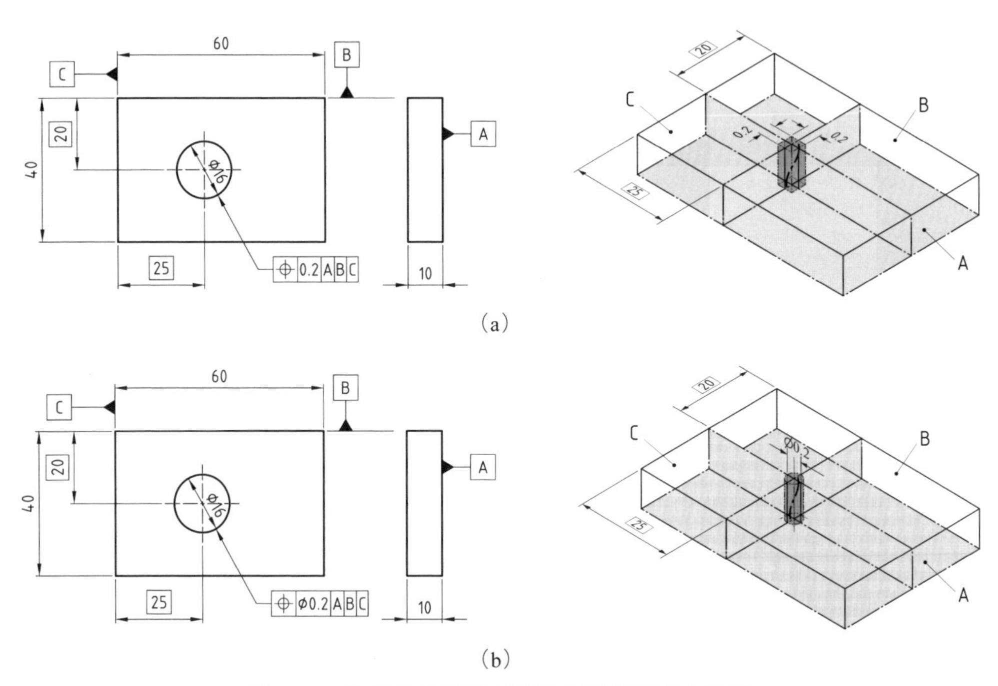

圖 2-20　幾何公差圓柱區間與六面體區間之標示

5. 延伸區域 Ⓟ

通常幾何公差所規範的公差值與幾何型態的尺寸具有相關性，如真平度與偏差幾何形態之長度，同心度與偏差圓柱長度等；在相同的公差值但不同的基準長度下，對所造成的精度，特別是與角度相關的精度影響甚鉅。

此問題可以用**圖 2-21** 中所示精密定位的固定座（2）加以說明。此固定座係利用 8 個定位銷與底座（3）定位，因此這 8 個銷孔即需規範如圖中所示的正位度。如果無額外要求，正位度要求 Ø0.02 公差，則表示銷孔中心軸必須落在直徑 0.02、長度 15mm 之圓柱空間內，而此圓柱軸線需必須垂直底面（基準 B）外，並以 45° 兩兩間隔落在以直徑 Ø30 孔中心爲基準（基準 A）所建立之同心圓上（Ø78）。此條件之公差的圓柱區域即如圖中（a）所示，會落在銷孔內。但該孔需另與一長度 15mm 的孔以及 30mm 長的銷共同配合，所以與銷組合後的位置將會與原始預期位置產生偏差，因此如果沒有其他的規範，底座（3）的定位會因爲固定座（2）銷孔的傾斜狀況造成配合不易。

所以 ISO 規定公差延伸區域符號 Ⓟ，可在管制的幾何型態向外再延伸一定區域，做爲方向公差以及定位公差等兩類幾何公差所定義之管制區域，此時須在延伸區域尺寸前、以及在幾何公差數值後加註符號 Ⓟ。在此例中，公差的圓柱區域即如圖（b）所示，改由向外延伸，所以當固定座與銷組合後，銷之定位即可滿足所要求的公差。

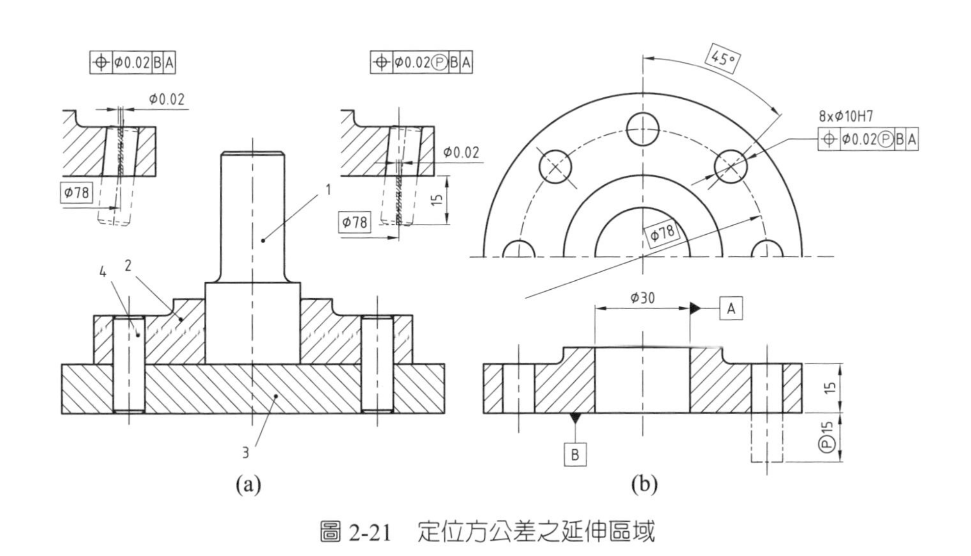

圖 2-21　定位方公差之延伸區域

2.4.4　幾何公差之基準與基準系統

1. 基準、基準形態與基準系統

機器或儀器皆是由各個零件所組合而成，而爲能管制主要功能元件（如移動平台）相對於機器基準（如框架）之精度，則必須管制各個零件特定幾何形態必要的幾何公差，尤其位置公差（定位、方向與偏擺公差）皆須建立適當基準。因重要元件之功能形態的精度係由元件相接觸的幾何形態間所決定，因此多會將其中一個或多個接觸之幾何型態訂爲**基準**，以便管制其他相關幾何形態的幾何公差。這種做爲基準的幾何型態稱爲**基準形態**，但此形態本身即是眞實形態或是由眞實形態所衍生出的軸或中間面，在實際狀況下即存在某種程度的誤差。但做爲管制公差的基準，卻必須具備理想的線、面或軸等形態。對於管制誤差形態之基準與基準形態之差異可由**圖 2-22** 之實例說明。在圖左爲固定座之標註（參見**圖 2-21**），其中共有兩個基準，基準 A 設定在底部之平面形態，基準 B 設定在 ∅30 圓孔之軸線。圖右則爲固定座安裝於一精度極高（可視爲理想）之治具上，兩基準形態分別以眞實誤差狀況與治具平面、圓柱相接觸，因此在後續加工法蘭孔時，所要管制法蘭孔的幾何公差，係以治具之理想狀況加工。換言之，必有一理想形態與工件的基準形態相接觸，此理想形態（即模擬基準形態）即定義出管制公差所需之基準。但此兩基準 A、B 在無其他管制條件狀況下，並不意味彼此間必然具有理想之位置精度，如彼此是否互相垂直。

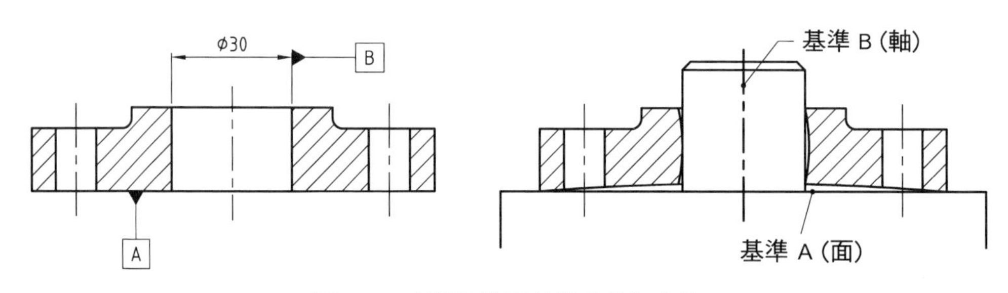

圖 2-22　基準形態與基準之幾何意義

2. 基準系統中之基準形態管制

　　爲能使基準形態所導出的基準更能精準管制相關幾何形態公差，則必須管制基準形態幾何公差，以下分別以兩類公差型態加以說明，

（1）**形狀公差**：主要用於管制個別基準形態，一般作法包括（a）以幾何公差方式標註；(b)納入位置公差之管制；(c)以最大或最小實體原則方式管制；（d）以通用公差方式管制。

（2）**位置公差**：主要用於多個基準形態（共同基準、基準系統），以管制彼此間的幾何配置關係。

當一零件以多基準形態，建立基準系統以管制特定形態的幾何公差時，必須依序管制這些基準形態的位置公差，而特定功能形態的幾何公差，皆不可大於這些基準形態的最小公差值。

以**圖 2-23** 中之平板舉例說明，需對其上之孔精密定位加工，因此選擇三個面做爲基準，並使用正位度進行管制，而這三個基準形態亦必須加以管制方向公差，因此以底面做爲第一基準（A），並要求平面度，再依序對第二基準（B）、第三基準（C）管制垂直度。

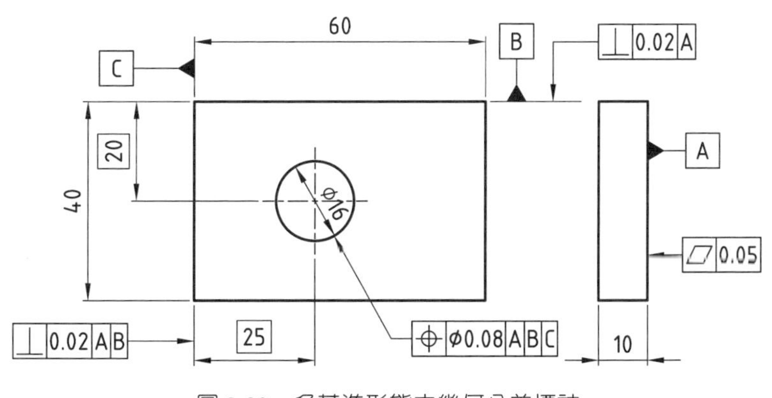

圖 2-23　多基準形態之幾何公差標註

3. 多基準與基準順序

以多基準構成基準系統在設計上相當重要，但在實務上，通常會約定成俗省略基準。例如**圖 2-24**（a）是一般經常見到的管制孔定位精度的表示方式（此處爲說明方便，省略另一方向的公差），僅定義單一基準。但因底面形態並無定義爲基準，所以基準 A 之軸線與底面間易形成傾斜，所以在定位時由基準軸所管制之孔位軸線位置並不會在預期之位置。而若將底面定義為基準，同時選為第一基準，即如圖（b）所示，其位置即可更精準定位。

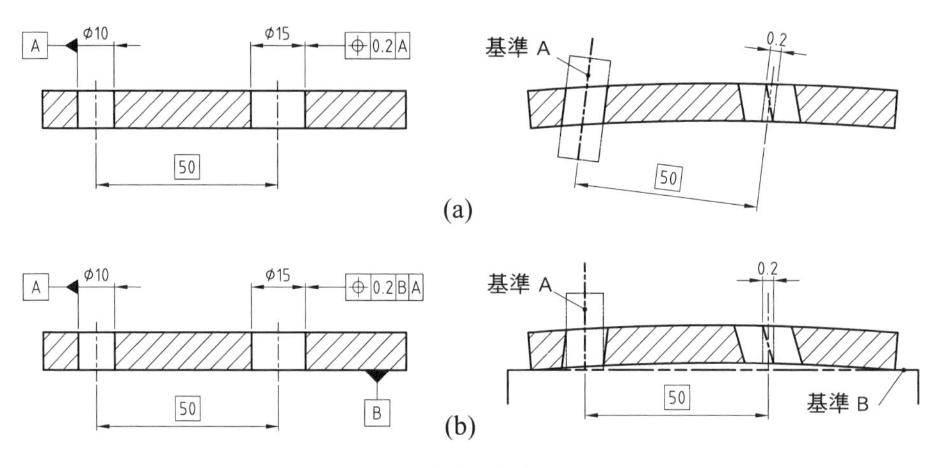

圖 2-24　多基準與基準順序

4. 以短軸為基準

在機械設計中經常有遇到一些零件以軸線做為基準，以管制相關幾何形態的幾何公差，但當此基準形態之長度過小，則無法夾持或無法在量測機台進行量測，而變成無效的標註。**圖 2-25** 中的軸承座即為此問題典型的實例，此零件一般是安裝在箱體上，為使軸承座上的與軸承配合的 ∅110 孔能與箱體孔有同心的精度。對於凸緣此一短軸幾何形態而言，其方向係由法蘭面決定，定位則由對心圓柱面來決定，因此一般常見的設計多採用圖（a）中的方式，定義凸緣 ∅160 做為基準 A，管制法蘭平面之圓偏轉度以及 ∅110 孔之圓偏轉度與圓柱度公差。但此設計之凸緣長度 7mm 遠小於凸緣直徑的四分之一，相當於短軸的狀況，也就造成如此標註並無實用意義。因此可採如圖（b）的標註方式來解決此問題，將法蘭面與凸緣圓柱面做為基準，並以法蘭面基準 B 為第一基準，並管制凸緣圓柱面之短軸線垂直度，再以此兩基準形成基準系統，管制 ∅110 孔之圓偏轉度與圓柱度公差，同時以包容原則管制尺寸。

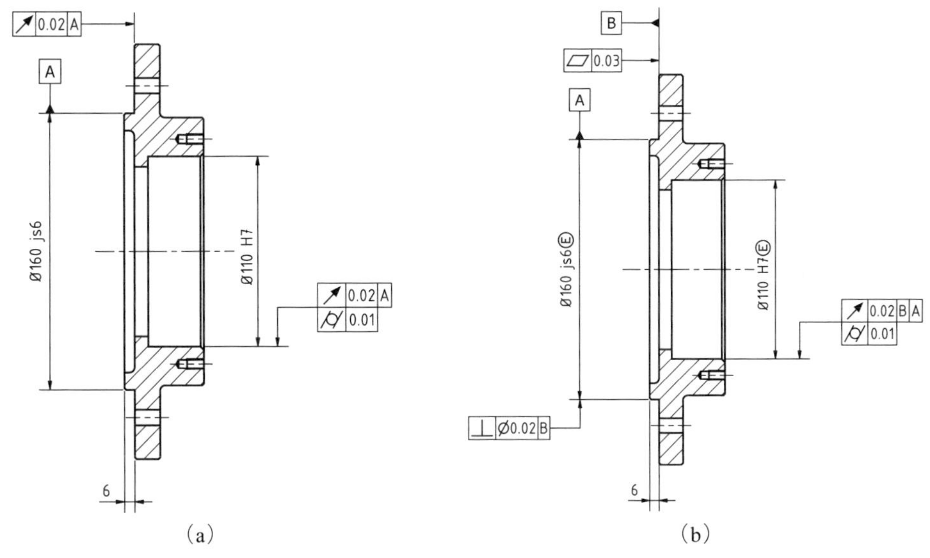

圖 2-25　基準形態為短軸之幾何公差標註

5. 共同基準

對於傳動軸的幾何公差管制，多以兩支撐軸承座爲基準，如**圖 2-26**，因此兩基準具有相同的重要性，以兩基準形成共同基準來管制軸上與傳動件結合部位之幾何公差，其幾何意義可由圖右之圖示說明。在圖中兩軸承座（基準形態）之軸線間並不同心，但可與兩同心之「精密」孔治具相接觸，此兩圓孔（模擬基準形態）之中心軸線即爲共同基準 A-B。

也因爲兩軸承座之基準形態除有形狀公差外，彼此間亦有同心度公差存在。因此爲能更精準管制加工精度，除建立共同基準 A-B 外，亦多會管制兩基準形態之幾何，而如**圖 2-27** 之標註相關幾何公差（圖中僅考慮圓柱幾何形態）。在圖（a）中，除管制基準形態 A 與 B 之圓柱度外，亦管制基準 B 之基準形態須以基準形態 A 爲基準之同心度。此種管制方式會因爲基準 A 距離被管制的基準形態 B 過遠，使得在量測時誤差會被放大，在實務上反而不合適。因此應以在圖（b）中，分別以共同基準 A-B 管制兩基準形態 A 與 B 之同心度爲宜。

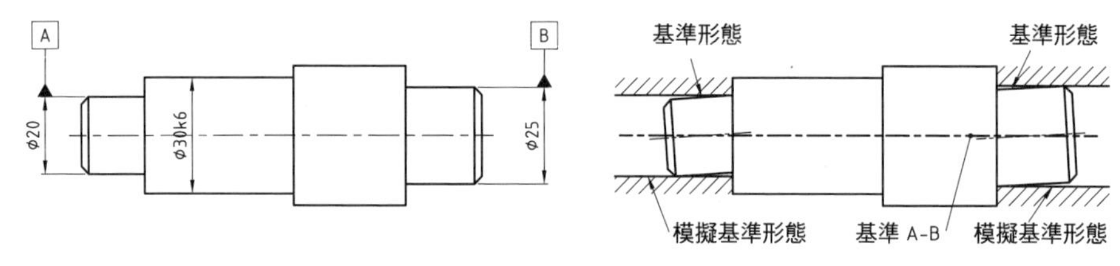

圖 2-26　共同基準、基準形態與模擬基準形態

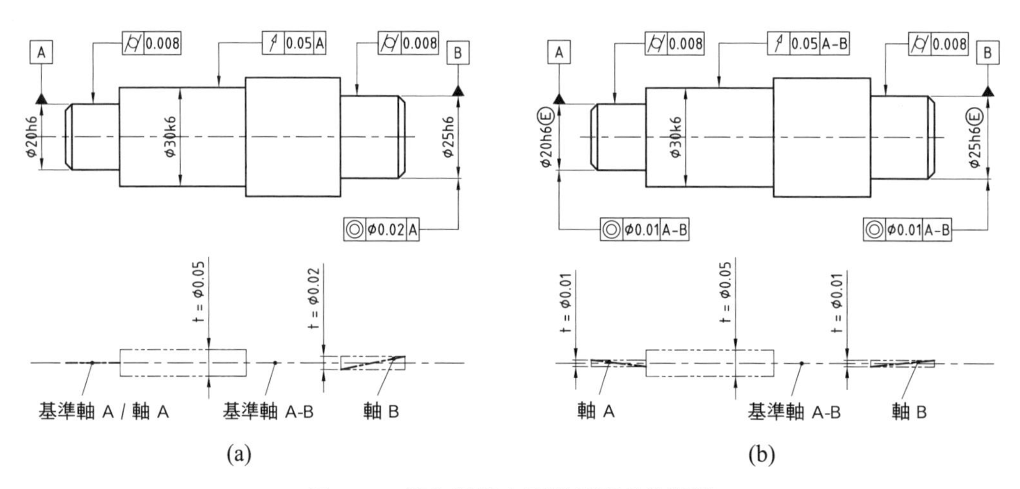

圖 2-27　做為基準之兩軸承座公差管制

2.4.5　幾何公差之通用公差

在設計上若對於一般幾何型態並無特定之公差要求，但仍然需保持一定的精度要求，ISO 2768-2[2-6] 則規範幾何公差之通用公差數值，依精度等級可分粗（L）、中（K）、精（H）等三級，直線度與平面度之通用公差數值見表 **2-13**，偏轉通用公差見表 **2-14**，垂直度見表 **2-15**，對稱度通用公差則見表 **2-16**。

製圖時係在圖面標題框或附近標註「**幾何公差依據** ISO 2768-K」等文字以告知，若同時以通用公差規範尺度、幾何公差，則在圖面標註如「**通用公差依據** ISO 2768-mK」等文字，表示通用尺度公差取 m 級，通用幾何公差取 K 級。**圖 2-28** 爲一實例。在**圖 2-28**（a）爲一標準標註方式，一般標註文字多會放於圖框標題欄位或其附近，ISO 2768-mH 即表示通用尺度公差取 m 級，通用幾何公差取 H 級。**圖 2-28**（b）爲將通用公差塡入尺度標註（以鍊線圓圈表示）以及幾何公差（以鍊線控制框表示）。

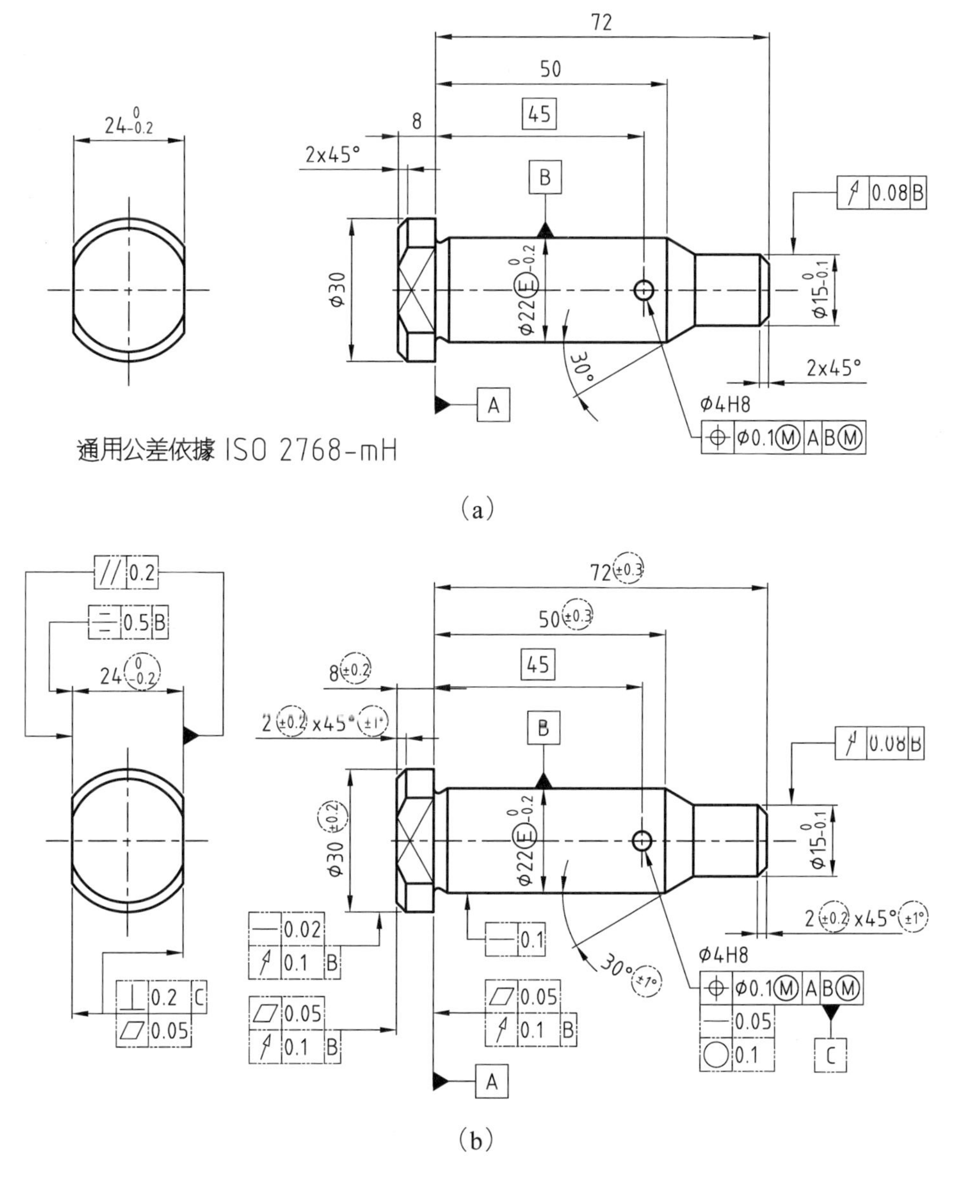

圖 2-28　通用公差之標註與意義

表 2-13　直線度與平面度通用公差

直線度與平面度							
公差等級	標稱尺寸範圍[mm]						
	起		10	30	100	300	1000
	至	10	30	100	300	1000	3000
H		0.02	0.05	0.1	0.2	0.3	0.4
K		0.05	0.1	0.2	0.4	0.6	0.8
L		0.1	0.2	0.4	0.8	1.2	1.6

表 2-14　偏轉通用公差

公差等級	偏轉公差
H	0.1
K	0.2
L	0.5

表 2-15　垂直度通用公差

垂直度					
公差等級	標稱尺寸範圍（最短邊長）[mm]				
	起		100	300	1000
	至	100	300	1000	3000
H		0.2	0.3	0.4	0.5
K		0.4	0.6	0.8	1
L		0.6	1	1.5	2

表 2-16　對稱度通用公差

對稱度					
公差等級	標稱尺寸範圍（最短邊長）[mm]				
	起		100	300	1000
	至	100	300	1000	3000
H		0.5			
K		0.6		0.8	1
L		0.6	1	1.5	2

2.5 公差原則

2.5.1　概述

1. 幾何公差與尺度公差關係

機械元件的精密加工，在工程圖上會同時表示出尺度與幾何公差，但二者之間仍會存在一定的關係。如**圖 2-29** 所示之一平板，要求長度 $20_{-0.2}$，如果沒有要求任何幾何公差，其外形在滿足尺寸 20 ～ 19.8 要求下，即可能如圖中上方所示。此尺寸公差值 0.2，同時也規範真直度或真平度公差。但若在該邊加上真直度 0.1 的要求，則在許可的尺寸公差範圍內，尚必須包括真直度的要求公差。因此在許可的範圍下，其可能的外形即如圖所示。儘管上述例子並不會造成理解或加工之困難，但由於規範公差之目的在使各零件能於組合之後使整體機構或組件達成要求的精度，因此不同的應用場合對幾何公差與尺度公差間的要求也會有所不同。

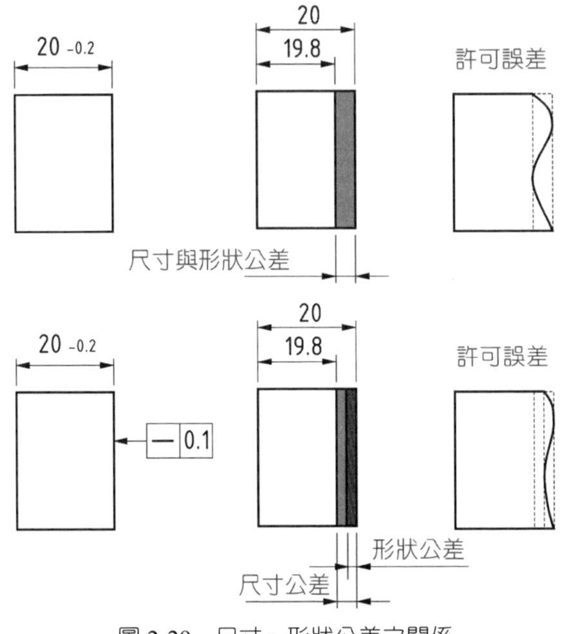

圖 2-29　尺寸、形狀公差之關係

2. 常用之公差原則

在考慮到累積公差對組合件最後精度的影響，可根據兩種公差之間是否存在特定關係，分成以下兩種類型之公差訂定原則，如此可以更有效率地管制必要的尺度與幾何公差，同時也可做爲製造與檢驗之依據。

（1）**獨立原則**：兩種公差的要求彼此間互不相關，分別處理所管制的要求公差，在標註時無須特別註明。

（2）**相關原則**：兩種公差彼此間會存在特定關係，必須根據所管制的要求公差，根據所採用的公差原則整合處理，共可分為三種公差原則：包容要求（Ⓔ）、最大實體要求（Ⓜ）、以及最小實體要求（Ⓛ）。在標註時則須依規定方式，分別加註對應之符號，以分別表明應用何種原則。

此四種原則差異比較，可由**圖 2-30** 見到，在四種原則管制下，其中除最大或最小實體尺寸不同外，幾何公差亦會產生不同的結果，以相關原則所管制之幾何公差（此處軸線眞直度）皆可允許隨形態之實體尺寸相依調整成較爲寬鬆的公差值。

表 **2-17** 爲這四種原則應用的場合比較，針對不同應用上的需求，選用合宜的公差原則管制幾合公差，則不只使設計工作上簡化公差計算，更可以使機器零組件在滿足功能上的精度要求下，可以用較經濟方法製造、檢驗與組裝。在後述四小節中，將分別詳細敘述此四種原則在設計之應用。

2.5.2 基本定義

ISO[2-4] 對公差原則多種概念定義不同名詞，在此先對這些術語與意義加以說明，以便於在後述對不同公差原則之說明了解其意義。

（1）**最大實體狀況**（Maximum material condition，MMC）：所管制的形態皆處於所含材料最多的狀況，如最小孔徑或最大軸徑。

（2）**最小實體狀況**（Least material condition，LMC）：所管制的形態皆處於所含材料最少的狀況，如最大孔徑或最小軸徑。

（3）**最大實體尺寸**（Maximum material size，MMS）：所管制的形態在最大實體狀況下之尺寸。

（4）**最小實體尺寸**（Least material size，LMS）：所管制的形態在最小實體狀況下之尺寸。

（5）**虛擬狀況**（Virtual condition，VC）[1]：由管制的形態訂定之圖面資料，所允許的理想形狀界限；此狀況係由最大（小）實體尺寸與幾何公差共同決定。當描述最大實體狀況，此理想形狀界限即為最大實體虛擬狀況（Maximum material virtual condition, MMVC）；若為最小實體狀況下，最小實體虛擬狀況（Least material virtual condition, LMVC）。

（6）**最大實體虛擬尺寸**（Maximum material virtual size，MMVS）：為決定形

[1] 虛擬狀況亦多稱爲實效狀況，虛擬尺寸亦稱爲實效尺寸。本書遵循 CNS 之用法，使用英譯「虛擬」一詞。

態最大實體虛擬狀況之尺寸。在給定幾何公差值 t 狀況下，以下關係式成立：

外部形態（軸）：MMVS = MMS + t，

內部形態（孔）：MMVS = MMS − t。

（7）**最小實體實效尺寸**（Least material virtual size，LMVS）：為決定形態最小實體虛擬狀況之尺寸。在給定幾何公差值 t 狀況下，以下關係式成立：

外部形態（軸）：LMVS = MMS − t，

內部形態（孔）：LMVS = MMS + t。

2.5.3　獨立原則

若圖面無特別標示，則幾何公差與尺度公差一律以獨立原則方式分別滿足各自的管制要求 [2-8]。在此一原則下，幾何公差並不會隨實體尺寸的變化而變動其公差，如**圖 2-30**（a3）所呈現，幾何公差數值在實體尺寸管制範圍內，仍維持一固定值。

表 2-17　公差原則特點與應用場合

公差訂定原則	規範	尺寸／幾何公差相依性	應用場合
獨立原則	尺寸公差	無，公差各自獨立，幾何公差直接依設定公差值管制，較為嚴格。	主要用於零件非配合用途之幾何型形態管制，特別對幾何形狀和位置要求較嚴格，而對尺寸精度要求相對較低的場合。
包容要求		僅形狀公差相依，可隨尺寸變動，較為寬鬆。	主要用於零件上具有配合用途，且其要求管制較嚴格之幾何形態。
最大實體要求	幾何公差	相依，在規範之原則下，幾何公差之管制較設定之公差值為寬鬆。	主要用於要求零件具備較佳裝配互換性的場合，並不嚴格要求配合形態之最終幾何公差。
最小實體要求			主要用於確保零件具有最小壁厚，以確保必要的強度的場合。

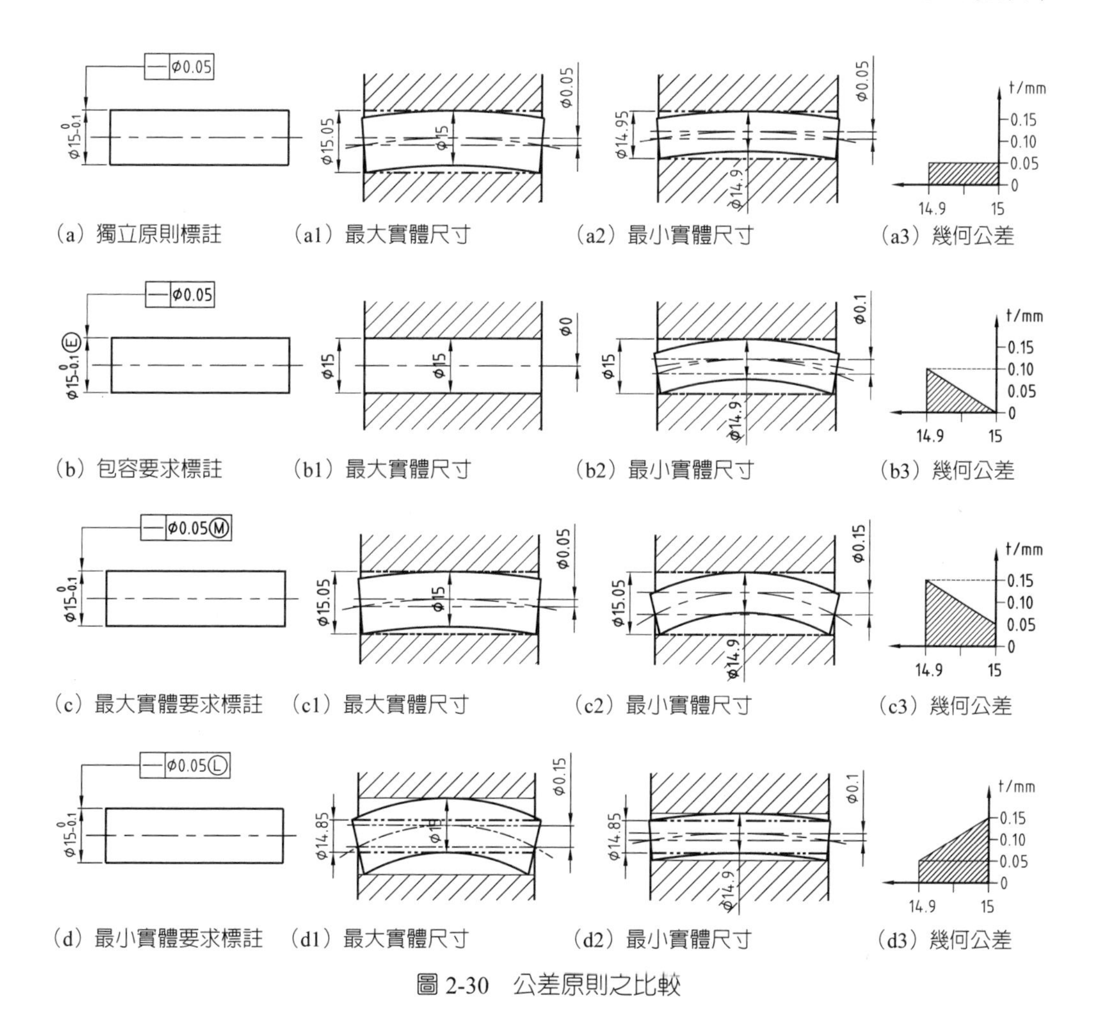

圖 2-30　公差原則之比較

此關係也可以再由**圖 2-31** 加以說明，在圖（a）中的標註顯示爲對一圓柱分別管制其直徑尺寸以及圓柱幾何形態之眞直度、眞圓度公差。此圓柱可能有的幾何形態即如圖（b）～（d）所示，若分別進行檢驗，此三項亦皆能符合要求。若將此圓柱置入一高精度（理想）的圓孔中，則能包容此圓柱最大可能狀況之尺寸爲 15.07mm，即爲最大直徑與兩個幾何公差值之和。

在獨立原則下，尺度精度與幾何精度的要求係分別處理，因此可只要求二者之一，或二者皆要求較高精度；對後者而言，尺度公差與幾何公差並不相互影響，也無任何相關性。若圖面皆無要求尺度精度與幾何精度，則可依通用公差之規範加以管制。

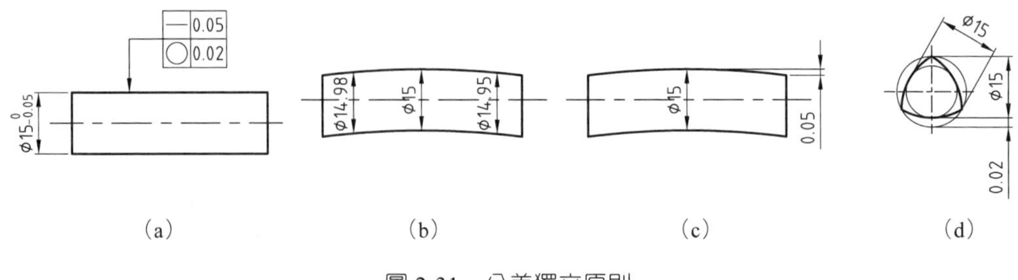

圖 2-31　公差獨立原則

2.5.4　包容要求

1. 包容原則之定義

包容要求係指管制工件之特定形態之尺寸，使工件實際尺寸不得大於最大實體的理想（包絡）邊界，各個局部實際尺寸也不得超出其管制的最小實體尺寸，因此僅限於圓柱面、兩平行平面所構成之相關幾何型態。

在此一原則下，幾何公差（眞直度）亦必須與實體尺寸一同包絡在最大實體的理想邊界範圍內，例如**圖 2-30**（b）所呈現，軸最大實體的理想邊界爲∅15，當軸的實際尺寸等於最大實體邊界尺寸時，則不允許軸線有眞直度誤差，圖（b1），只有當軸的實際尺寸偏離最大實體尺寸時，才允許軸線有直線度誤差，如軸的實際尺寸爲最小實體尺寸時，即∅14.9，軸線眞直度誤差最大允許値則可爲 0.1 mm，圖（b2）。眞直度誤差許可値 t 則隨軸實際尺寸呈現線性變化，參見動態公差圖，圖（b3）。若軸、孔的形狀有更高的精度要求時，尙可以進一步標註形狀公差，但形狀公差值仍必須小於尺寸公差值。

在圖面註記規定有以下兩種尺寸公差要求狀況：

（1）**特定公差**：對指定的形態若要要求包容原則，則在其管制之尺寸極限偏差或公差代號之後加註符號Ⓔ。

（2）**通用公差**：若要將所有形態尺寸除要求適用所指定通用公差等級外，亦須以包容原則來管制，則需標註如「**通用公差依據** ISO 2768-mK-E」等文字。

2. 包容要求之設計意義

軸或孔以包容要求公差之目的主要是在管制要求嚴格的軸、孔配合，不會受到所管制的幾何公差影響。包容要求係使用最大實體尺寸（Maximal material size, MMS）來控制孔、軸之尺度與幾何公差，以控制配合能達到所需要的最小間隙或最大干涉。

例如一軸、孔採 H7/h6 型式之餘隙配合，以期確保能以較緊密的餘隙配合狀況來確保同心度。若尺寸未另外規範公差原則，則會以一般的獨立原則分別管制尺寸公差與幾何公差，則軸的最大實體尺寸會等於軸的最大允許尺寸加上所有規範的幾何公差，如**圖 2-31** 所示，同理孔的最大實體尺寸也會等於孔的最小允許尺寸減去所有規範的幾何公差；因此在軸、孔皆以最大實體尺寸配合的狀況下，儘管所有尺寸公差與幾何公差皆分別嚴格要求，而且也分別通過檢驗，但卻會產生干涉配合，而不是期待的零間隙。但若以包容原則分別管制軸、孔零件之公差，則軸、孔零件之最大實體尺寸皆不會超過要求之尺寸限值，即能滿足最小間隙爲零之要求。因此包容原則多會應用在有較高配合精度要求的場合，如軸與滾動軸承內環配合的軸承座部位或與齒輪內孔配合之部位。

包容原則就滿足最大實體狀況的要求來看，相當於對特定形態要求最大實體狀況，但其幾何公差設爲零，細節請另參考 2.5.5 節「最大實體要求」。以包容原則要求單一形態的軸、孔時，即可應用極限量規（Go/no-go Gauge）進行檢驗。量規的通規（Go）即檢驗軸、孔的實際輪廓尺寸是否在最大實體邊界範圍內；止規（No go)則用以判斷軸、孔的實際輪廓尺寸是否超出最小實體尺寸。

2.5.5　最大實體要求

1. 最大實體要求之定義

最大實體要求（Maximum material requirement，MMR）係管制工件特定幾何形態的幾何公差值，使能確保最大實體尺寸（即軸外徑尺寸最大，孔內徑尺寸最小），以達成順利配合之目的。當實際尺度偏離最大實體狀況時，如軸之實際外徑減小，或孔之實際內徑增大，則所管制之幾何公差可相依得到補償而增加數值，不受所標註之公差值限制。

在此一原則下，如**圖 2-30**（c）所呈現軸最大實體尺寸為 ∅15，幾何公差（真直度）要求為 0.05，因此最大實體亦必須與實體尺寸一同包絡在最大實體的理想邊界範圍內，當軸的實際尺寸等於最大實體邊界尺寸時，則不允許軸線有真直度誤差，圖（c1）；只有當軸的實際尺寸偏離最大實體尺寸時，才允許軸線有直線度誤差，如軸的實際尺寸為最小實體尺寸時，即 ∅14.9，軸線真直度誤差最大允許值則可為 0.1mm，圖（c2）。真直度誤差許可值 t 則隨軸實際尺寸呈現線性變化，參見動態公差圖，圖（c3）。若軸、孔的形狀有更高的精度要求時，尚可以進一步標註形狀公差，但形狀公差值仍必須小於尺寸公差值。

最大實體要求（最小實體要求亦同）並非適用所有的幾何公差，**表 2-18** 彙整適用之幾何公差與形態，在幾何公差中僅有形狀公差中之真直度、真平度以及方向、定位公差，而要管制之誤差形態或基準形態皆為衍生形態，即軸線或中間面。

表 2-18　適用最大／最小實體要求之幾何公差與形態

幾何公差			符號	誤差形態					基準形態				
				真實			衍生		真實			衍生	
				截面線	邊	面	軸線	中間平面	截面線	邊	面	軸線	中間平面
形狀公差		真直度	—				●					●	
		真圓度	○										
		真平度	▱					●					●
		圓柱度	⌭										
		曲線輪廓度	⌒										
		曲面輪廓度	⌓										
位置公差	方向公差	平行度	//				●	●				●	●
		垂直度	⊥				●	●				●	●
		傾斜度	∠				●	●				●	●
	定位公差	正位度	⌖				●	●				●	●
		同心度	◎				●					●	
		對稱度	⌯				●	●				●	●
	偏轉公差	圓偏轉度	↗										
		總偏轉度	⌰										

● 適用最大實體要求 Ⓜ 與 最小實體要求 Ⓛ

2. 最大實體要求下之尺寸管制原則

最大實體要求下之尺寸標註一般多以獨立原則處理，換言之，管制形態之形狀公差會與尺寸分開處理；但在包容要求下，係使用最大實體尺寸管制尺寸公差與幾何公差。而若以最大實體要求管制某一幾何形態之幾何公差，則尺寸以獨立原則或包容原則處理會有所不同，其中之差異可以由**圖 2-32** 之銷、孔加以說明。

在**圖 2-32**（a）的標註，係以獨立原則處理圓銷、孔之尺寸公差與垂直度公差。在銷最大實體要求下，最大實體虛擬尺寸為 20.05mm，圓柱軸線之允許的垂直度偏差可在圓銷最小實體尺寸下，增加到 0.07mm；而若圓柱之軸線或表面母線亦有偏差，如眞直度偏差或其他形狀偏差，依獨立原則不可超過 0.05 ～ 0.07mm，此區間隨實際局部尺寸而變化，即實際局部尺寸為 ∅19.98mm，則為 0.07mm。孔狀況亦同。

但若要使所管制圓柱之形狀精度能順利配合，則可如**圖 2-32**（b）對軸、孔的尺寸標註加入Ⓔ符號，利用包容原則加入限制管制形態之尺寸。如在此狀況下，對銷軸的圓柱形態必須在最大實體尺寸（∅20mm）處之理想形狀包絡圓柱內，換言之所有形狀偏差的總和效果都不可使形態超過此一包絡面，此圓柱之軸線或表面母線的眞直度不得超過 0 ～ 0.02。但最大實體要求下之垂直偏差仍相依處理，在最小實體尺寸（∅19.98）下，可增加到 0.07mm，孔狀況亦同。

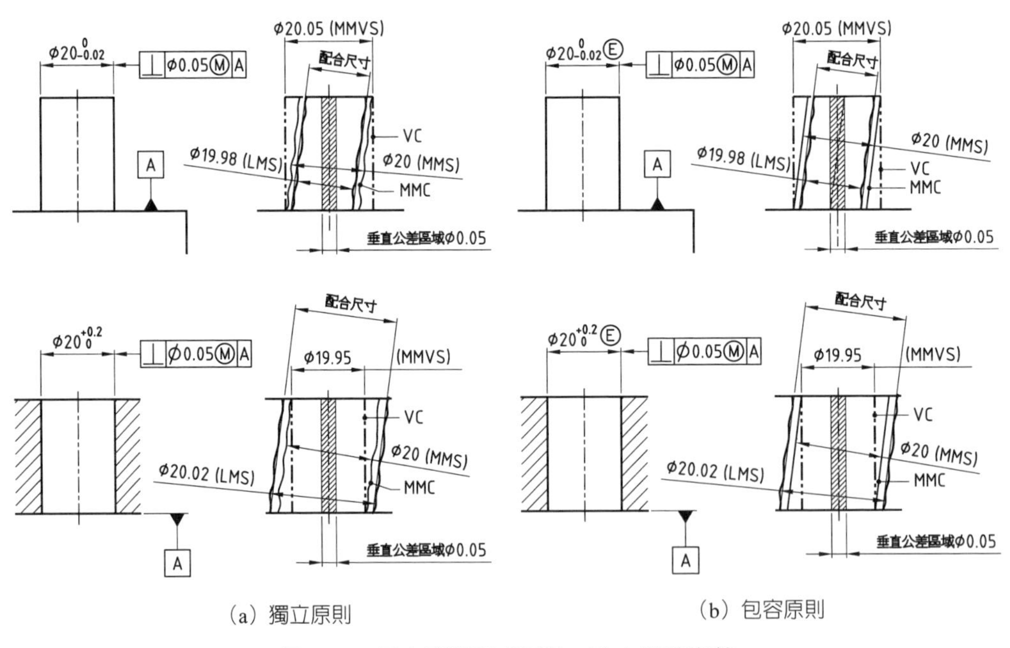

（a）獨立原則　（b）包容原則

圖 2-32　最大實體要求下軸、孔之標註意義

3. 多銷、孔之同時配合

圖 2-33 為常見的兩需組合之平板，其上分別有四個孔以及四支銷，若使用獨立原則標註尺寸公差與幾何公差，使此兩件能順利組裝，則會相當繁複。但由於此四個銷、孔之配合，在機構之拘束上為過度拘束，若能使各銷、孔皆為較緊之餘隙配合，則兩平板即可彼此緊密結合，無須考慮幾何公差而嚴格管制銷、孔之配合裕度。

我們可以想像有「理想」量銷與量孔治具，其中之銷、孔徑分別為 8 mm，中心間距亦皆為 32mm。若此治具可分別與此要加工之孔、銷平板相結合，則只要各孔、銷加工後，皆能通過此「理想」量銷、量孔之檢驗，則可滿足彼此順利組裝之要求。這量具之孔、銷即為需加工之銷、孔之最大實體虛擬尺寸（MMVS），因此可以如**圖 2-33** 之標註方式，以最大實體要求管制銷、孔之定位公差。其中，若銷、孔之正位度公差取 0.1mm，銷、孔之尺寸公差取 0.1mm，在銷、孔之最大實體虛擬尺寸 8mm 下，銷尺寸公差上限值若為 x，則以最大實體虛擬尺寸關係：$8 + x + 0.1 = 8$，可得 $x = -0.1$，公差下限值則為 -0.2。同理可得孔之尺寸公差上下限值為 $+0.2/+0.1$。在**圖 2-33**（a）與（b）中亦呈現在此要求管制下，銷、孔以最大實體尺寸所形成之定位狀況。

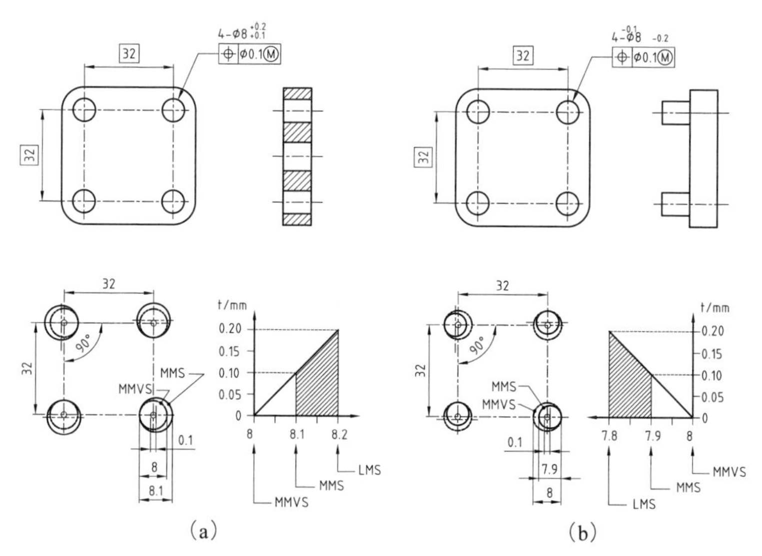

圖 2-33　正位度公差最大實體要求

4. 基準加註最大實體要求

當基準加註最大實體要求符號 Ⓜ 時，表示當該基準形態的之尺寸偏離最大實體狀況時，尺寸偏差值亦可補償至該形態之幾何公差。因此該基準形態之基準軸線或中間面會相對於標註公差之形態浮動，其浮動值即等於基準形態的配合尺寸與最大實體尺寸之差。此一管制方式之意義將以同心度之管制實例詳加解釋。

最大實體要求亦可以應用在管制兩圓柱軸線之同心度，以解決重覆配合之組裝問題。**圖 2-34**（a）爲一定位銷之標註例，其中不同於之前所描述之標註定義方式，直徑 25mm 之圓柱軸線除做爲基準，管制直徑 12mm 之圓柱軸線之同心度外，亦對該圓柱軸線要求需滿足最大實體狀況。因此基準形態在最大實體尺寸下，軸線允許偏離值爲零；而管制之形態軸線，則在最大實體尺寸 MMS =12mm 下，可在所要求之幾何公差值 0.04mm 之範圍內浮動，**圖 2-34**（b），在最小實體尺寸（LMS）11.95 mm 下，在 0.04 + 0.05 = 0.09mm 範圍內浮動，**圖 2-34**（c）。因此最大實體虛擬尺寸（MMVS）分別爲 25mm 與 12.04 mm，此二尺寸即做爲量規設計之依據，見**圖 2-34**（e）。

但對基準形態在最小實體尺寸狀況下，因基準形態之軸線可以在其尺寸公差範圍內變動其位置，因此要管制之形態軸線在滿足最大實體虛擬尺寸範圍的要求下，相對基準軸的同心度公差也隨之增大，即在最小實體尺寸狀況下，會大於 0.09mm。

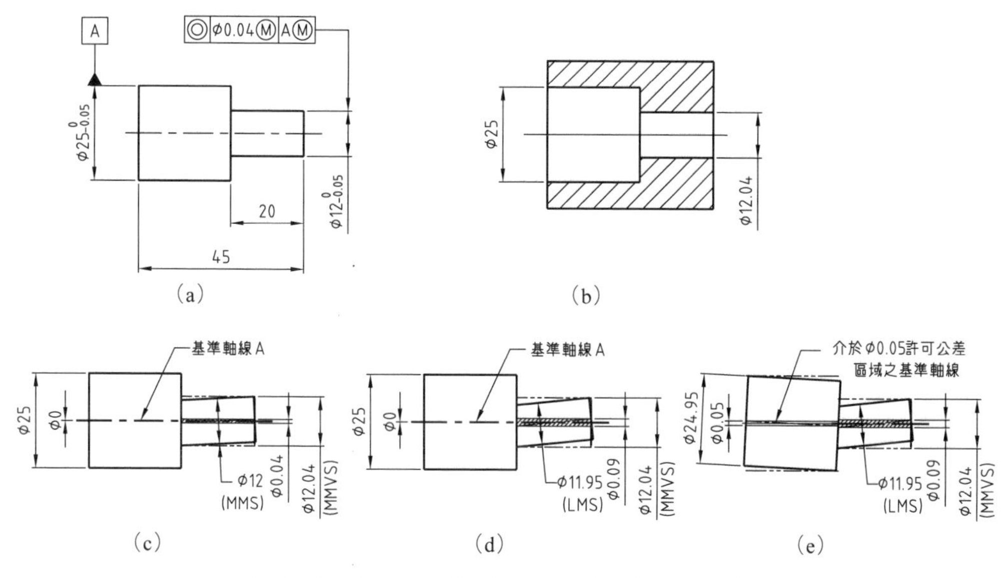

圖 2-34　定位銷在最大實體要求下之同心度管制

而在最大實體要求下，最大的同心度並不能以尺寸公差與幾何公差值直接線性相加，此數值亦與兩圓柱長相關。**圖 2-35** 爲考慮基準、管制形態皆在最小實體尺寸狀況時，最大同心度之幾何關係。由圖中可得到以下關係式：

$$\text{最大同心度公差} = 2\cdot\left(\frac{t_{G2}+t_{S2}}{2}+\frac{t_{S1}}{2}+\frac{t_{S1}\cdot l_2}{l_1}\right) = t_{G2}+t_{S2}+t_{S1}+2\cdot\frac{t_{S1}\cdot l_2}{l_1} \quad \text{。(2-4)}$$

若將圖 2-34（a）圖面數值代入，則可得到：

$$0.05 + 0.04 + 0.05 + 2\times 0.05\times 20/25 = 0.22\ \text{mm。}$$

如果基準 A 不要求最大實體狀況，則對要管制形態之最大同心度公差僅能達到 0.09mm，因此是否要求基準處在最大實體狀況，則需視應用場合而定。

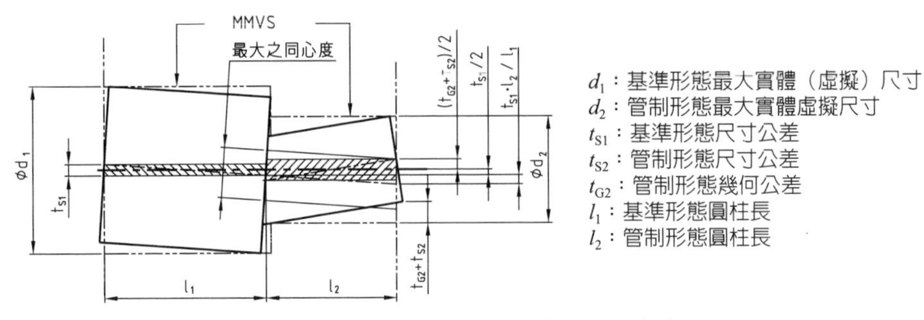

圖 2-35　最大實體要求下之最大同心度

5. 最小間隔距離之控制

最大實體要求可應用於開槽之元件，以確保槽壁至理想中心線具有最小間隔距離，此類工件如**圖 2-36** 所示。此槽部共 12 個，分別以端面與輪轂孔軸線爲第一、第二基準，並配合角度以最大實體要求正位度公差。由於爲槽部尺寸，根據最大實體要求公差原理可確知最大實體虛擬尺寸（MMVS）爲最小槽寬減去正位度公差：4.95−0.15 = 4.8mm。而在最大實體尺寸（MMS），即槽寬 4.95mm 下，正位度公差爲 0.15；但在最小實體尺寸（LMS），即槽寬 5.05mm，正位度公差可隨最大偏差狀況，即 0.1mm 而增加其許可範圍，爲 0.1 + 0.15 = 0.25mm。在此要求下，理想槽部中心面至任何偏差壁面皆可確保至少有一固定值，即 4.8/2 = 2.4mm。相關的幾何關係亦可由圖（b）中確知，如在圖（b）最大實體尺寸下，偏差槽部中心面落於最大幾何偏差位置，可以計算最小的表面間隔，即 4.95/2−0.15/2 = 2.4mm。同理在最小實體尺寸亦可得到此結果。

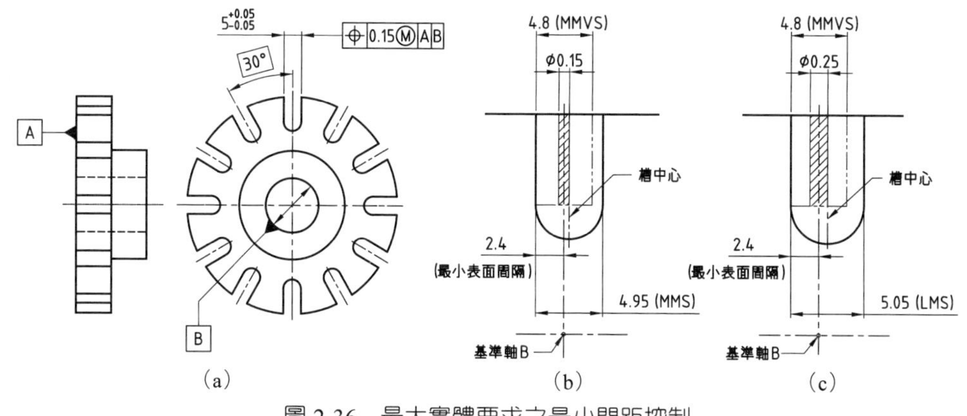

圖 2-36　最大實體要求之最小間距控制

6. 多基準下之最大實體要求

在前述之最大實體要求使用的基準多爲單一基準，但在許多應用中，多會使用多基準（或共同基準）。**圖 2-37** 爲**圖 2-33** 之實例之延伸；在**圖 2-33** 中，四個孔之位置以彼此中心距爲基準，而在**圖 2-37** 中實例則增加 Ø10mm 之孔爲基準 A，以最大實體要求管制四個 Ø8mm 孔之正位度，此基準 A 同時亦以最大實體要求幾何形態。圖右則分別爲在孔之最大實體與最小實體狀況下之實際孔位關係，其中基準 A 之理想中心與四個孔理想中心之位置關係固定不變，因此此四個孔與基準孔之位置偏差狀況與實體尺寸關係分別說明如下：

（1）四個孔因必須滿足最大實體要求，則最大實體虛擬尺寸為 8.1 – 0.1 = 8.0 mm，此意即為四個孔之實體尺寸不可與其產生干涉之尺寸；換言之，我們可以想像有四個 Ø8mm 之銷在此理想位置，而孔在位置偏差下之尺寸必須不得使孔實體與銷干涉。當孔皆為最大實體尺寸時，其正位度公差即為所訂定的公差值 Ø0.1mm，在極端狀況下，孔中心位置即落在此公差圓上，任取一位置，皆會使孔實體與最大實體虛擬圓相切，如圖示。而當孔處於最小實體狀況，則正位度公差值可增加到 Ø0.2mm，亦可得如圖中所示之孔位狀況。

（2）而基準孔因以最大實體要求其幾何態，因此在孔為最大實體狀況下，不得有任何位置偏差，但若為最小實體尺寸，則位置偏差可變為 Ø0.2mm，以能滿足最大實體虛擬尺寸 Ø10mm 之條件。

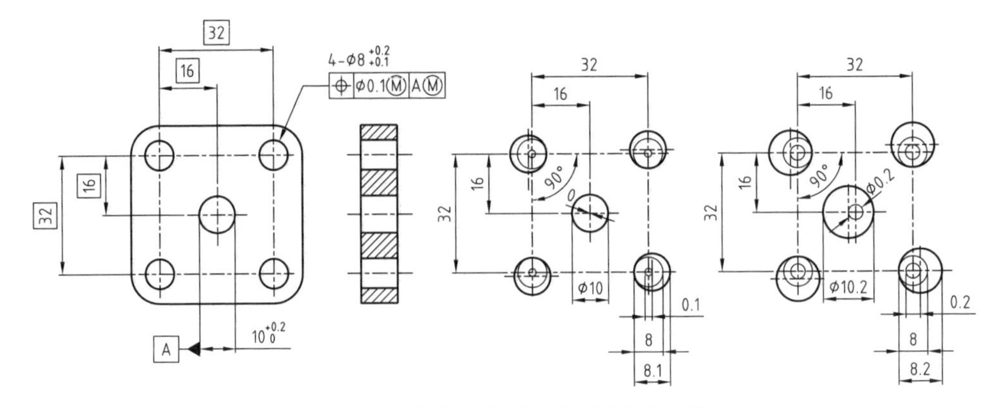

圖 2-37　最大實體要求下以多基準管制正位度

圖 2-38 為另一應用例，一固定座上共有兩組各 4 個圓孔（直徑 Ø8mm 與 Ø16mm），分別等間隔分布在兩個以輪轂（直徑 Ø90mm）中心為基準之同心圓上（節徑 Ø40mm 與 Ø90mm）。位置偏差狀況與實體尺寸關係分別說明如下：

（3）直徑 Ø8mm 孔以最大實體要求管制正位度幾何公差，所以此孔之最大實體虛擬尺寸為 Ø7.5mm，在最小實體尺寸為 Ø8.1mm，可有 Ø0.6mm 許可偏差。

（4）直徑 Ø16mm 之基準孔需滿足最大實體虛擬狀況，即四個虛擬銷軸直徑為 Ø15.75mm。基準孔之尺寸變化亦同時改變正位度公差。

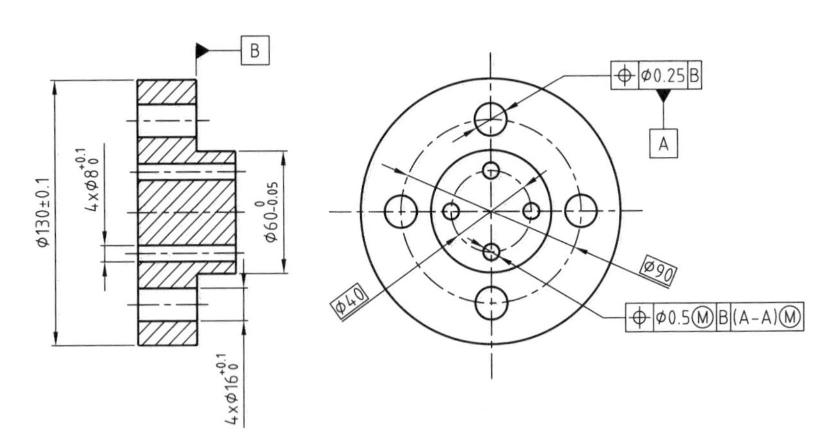

圖 2-38　最大實體要求下之最大同心度

2.5.6 最小實體要求

1. 最小實體要求之定義

最小實體要求係管制特定幾何形態的幾何公差值，使配合工件在該形態處能保留最小材料（即軸外徑尺寸最小，孔內徑尺寸最大）。當實際尺度偏離最小材料狀況時，如軸之實際外徑增大，或孔之實際內徑減小，則所管制之幾何公差可相依得到補償而增加數值，不受所標註之公差值限制。在設計上多應用於要保有材料最小厚度或開槽之最大間隔，而如同最大實體要求，並不在意軸孔之配合後，實體間各部位裕度狀況。

2. 正位度下最小厚度之控制

圖 2-39 爲一具有凸緣之工件，爲確保凸緣之厚度，在圖面中分別對凸緣內、外圓柱面以最小實體要求正位度。在此要求下，凸緣內、外圓柱面軸線之位置偏差要求必須滿足最小實體虛擬狀況，亦即內、外圓柱面之實體不得超過此一最小虛擬實體。由圖示之尺寸公差與幾何公差可得到最小實體虛擬尺寸（LMVS），對軸部而言爲 LMVS = 40 − 1.5 − 1 = 37.5mm；對孔部而言，LMVS = 20 + 1.5 + 1 = 22.5mm。因此二者在最大實體尺寸（MMS）下，軸部與孔部軸線允許在 ∅2.5mm 之範圍內偏離理想位置（**圖 2-39** 右），在最小實體尺寸（LMS）下，則爲 ∅1mm。因此各在此兩個實體尺寸下，幾何公差處於極限值，此凸緣之最小厚度仍皆爲 7.5mm。

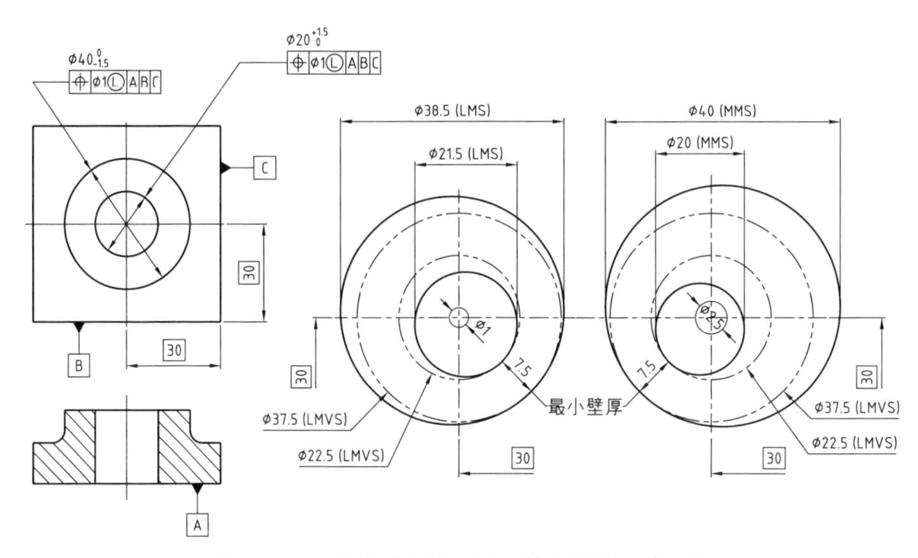

圖 2-39 最小實體要求下以正位度控制最小厚度

3. 同心度下最小厚度之控制

控制圓筒形工件最小厚度的另一方法係以最小實體要求同心度公差，如**圖 2-40** 之襯套所示。爲說明以最小實體同時要求外徑（基準形態）以及內徑（誤差形態）以確保最小壁厚之意義，以下共探討四個標註實例，以比較異同：

（1）實例 I 不以最小實體要求內徑同心度公差，**圖 2-40**（a1）；

（2）實例 II 以最小實體要求內徑同心度公差，但外徑尺寸不要求，**圖 2-40**（b1）；

（3）實例 III 之內、外徑皆要求最小實體狀況，但內徑同心度公差取 ∅0，尺寸公差上限取 1mm，**圖 2-40**（c1）；

（4）實例 IV 最小實體狀況要求與 IV 相同，但同心度公差取 ∅0.5，**圖 2-40**（d1）。

以下分別根據此四例之公差要求，分析在最大、小實體下之最小壁厚：

（1）在實例 I 中，圖（a1），所有內、外徑的尺寸、幾何公差皆以獨立原則處理，因此在最小的實體狀況下〔圖（a2）〕，因允許內孔中心在

Ø0.5mm 公差圓柱中偏離，所以能造成最小壁厚爲 (39.5−25.5−0.5)/2 = 6.75mm；在最大的實體狀況下〔圖（a3）〕，則爲 (40−25−0.5)/2 = 7.25mm。而內孔的同心度公差皆須在 Ø0.5mm。

（2）在例 II 中，圖（b1），做爲基準形態的外徑並未要求最小實體狀況，因此外徑尺寸之變動並不會相對補償到內徑的幾何公差，而僅有內徑的尺寸偏離最小實體狀況的數值可補償。因此在最小的實體狀況下，所能造成最小壁厚仍爲 6.75mm，但在最大的實體狀況下則爲 (40−25−0.5−0.5)/2 = 7.0mm。而內孔的同心度公差則可在 Ø0.5 ～ Ø1.0mm 之間隨內徑尺寸而變動一定範圍變動值。

（3）在例III中，圖（c1），內、外徑實體皆不得違反最小實體虛擬狀況，其虛擬尺寸分別爲 26mm 與 39.5mm。所以在最小的實體狀況下，因內、外徑等於最小實體虛擬尺寸，且孔同心度幾何公差爲零，所以在此一狀況下，不允許同心度偏差，而所能造成之最小壁厚則爲 (39.5−26)/2 = 6.75mm；在最大的實體狀況下，內孔尺寸偏離最小實體尺寸爲 1.0mm，而外徑則偏離 0.5mm，在基準同時要求最小實體狀況下，此 0.5mm 偏差值亦可補償到內孔的同心度公差，因此所能造成最小壁厚爲 (40−25−1.0−0.5)/2 = 6.75mm。內孔相對外徑中心的同心度公差，則可在 Ø0 ～ Ø1. 5mm 之間隨內、外徑尺寸而變動。

（4）在例 IV 中，圖（d1），內、外徑分別皆有與實例 III 相同之最小實體虛擬尺寸，在最小實體狀況下，因有內徑規範之同心度公差 0.5mm，所以其中心可在此範圍偏離，因此最小壁厚爲 (39.5−25.5−0.5)/2 = 6.75mm，但在最大實體狀況下，內、外徑尺寸皆偏離最小實體尺寸，二者皆可補償到幾何公差中，所以最小壁厚爲 (40−25−0.5−0.5−0.5)/2 = 6.75mm。內孔相對外徑中心的同心度公差，則可在 Ø0.5 ～ Ø1.5mm 之間隨內、外徑尺寸而變動。

將以上之分析結果彙整於表 **2-19**，由此可知以獨立原則管制公差，則最小可能壁厚在內、外徑尺寸之極限尺寸下，會產生變動（實例 I）。而若要能控制最小可能壁厚不受內、外徑尺寸之極限尺寸的影響，則應適當放寬幾何公差，此亦即最小實體要求之目的。若僅要求孔或軸部需達成最小實體狀況，則無法在最大實體狀況下達到最小壁厚之可能（實例 II），而是要同時以最小實體狀況要求孔與軸部。以同心度公差而言，則需對基準增加此要求（實例 III 與 IV）；而其他如正位度，則為同時要求（參考**圖 2-39**）。

表 2-19　襯套不同之同心度公差管制標示之比較

實例	內外徑尺寸狀況下之壁厚 [mm]		內徑允許之同心度公差 [mm]
	最小實體尺寸狀況	最大實體尺寸狀況	
I	6.75	7.25	0.5
II	6.75	7.0	0.5 ～ 1.0（與內徑相依）
III	6.75	6.75	0 ～ 1.5（與內、外徑相依）
IV	6.75	6.75	0.5～1.5(與內、外徑相依）

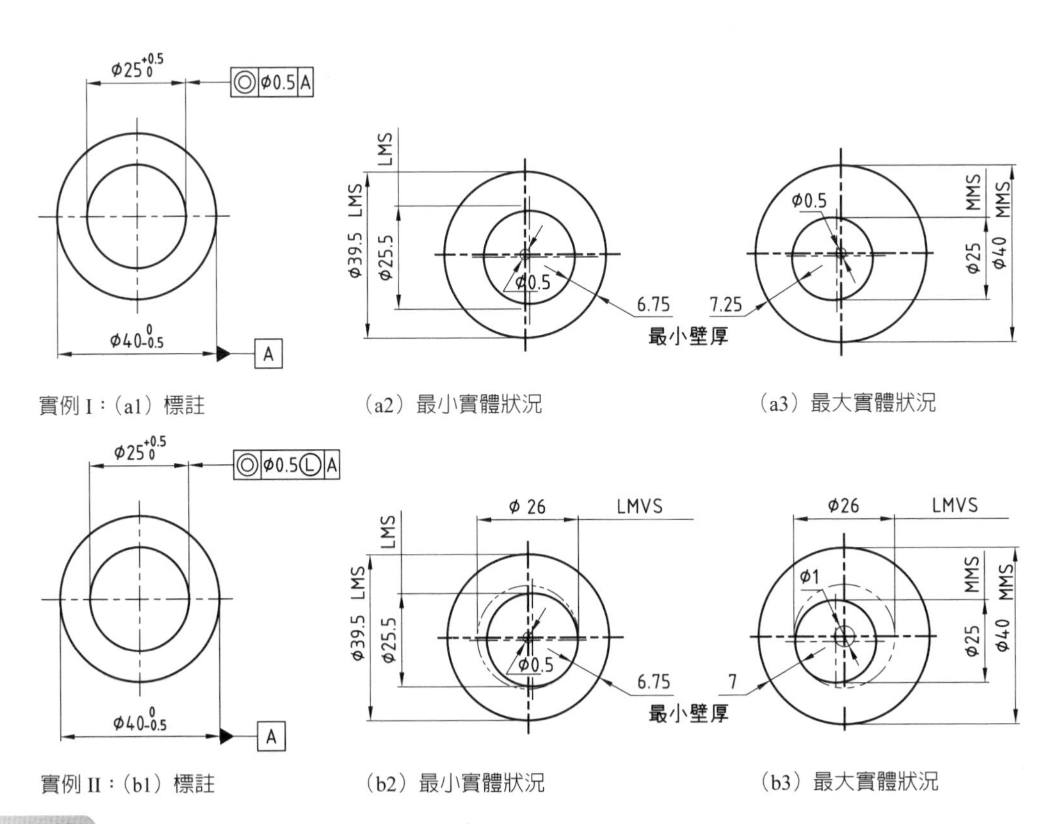

實例 I：(a1) 標註　(a2) 最小實體狀況　(a3) 最大實體狀況

實例 II：(b1) 標註　(b2) 最小實體狀況　(b3) 最大實體狀況

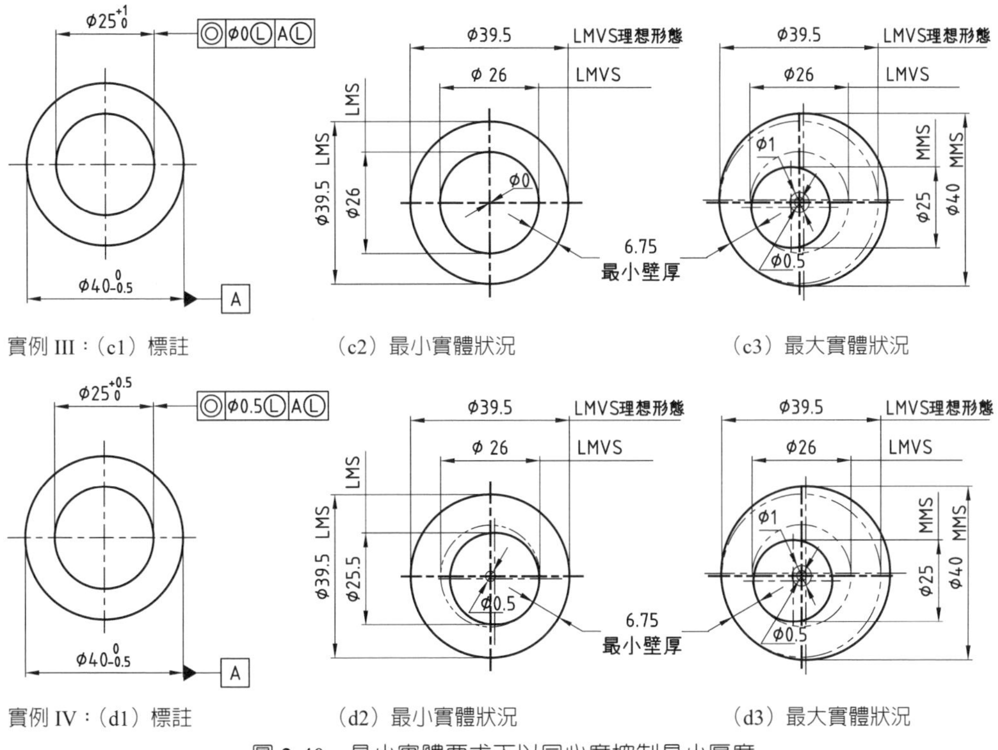

實例 III：（c1）標註　（c2）最小實體狀況　（c3）最大實體狀況

實例 IV：（d1）標註　（d2）最小實體狀況　（d3）最大實體狀況

圖 2-40　最小實體要求下以同心度控制最小厚度

4. 最大間隔距離之控制

對於類似**圖 2-36** 的開槽元件，亦可以最小實體要求槽部公差關係，以確保具有最大間隔距離，如**圖 2-41**（a）標示。同**圖 2-36**，此槽部共 12 個，分別以端面與輪轂孔軸線爲第一、第二基準，並配合角度以最小實體要求正位度公差。由最小實體要求公差原理可確知最小實體虛擬尺寸（LMVS）爲 5.05 + 0.15 = 5.2mm，而在最大實體尺寸（MMS）4.95mm 下，正位度公差可增加爲 0.25 mm，而最大表面間隔計算如同**圖 2-36**，爲 2.6mm。

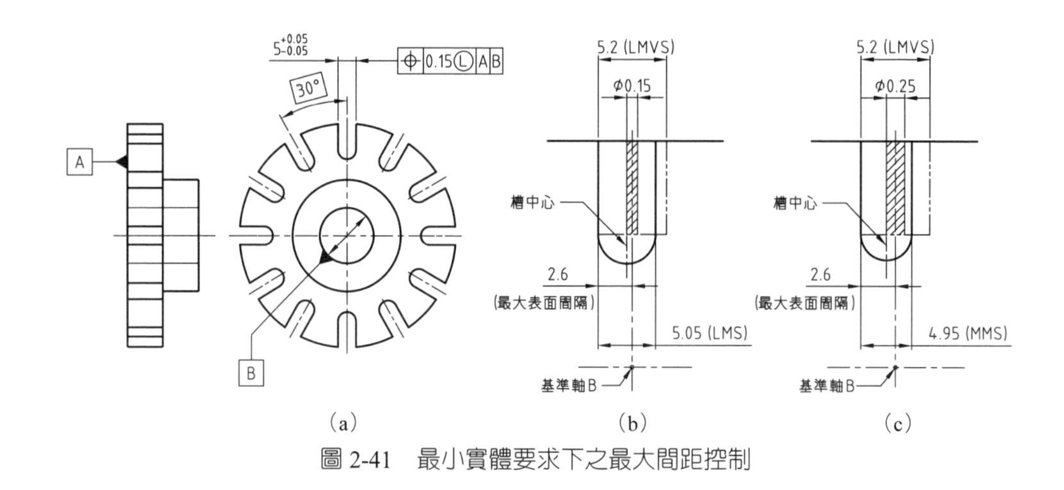

圖 2-41　最小實體要求下之最大間距控制

2.5.7 可逆要求

在最大實體要求或最小實體要求下，幾何公差數值可隨實際尺寸偏離要求虛擬尺寸狀況而增加，但是並不允許尺寸公差可在幾何公差未充分利用此額度狀況下，加大其公差值。但就某些特定應用，如控制互換性的餘隙配合，以相反方式增加尺寸公差，亦不會產生衝突。因此 ISO[2-4] 額外增加可逆要求，以補償在最大實體要求或最小實體要求下，尺寸公差無法與幾何公差共同變化的狀況。所以可逆要求僅能與最大／最小實體要求合併使用，不得單獨在圖面標註。可逆要求符號Ⓡ在圖面標註時，需標註在公差管制框之公差值框之符號 Ⓜ 或 Ⓛ 之後，如 Ⓜ Ⓡ或 Ⓛ Ⓡ。可逆最大／最小實體要求之相關意義以及在設計上之應用，分別說明如下。

1. 可逆最大實體要求

圖 2-42 爲在最大實體要求下三種對同心度管制之表示方法，圖（a）至（c）爲軸件，圖（d）至（f）爲孔件。在軸、孔件各三種的不同表示中，最大實體虛擬狀況皆相同，要管制的幾何形態之最大實體虛擬尺寸爲 Ø12。圖（a）與（d）採公差爲零之方式，圖（b）與（e）採一般最大實體要求，圖（c）與（f）則採可逆最大實體要求。以圖（b）與（e）之表示方式，同心度公差值

會隨尺寸偏離最大實體尺寸而補償加大。

儘管在最大實體狀況下，允許之幾何公差與尺寸偏差狀況是相依，但同心度公差值若無利用到此補償值，該數值並不會轉到尺寸偏差上，換言之，此狀況並非可逆的。因此，爲能滿足此一可逆的要求，在圖面中即可將符號Ⓡ加註在符號 Ⓜ 之後，如圖（c）與（f）所示。在結合可逆要求的最大實體要求下，尺寸、形狀、位置與方向偏差皆可在最大實體虛擬狀況下，充分使用公差之總和。

與可逆要求有類似作用的是指定幾何公差爲零之最大實體要求，即圖（a）與（d）。在此狀況下，因幾何公差（在本圖例，同心度）爲零，即表示幾何公差數值必須視尺寸公差狀況而決定，其分布狀況則由加工者視加工狀況予以決定。但圖面標示可逆要求Ⓡ時，則表示在滿足最大實體虛擬狀況下，可視加工能力事先選擇尺寸與幾何公差分配狀況。此意即，設計方面僅要求滿足最大實體狀況之功能，幾何公差與尺寸公差間之分配則由製程規劃部門與製造部門所商訂。

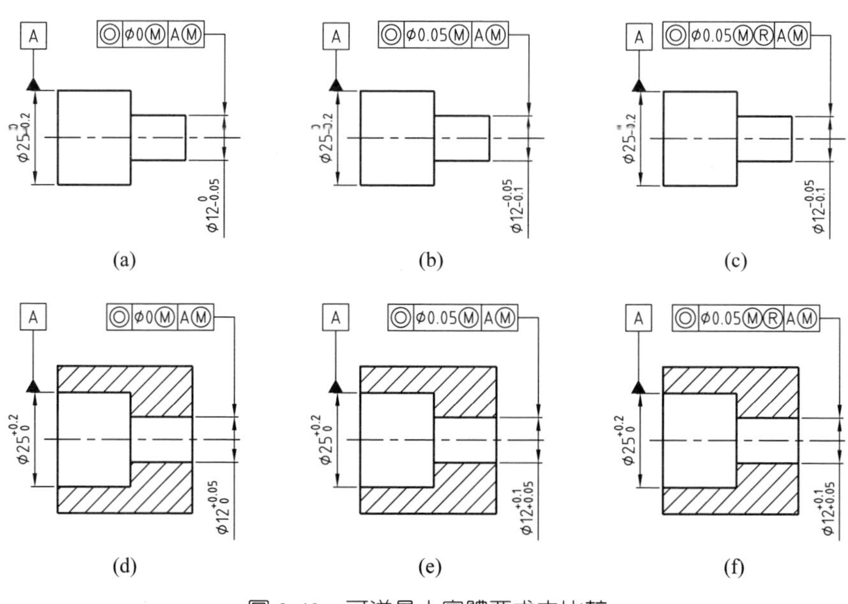

圖 2-42　可逆最大實體要求之比較

2. 可逆最小實體要求

可逆最小實體要求在公差管制之意義同可逆最大實體要求，不同的是需要滿足的是最小實體狀況。換言之，如**圖 2-43** 所示，圖（a）、（b）與（c）要求孔徑滿足相同最小實體虛擬尺寸：Ø26mm，而在外徑最小實體尺寸 Ø39.5mm 狀況下，工件符合最小實體要求，即可確保有最小壁厚 6.75mm。而要滿足此一要求，在加工時幾何公差與尺寸公差間之分配則與前小節最大實體要求之說明相同，在此則不贅述。

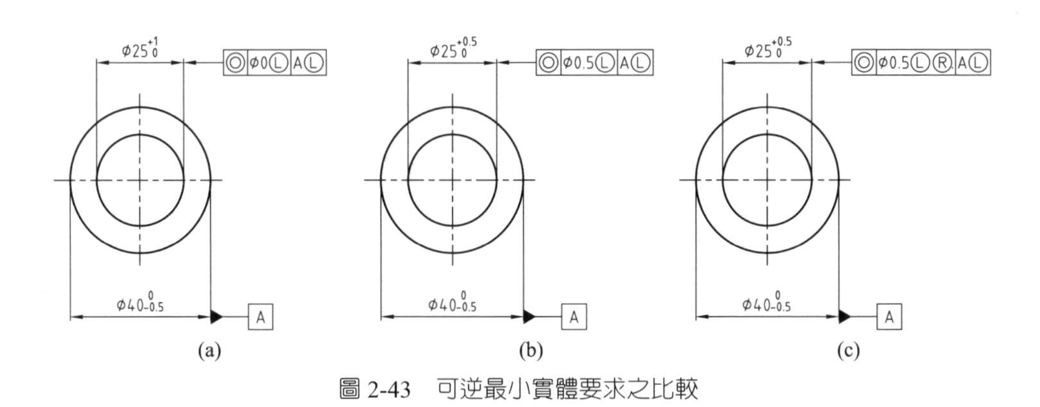

圖 2-43　可逆最小實體要求之比較

2.5.8　公差相容要求之設計意義

由前述之說明，可以見到若零件僅要求在裝配上具有較佳互換性、而不嚴格要求配合時，兩實體在各處之裕度，則可以採用最大實體要求來管制在設計上有功能要求的幾何公差，如此不只可簡化幾何公差的訂定、加工精度控制以及品質檢驗等工作，更可以使要公差管制之零件在加工上，無須過度嚴格要求，而可以使加工在滿足功能要求下，更具成本效益。但最大實體要求並不適合用於需要有機構功能要求之配合上，如連桿機構關節、齒輪等之軸孔配合，或是軸孔之干涉配合等，因幾何公差之增大，也會使運動誤差加大。

2.5.9 幾何公差之標註方法

在標註零件之幾何公差時，首先必須從該零件所屬之組立中，了解該組立設計在工作時應該達成的功能、相鄰元件關係、達成精度要求所需管制的幾何型態與公差類別。在從設計圖面判斷時，必須注意到只有零件間彼此接觸到的幾何形態，才需要以幾何公差管制！

圖 2-44 爲一行星齒輪減速機構之設計圖，其中支撐輸入之行星齒輪軸之兩軸承中之一，係以安裝在一軸承座，此軸承座再與固定架結合（固定架則與環齒輪相結合）。因此若欲對此軸承座標註幾何公差，可以根據**圖 2-45** 中之編號，參考以下步驟進行：

① **指定通用公差等級**：在一般標準圖面中須清楚指定通用公差等級，包括尺寸與幾何公差。

② **確認重要功能之幾何形態**：由組立圖辨認出此軸承座上之幾何形態應具有的功能，以能滿足組立要達成的功能。以本例而言，整體設計要求的是要使太陽齒輪軸線能與托架旋轉中心線、環齒輪齒部之中心線等皆能同心，以達成平順運轉之目的。此功能並無法直接由單一零件達成，僅能由相鄰零件逐步達成。對本例軸承座而言，要達成太陽齒輪軸線之同心度目標，首要達成的是軸承座孔部要能與固定架中心同心，而與固定架相接的是軸承座左側法蘭面與凸緣。其次要考慮的是幾何形態要滿足的其他功能，如凸緣端面之幾何形態因爲分別與兩個軸承端面相接觸，必須考慮到軸承側向精度的要求，而軸承座在圖中右側法蘭面亦會決定油封蓋、徑向軸封在組裝後與太陽齒輪之同心。因此可以確認此六個幾何形態必須加以管制。

③ **確認位置之關係**：此六個幾何形態間在位置關係上可以由表 **2-20** 見到，在表中「－」表示無直接的關係。

④ **指定基準**：一般狀況下，同心度多會選擇要求兩軸線中之一做爲基準，但在本例中，因凸緣其屬短軸形式，不宜單獨使用，因此可選擇法蘭面

與凸緣分別為第一、第二基準，以能確實達到要求。

⑤ **確認位置公差種類**：由表 **2-20** 位置之關係與基準可以得到對應的位置公差。由於此軸承座因採取旋轉加工之車削、研磨方式，因此可以使用偏轉度進行管制，即在圖中以虛線方式表示。

⑥ **確認位置公差大小**：除可採取精度等級，由基準尺寸決定出對應的公差大小外，一般通常會考慮到加工能力與影響層面。一般要求較高、且加工可以達成要求的公差大小多可選擇0.02，更高等級可到0.01或更精，但選擇公差較小的數值時，必須要留意是否有必要，否則雖然可以達成更佳精度，但卻也增加更多的加工成本。

⑦ **確認形狀精度**：一般對幾何形態的形狀精度要求通常可以併入在位置公差之中，但對基準或有更高精度要求，如與軸承配合之軸與孔幾何形態，則需另外要求形狀精度。在本例中，六個主要幾何形態對形狀精度的要求如表 **2-20** 中深灰區域中所示，由於左側法蘭面做為基準，因此必須再要求平面形狀精度，而孔部因與軸承配合，所以不只要求圓柱精度，同時也以包容要求管制尺寸公差。

⑧ **確認形狀公差種類**：由上述即可分別定義出平面度與圓柱度。

⑨ **確認形狀公差大小**：形狀公差大小除參考規範，如軸承精度要求，亦須考慮功能與加工能力、成本等因素。

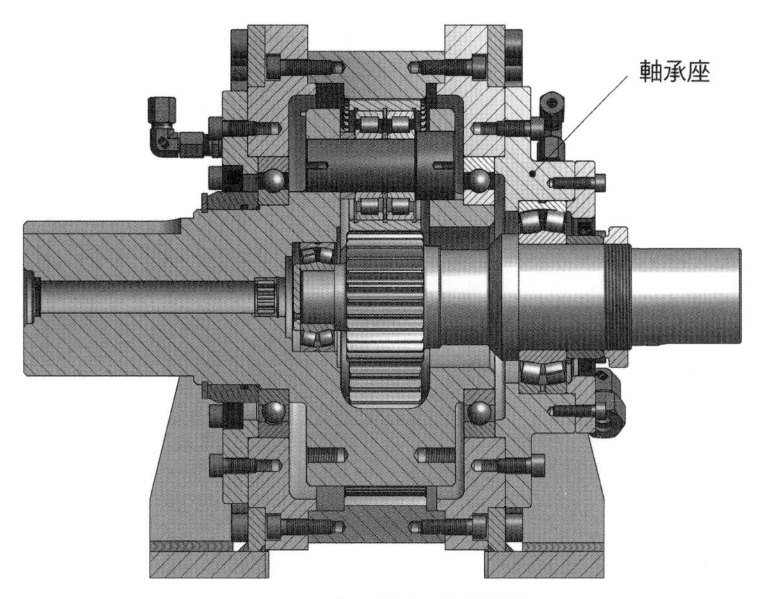

圖 2-44　行星齒輪減速機構

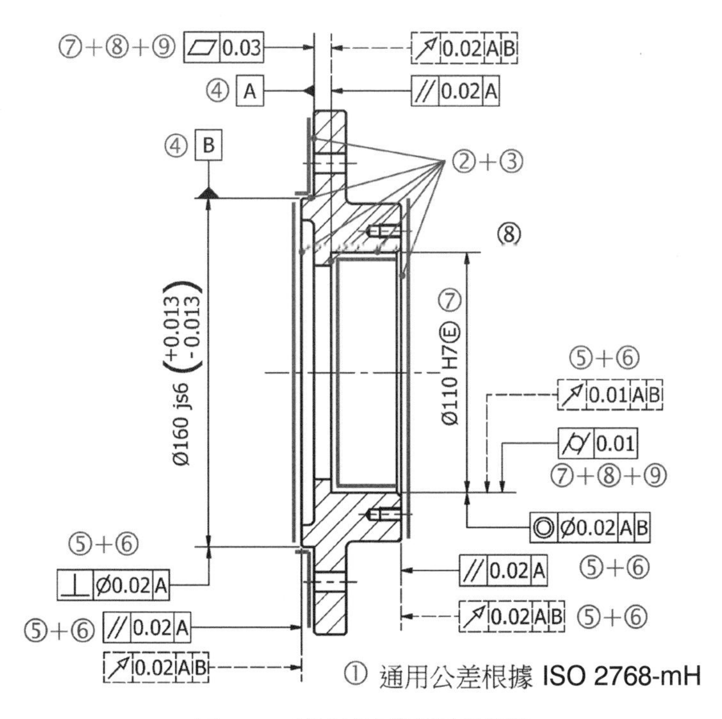

圖 2-45　軸承座之幾何公差標註

表 2-20　軸承座重要幾何形態間之要求

	孔部	孔部肩部	凸緣	凸緣端面	左側法蘭面	右側法蘭面
孔部	圓柱度	垂直	同心	—	垂直	垂直
孔部肩部	—	—	垂直	—	平行	—
凸緣	—	—	—	垂直	垂直	垂直
凸緣端面	—	—	—	—	平行	—
左側法蘭面	—	—	—	—	平面	平行
右側法蘭面	—	—	—	—	—	—

2.6 表面精度

不同於平面度管制工件表面大範圍之起伏狀況，我們亦需特別關注工件的表面在加工後的細微起伏波狀變化，因其狀況亦會影響到工件應達成之功能。如需達成密封之表面，若加工出不佳的表面，即無法有效防止需密封之流體由粗糙面縫隙流出；又如兩需縮配結合之表面，若粗糙度過大，則表面波峰會因材料干涉之擠壓而使實際配合實體尺寸縮小，造成縮配效果降低；其他如有滑動、量測精度甚至強度考慮等要求，皆必須考慮表面精度狀況，要求表面粗糙度。

2.6.1　表面粗糙度標註

1. 表面符號

圖 2-46 爲表面符號基本表示要求，共有六個部位來分別傳達表面粗糙度相關資訊，其中切削加工符號與表面粗糙度爲主要要求事項，必須在表面符號中加註，其他爲補充要求事項，可視需要加入補充要求，此六個部位資訊之意義說明如下：

（1）**切削加工符號**：係用以表示工作表面是否需要加工，如**圖 2-46** 所示，共分三種狀況，使用切削加工與不得使用切削加工由設計者在圖面指定，加工者需依要求達成；而若出現不規定切削加工，則交由加工者自行決定是否切削加工。

（2）**表面粗糙度**：係用以表示工作表面粗糙度數值，直接標示在切削加工符號的上方，一般有兩種數值表示方式：直接標示中心線平均粗糙度 R_a 數值，或是在標示粗糙度等級（**表 2-22**）。若僅標一個數字，即代表粗糙度的最大界限，若標兩個數字，則代表粗糙度的上下兩個限值。

（3）**加工方法**：係要求加工者以指定加工方法完成工件表面加工，多會以代字的方式呈現，如「車」表示車削加工，「銑」表示銑削加工等，若有其他表面處理，如滲碳或鍍鉻，亦可在此部位註明。

（4）**刀痕方向符號**：除非有確實必要，一般並不標註；例如有時刀痕方向會影響到表面所要求的功能，此時即須加以標註；而另如必須指定刀具之進給方式時，則不論能否在表面看出刀痕，皆必須加註刀痕方向符號。各種刀痕方向符號與意義見**圖 2-46**。

切削加工符號	
使用切削加工	
不得使用切削加工	
不規定切削加工	

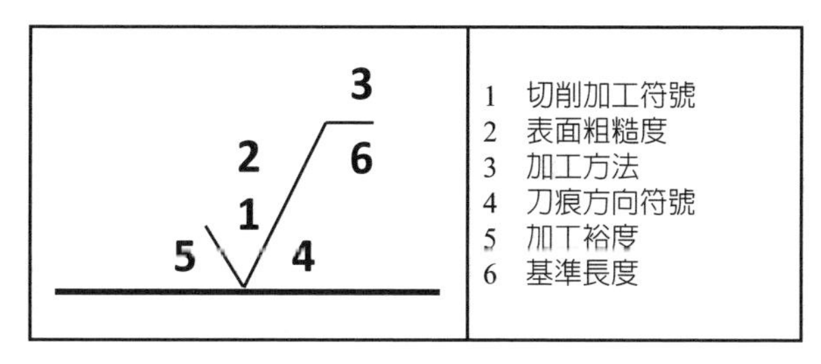

刀痕方向或紋理符號						
=	⊥	X	M	C	R	P
刀痕的方向平行於其所所指加工面之邊緣	刀痕的方向垂直於其所所指加工面之邊緣	刀痕的方向與其所指加工面之邊緣成兩方向傾斜交叉	刀痕呈現多方向	刀痕呈現同心圓狀	刀痕呈現放射狀	刀痕呈現凸起之細粒狀

圖 2-46　表面符號之標示

（5）**加工裕度**：係指表面加工時所預留的厚度，其單位為 mm。因大部分設計圖面表示為最後加工狀況，因此均不會表示；但若用在製程要求，則可以使用。

（6）**基準長度**：基準長度為量測與計算表面粗糙度所需，一般常用的有 0.08mm、0.25mm、0.8mm、2.5mm、8mm、25mm 等六種，不同的表面粗糙度所取的基準長度亦為不同，一般而言，粗糙度愈小者其基準長度也愈小。若無特別指定，基準長度皆為 0.8mm。

2. 表面粗糙度表示方式

物體表面由表面粗度測定機所測得之數據爲起伏變化的曲線，爲能定義出粗糙度數值以做爲比較之依據，ISO 與各主要國家亦訂出不同的常用標準，其中以 R_a（中心線平均粗糙度）以及 R_z（十點平均粗糙度）爲常見之表示方式，**表 2-21** 爲 R_a 以及 R_z 之定義與適用之標準，相關說明如下：

（1）中心線平均粗糙度 R_a，係在基準長 l 下，以粗糙度曲線的中心線為基準零線，由粗糙度曲線各點距此中心線距離之絕對值所得到的算術平均值。此表示方式為國際常用之方式，一般在標註表面粗糙度時可無須註明 R_a。R_a 共分為 12 等級，由 N1 到 N12，各等級所對應的中心線平均粗糙度 R_a 與 $R_{z(DIN)}$ 如表 **2-22**，而 R_a 使用的數值採標準數 R10 級數，見表 2-23。

表 2-21　表面粗糙度表示方式

中心線平均粗糙度 R_a	十點平均粗糙度 $R_{z(DIN)}$	十點平均粗糙度 R_z
R_a, y, x, l	Z_1, Z_2, Z_3, R_{max}, Z_4, Z_5, l_e, l_v, $5\times l_e=l_m$, l_n, l_t	y, y_{p1}, y_{p2}, y_{p3}, y_{p4}, y_{p5}, y_{v1}, y_{v2}, y_{v3}, y_{v4}, y_{v5}, x, l
$R_a=\frac{1}{l_m}\int_0^{l_m}\lvert y\rvert dy$	$R_z=\frac{1}{5}\sum_{i=1}^{5}Z_i$	$R_z=\frac{1}{5}\left(\sum_{i=1}^{5}y_{pi}+\sum_{i=1}^{5}y_{vi}\right)$
ISO 4287、DIN 4768、JIS B0601	DIN 4768	ISO 4287、DIN 4762、JIS B0601

表 2-22　表面粗糙度等級

粗糙度等級		N1	N2	N3	N4	N5	N6	N7	N8	N9	N10	N11	N12
R_a [μm]		0.025	0.05	0.1	0.2	0.4	0.8	1.6	3.2	6.3	12.5	25	50
$R_{z(DIN)}$[μm]	≤	0.1	0.25	0.4	0.8	1.6	3.15	6.3	12.5	25	40	80	160
	<	0.8	1.6	2.5	4	6.3	12.5	20	31.5	63	100	160	250

表 2-23　R_a 應用之標準數系列

0.008				
0.010				
0.012	0.125	1.25	12.5	125
0.016	0.160	1.60	16.0	160
0.020	0.20	2.00	20.0	200
0.025	0.25	2.50	25.0	250
0.032	0.32	3.20	32.0	320
0.040	0.40	4.00	40.0	400
0.050	0.50	5.00	50.0	
0.063	0.63	6.30	63.0	
0.080	0.80	8.00	80.0	
0.100	1.00	10.00	100.0	

（2）十點平均粗糙度 $R_{z(DIN)}$，係在基準長 l_m 中取五個區段，每一區段中取最高與最低表面輪廓差值 Z_i，再取此五個數值之平均。此表示方式為德國國內常用之方式，需留意其數值轉換關係。通常會加註 DIN，如 $R_{z(DIN)}$ 以與常用 R_z 區別。

（3）十點平均粗糙度 R_z，係以粗糙度曲線的平均線為基準，在基準長 l_m 中分別取五個波峰以及五個波谷絕對值的平均值。JIS 則僅取此五個中之第三個波峰與第三個波谷值的差值做為十點平均粗糙度。此表示方式為國際常用之方式，通常在標註表面粗糙度時須註明 R_z。

2.6.2　加工方法與功能需求

爲使零件達到所要求的表面精度，則需使用不同的加工方式，表 **2-24** 爲不同加工面意義與加工方式。而在設計中考慮到工件之表面應達成的功能時，則必須選擇適當的表面粗糙度。**圖 2-47** 提供參考資訊，可根據所需功能找出最合適之表面粗糙度。

表 2-24　不同加工面意義與加工方式

加工面	說明	加工方式	基準長度	R_a範圍
毛胚面	無屑加工方法所得之自然面，表面粗糙	壓延、鍛鑄	--	> 125
光胚面	無屑加工方法所得之平整光面，必要時尚可整修之毛頭，惟其黑皮胚料仍可保留	壓延、精鑄、模鍛、切割	25 或以上	100 ～ 125
粗切面	經一次或多次有屑切削加工所得之表面，刀痕可由觸覺與視覺明顯辨認	銼、刨、銑、車、輪磨	8mm	12.5 ～ 80.0
細切面	經一次或多次有屑切削加工所得之表面，觸覺為光滑面，但視覺仍可分辨出模糊刀痕；較粗切面光滑	銼、刨、銑、車、輪磨	2.5mm	2.5 ～ 10.0
精切面	經一次或多次有屑切削加工法所得之表面，幾乎無法以觸覺或視覺分辨出加工之刀痕，較細切面光滑	銼、刨、銑、車、輪磨	0.8mm	0.125 ～ 2.0
超光面	以超光加工方法，所得光滑如鏡面之表面	超光、研光、拋光、搪光	0.08mm	0.01 ～ 0.02
			0.25mm	0.02 ～ 0.1

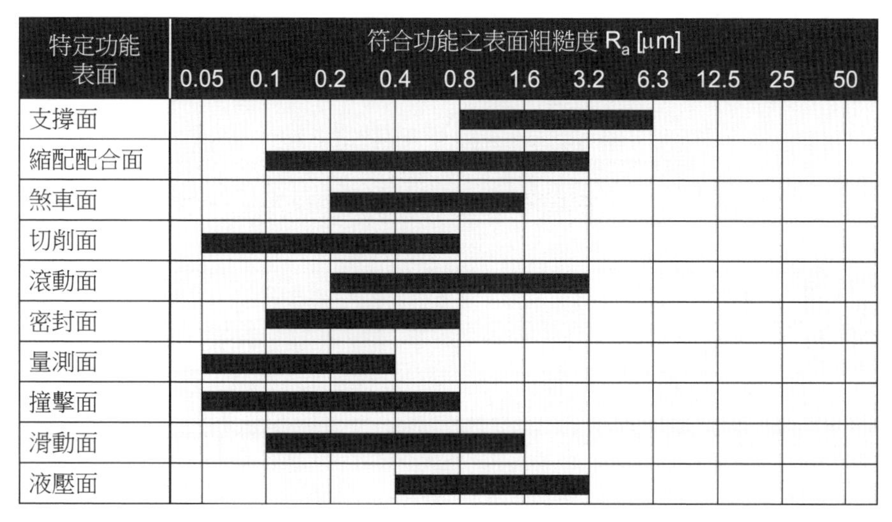

特定功能表面
符合功能之表面粗糙度 R_a [μm]
0.05 0.1 0.2 0.4 0.8 1.6 3.2 6.3 12.5 25 50
支撐面
縮配配合面
煞車面
切削面
滾動面
密封面
量測面
撞擊面
滑動面
液壓面

圖 2-47　不同功能之表面所需之表面粗糙度

習題

1. 下圖爲一手壓機的設計，其工作方式如下所述。手輪 5 透過銷 7 與螺桿 2 結合，而螺桿 2 因此固定於框架，而僅能進行旋轉運動；另一方面，螺桿 2 之螺紋部位與套筒 3 之內螺紋相結合。而套筒 3 與框架 1 之間以軸、孔形式結

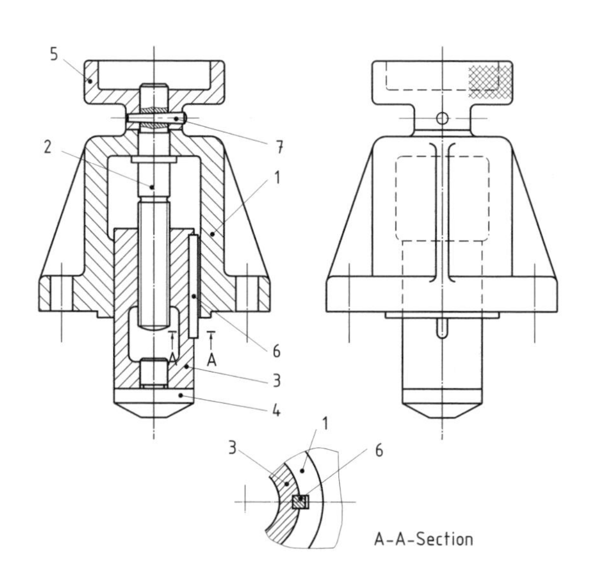

合外，亦以一平行鍵 6 拘束旋轉運動，使得套筒 3 僅能相對框架 1 進行線性運動。而硬化後的壓頭 4 則嵌入在套筒 3 另一端。因此在使用時，將框架安裝在工作台上，旋轉手輪 5 即可使硬化壓頭向下壓，而達成緊壓之目的。請仔細閱讀圖中的關係，決定下表各零件間之合適的配合公差，並說明理由。

配合件號	1-2	1-3	1-6	2-5	3-4	3-6
配合公差	H7/f6					

2. 圖爲兩組裝零件，零件 1 以銑切方式加工出兩銷軸 3、4，此一零件需與具兩孔的零件 2 結合，而能使兩零件可以順利完成配合，並使對應的兩平面可以相接觸。其中零件 1 與 2 的軸、孔尺寸，以及中心距尺寸與公差皆已決定，大小如圖所示。而爲能順利配合，零件 2 的兩個孔徑的公差取如圖示大小，而零件 1 之銷徑的公差則待定。

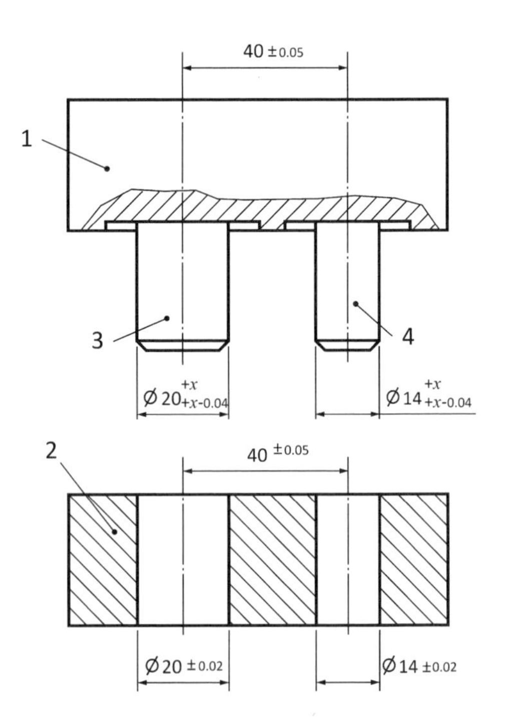

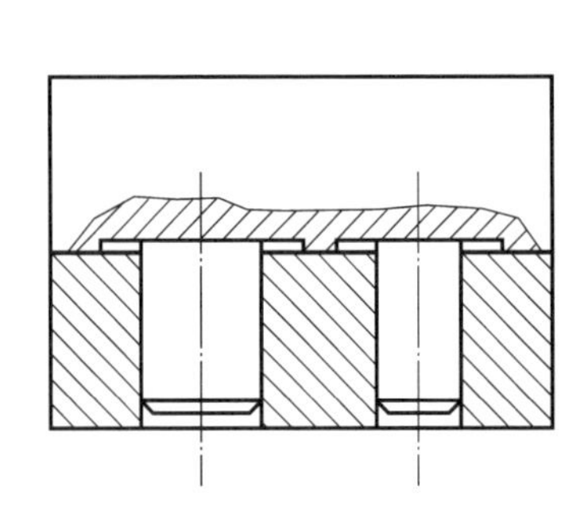

（1）在不考慮幾何公差狀況下，請您決定圖中銷的公差數值 x 應爲何，才能夠使兩零件進行組合？

提示：因所屬零件兩中心距公差皆取對稱，因此達成組合件可由下圖的極限情況來決定。請根據下圖幾何條件決定零件 1 與零件 2 之中心距爲最大值或最小值，銷直徑與銷孔直徑爲最大值或最小值？並以此列出等式！

（2）考慮幾何公差狀況下，請您完成圖中銷與兩個平板 1、2 的零件圖，才能夠使兩零件進行組合？請分別以兩種方法進行計算：

a. 以獨立原則下，分析幾何公差與尺寸差的極限狀況，其中幾何公差須利用幾何關係定義出位置尺寸極限關係。

b. 以最大／最小實體原則進行定義尺寸與幾何公差。

3. 有一組立需如圖所示將兩件相同零件裝配在一起，如果需要使組合後能形成較緊之間隙配合，而能彼此互相滑動，請根據圖中所給定尺寸，完成零件圖，圖中除零件之尺寸外，尚必須包括尺寸公差、幾何公差以及表面粗糙度之標註。

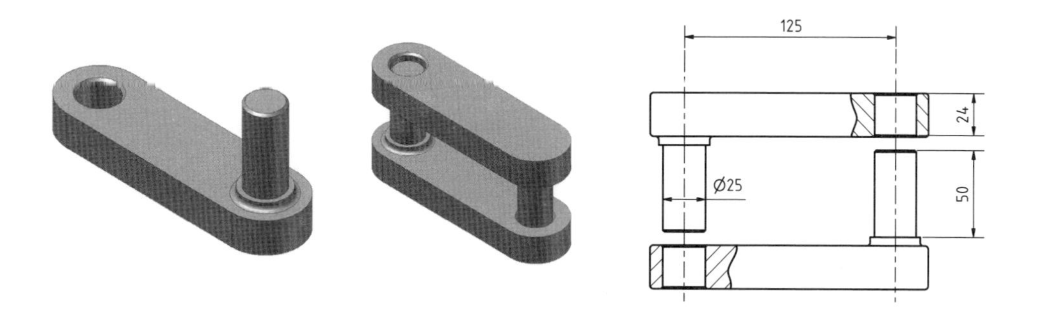

4. 下圖中爲一齒輪減速機之輸出軸構造圖。請您依據圖中之設計或量測資訊，依照本章所介紹之方法，逐一完成以下零件的工程圖標註工作，其中圖面皆須包括尺寸、幾何公差以及表面加工符號，未知尺寸可不註明數值：

（1）箱體之軸承孔。

（2）傳動軸。

（3）油封蓋。

（4）輸出大齒輪。

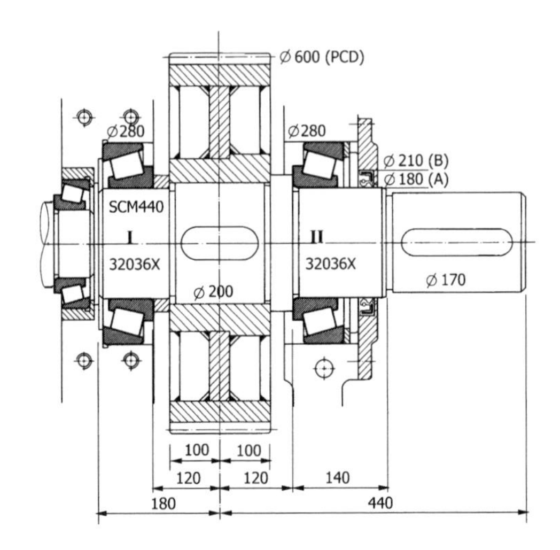

Ø600 (PCD)
Ø280
Ø280
Ø210 (B)
Ø180 (A)
SCM440
I
II
32036X
32036X
Ø200
Ø170
100
100
120
120
140
180
440

第三章

組裝公差分析與設計

3.1 前言

3.2 公差分析之統計基礎

3.3 尺寸鏈與公差分析

3.4 組裝公差設計

3.5 公差分析與公差配置應用範例

習題

3.1 前言

公差指的是零件尺寸加工所容許的誤差範圍，一般最常見的是尺寸公差，配合指的是零件與零件之間組裝配合的情況。公差值愈大，加工成本降低，兩尺寸之配合間隙增加；反之，公差值愈小，加工成本增加，兩尺寸之配合間隙則減少。在單件或少量生產狀況下，加工中可採取一對一組合測試的方式，並依組合測試結果修改零件尺寸。然而，在大量生產上，無法逐一檢測零件尺寸或進行組合測試，因此，零組件公差設計變得更爲重要。此外，隨著產品品質與精度要求的提升，公差設計必須更爲精準，但是在製造成本的考慮下，又不能過小。近年來，公差分析與模擬已成爲產品設計必要的步驟，在設計階段即考慮組件公差與組裝尺寸分布，使得在量產時更能夠符合實際的情況。

在公差設計上，不管是依經驗、設計便覽或內部之文件，一般較少考慮與製程之關係。傳統上組裝公差之分析方式是以各尺寸之最大與最小尺寸爲計算依據，例如，**圖 3-1** 所示爲軸與孔配合之範例，最大間隙爲孔最大尺寸 10.5 與軸最小尺寸 9.5 之差，即 1；最小間隙爲孔最小尺寸 9.5 與軸最大尺寸 10.5 之差，即 –1，此處 –1 代表軸比孔大，即是緊配合的情況。因此，**圖 3-1** 範例之間隙範圍爲 –1 ～ 1。若要間隙均爲正值，則可將軸公稱尺寸由 10 減爲 9，如

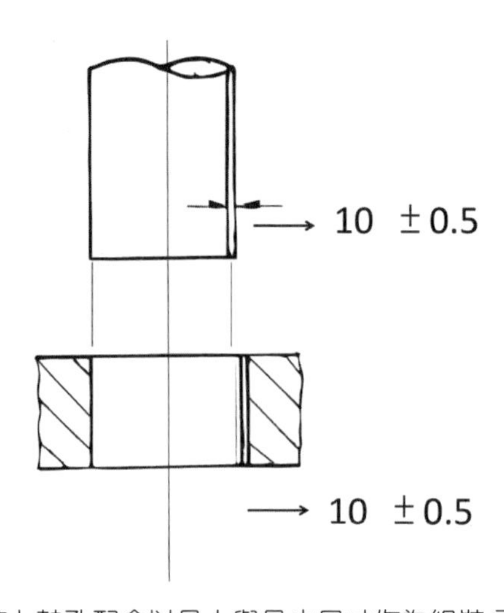

圖 3-1　傳統上軸孔配合以最大與最小尺寸作為組裝公差計算的依據

此間隙範圍就變爲 0 ～ 2。前述分析的假設爲所有零件實際尺寸平均分布在最大尺寸與最小尺寸的範圍內，然而，在大量生產上，實際加工尺寸之分布並非如此，一般可能爲統計學上高斯分布或其它分布，實際尺寸大部分會集中於平均值附近，隨尺寸遠離平均值，數量則逐漸愈少，此即爲一般統計分布的特性。

在公差設計時若將此一製造上的統計特性納入考慮，則會有全然不同的結果，由於大部份實際加工尺寸均集中於平均值，因此前述 –1 ～ 1 的間隙範圍在實際上可能變得更窄，這意味著兩點。第一，傳統以最大與最小尺寸爲組裝公差設計的依據，在大量生產上可能無法反應眞實的情形，其估測的間隙範圍會比實際情形還大，因此各組成尺寸在公差設計上需要較窄，以滿足一定間隙範圍的設計規格，成本自然較高。第二，爲解決前述問題，在公差設計上，需要將實際製造能力納入考慮，實際製造能力一般以製程能力指標表示，代表著製造上之統計特性，除了要有統計學理依據外，也需要具體的計算方法，如此在設計實務上方可實施。此一結合公差設計與製程能力之公差分析方法，一般稱爲「統計公差」，主要應用於大量生產之產品零組件尺寸公差之分析與設計。

本章之目的爲介紹統計公差設計方法，分爲公差分析與公差配置，所謂公差分析是指各組成尺寸之公差值皆已知，擬分析組合後組裝間隙分布的情形；公差配置則指組裝間隙的範圍固定的前提下，各組成尺寸與公差值的設計。首先，先說明公差分析之統計基礎，包括：工程統計基礎、常態分配、不良率分析及製程能力分析，對於如何將實際製造能力以統計特性相關參數表示有完整的說明。其次，說明一維尺寸鏈原理與方法，描述一維尺寸鏈定義、建立與計算方法，再介紹兩種一維尺寸鏈之分析方式：極值法與概率法，並比較兩種分析方法之特性與適用情況。接著說明公差設計，包括公差分析與公差配置，導入製程能力指標考慮實際製程能力的影響，將公差分析方法分爲四種。在公差配置上考慮平均值偏移的影響，建立公差配置的準則，並提供公差配置的作法。最後，以數個範例說明公差分析與公差配置之實際計算與結果討論。

3.2 公差分析之統計基礎

3.2.1　統計公差基礎

依製造觀點而言，零件加工的尺寸誤差來自於製程上之變異，此一變異以隨機亂數的型式呈現，因此公差設計可視爲統計型態。公差分析與模擬需要實際之量測資料作爲參數評估的依據，這些量測資料呈隨機分布的型式，應以統計手法分析。一組隨機亂數需經過統計分析處理才能呈現其統計特徵，此一變數稱爲隨機變數，其機率分布稱爲機率密度函數，由於尺寸量測數據非連續性的訊號，此種數據稱爲離散型資料，其機率密度函數也稱爲離散型機率密度函數。離散型機率密度函數的計算方式如**圖 3-2** 所示，**圖 3-2**（a）表示某一加工尺寸之量測數據，將該組數據最大值與最小值之差平分成數個區間，計算每一區間出現的個數，並依**圖 3-2**（b）繪出各區間出現的個數，將各區間之個數除以總個數，以縱軸爲出現的比例，呈現出**圖 3-2**（b）之離散型機率分布函數，又稱爲直方圖。若總個數夠多，各區間距離即可縮小，所獲得的機率分布函數會類似連續型的機率密度函數。

圖 3-3 所示爲加工上幾種可能出現的機率分布函數的分布，其中圖（a）爲標準型，對稱於中間，近似高斯分布；圖（b）爲兩端凸起，可能由兩個製程所導致；圖（c）爲孤島型，需評估異常原因；圖（d）爲偏單側，可能因刀具磨損所引起；圖（e)爲尖銳集中，可能是因數據處理過程去小數點位數所導致。

在計量統計上，除了機率分布外，也使用統計參數描述隨機變數的統計特性，統計參數分爲兩類，第一類爲集中程度的計量，用以分析樣本數據集中的情況，常用的參數包括平均值、中位數、衆數等；第二類爲差異程度的計量，用以分析樣本數據離散的情況，常用的參數包括變異數、標準差、斜度等。一般而言，平均值 μ 與標準差 σ 兩參數最常用以描述一統計分布的情況，其計算公式如下：

$$\mu = \frac{1}{n}\sum_{i=1}^{n} x_i \text{ ，} \tag{3-1}$$

$$\sigma = \left[\frac{1}{n}\sum_{i=1}^{n}(x_i - \mu)^2\right]^{1/2} \text{ 。} \tag{3-2}$$

其中 x_i 為樣本數據、n 為樣本數。

1.013	1.010	1.014	1.009	0.996	1.003	0.997	1.000	1.007	0.996
1.007	0.984	1.012	0.996	0.991	0.995	1.006	0.988	1.005	0.992
0.993	1.002	1.005	1.008	0.982	1.015	1.010	1.004	0.987	1.014
1.000	0.985	1.006	0.994	1.001	1.012	1.006	0.983	1.004	0.994
0.998	1.008	0.985	0.995	1.009	0.992	1.002	0.986	0.995	1.030
1.019	1.001	1.021	0.993	1.015	0.997	0.993	0.994	1.008	0.990
0.994	1.007	0.998	0.994	0.996	1.005	0.986	1.018	1.003	1.013
1.009	0.990	0.990	0.993	0.995	1.017	1.000	1.009	1.006	1.005
1.020	1.005	1.003	1.005	0.998	0.999	1.000	0.997	1.000	0.995
1.007	1.005	1.015	0.985	0.989	1.015	1.005	1.011	0.992	0.984

（a）劃分區間並計算各區間個數

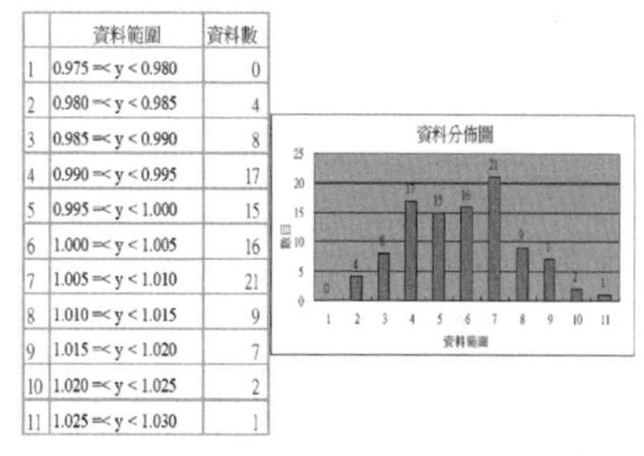

	資料範圍	資料數
1	0.975 =< y < 0.980	0
2	0.980 =< y < 0.985	4
3	0.985 =< y < 0.990	8
4	0.990 =< y < 0.995	17
5	0.995 =< y < 1.000	15
6	1.000 =< y < 1.005	16
7	1.005 =< y < 1.010	21
8	1.010 =< y < 1.015	9
9	1.015 =< y < 1.020	7
10	1.020 =< y < 1.025	2
11	1.025 =< y < 1.030	1

（b）直方圖繪製

圖 3-2　離散型機率密度函數計算

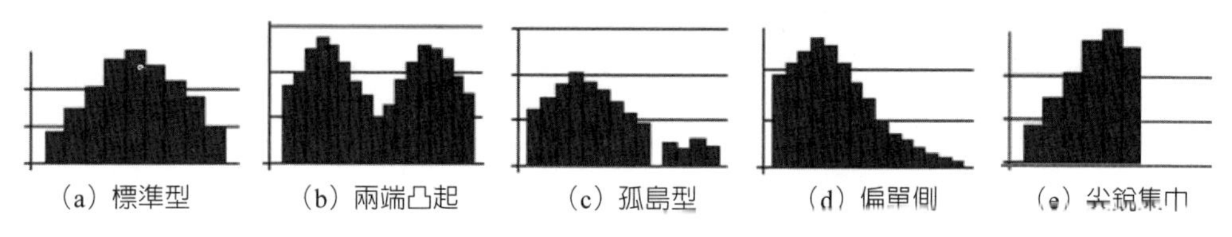

（a）標準型　（b）兩端凸起　（c）孤島型　（d）偏單側　（e）尖銳集中

圖 3-3　加工上可能出現的機率密度函數分布

3.2.2　常態分配與不良率分析

在眾多之機率密度函數中，高斯分配（Gaussian distribution）為最常用的統計分布，又稱為常態分配，其之所以普遍，主要原因有二：（1）在統計學上，許多物理量測問題常以常態曲線近似；（2）可用以評量距離樣本平均值不同範圍下之機率，當樣本數夠大（一般為 $n \geq 30$），可以用常態分配來近似。在大量生產中，零件數量均遠大於 30，因此除非已知某一特殊加工製程之統計分布，否則以常態分配作為加工尺寸統計分布的依據，為合理的假設。常態分

配機率密度函數 $f(x)$ 可描述如下：

$$f(x)=\frac{1}{\sigma\sqrt{2\pi}}\cdot e^{\frac{-(x-\mu)^2}{2\sigma^2}} 。\tag{3-3}$$

其中 μ 與 σ 分別為平均值與標準差，x 為隨機變數。常態分配 $f(x)$ 橫軸 x 之單位為量測物理量，可經由適當的轉換表示成無因制 $f(z)$，稱為標準常態分配，x 與 z 之轉換關係如下：

$$z=\frac{x-\mu}{\sigma} 。\tag{3-4}$$

在標準常態分配中，平均值爲 0，標準差則爲 1。**圖 3-4** 爲標準常態分配之機率密度函數，請注意函數波形之平均值落於橫軸 0 上，橫軸上每一單位代表 1 標準差，圖中灰色區域代表當 $Z \leq z$ 之累積機率。任何常態分配函數均可表示成標準常態分配函數，各函數因物理量不同，波形大小可能不同，但轉換成標準型式後，均可使用相同函數波形表示。**圖 3-5**說明常態分配之累積機率分布情形，在離平均值 μ 左右各 1σ 內的區域之累積機率爲 0.6826，2σ 爲 0.9544，3σ 則爲 0.9973。

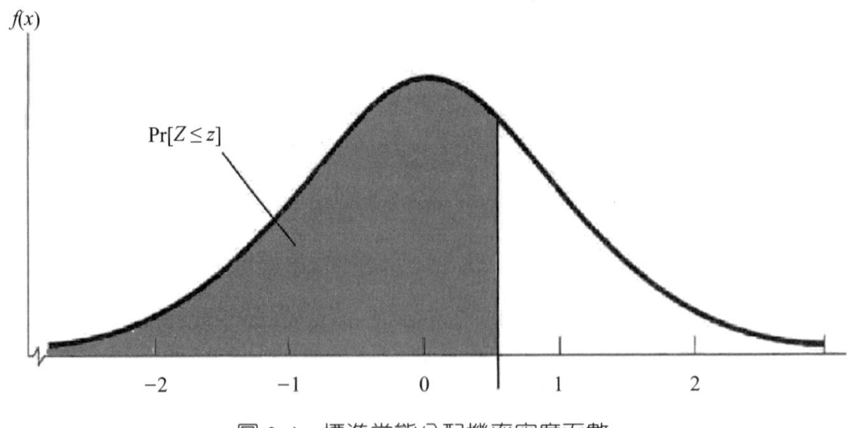

圖 3-4　標準常態分配機率密度函數

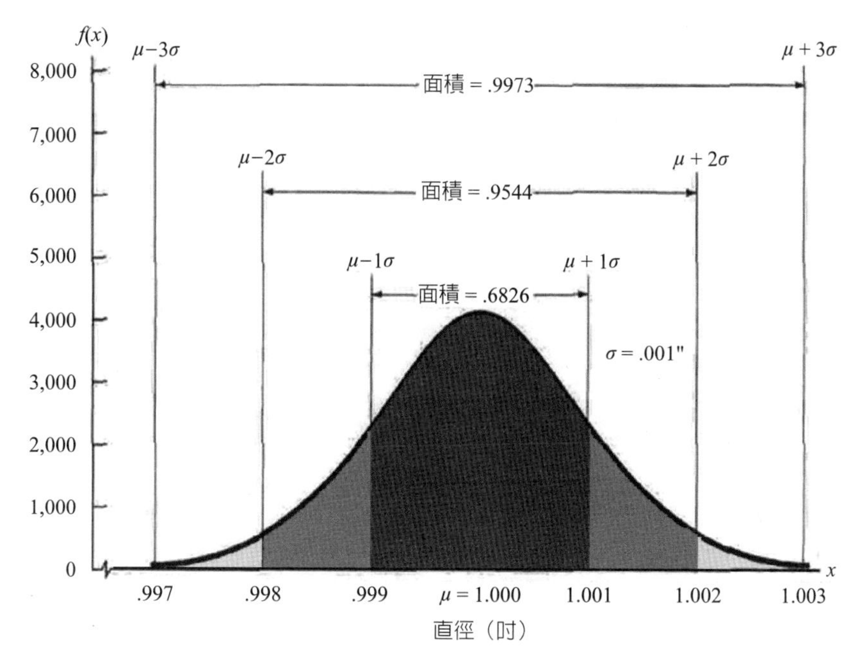

圖 3-5　常態分配之累積機率分布情形

3.2.3　製程能力分析

製程能力是用以描述產品製造品質的一致性，製程能力分析爲分析製程中的變異相對於產品規格之差異，並促成製程的穩定性。運用製程能力分析技術於公差設計與分析，考慮製造能力的影響，可以獲得更接近實際條件的分析結果。製程能力指標有三個參數，C_a、C_p 和 C_{pk}，其中 C_a 用以衡量製程平均值偏離規格中心值之程度，C_p 用以衡量製程變異符合規格公差之程度，C_{pk} 則可同時衡量製程產品的集中程度與變異程度。

在定義製程能力指標前，先以**圖 3-6** 說明一些名詞的意義與關係，**圖 3-6** 之曲線代表製程之統計分布，爲常態分配，其中 USL（Upper specification limit）爲規格上限，即爲前述尺寸公差中之最大尺寸，LSL（Lower specification limit）爲規格下限，即爲尺寸公差中之最小尺寸，M 爲規格中心值，一般而言，M 爲 USL 與 LSL 的平均值，T 爲規格公差，即規格上限與規格下限的差距（T = USL−LSL）。**圖 3-6** 中將設計公差之 USL 與 LSL 分別設在 $\mu + 3\sigma$ 與 $\mu - 3\sigma$ 上，亦即建立製造能力與尺寸公差之關聯性。此圖說明一般可將規格上限設在 $\mu + 3\sigma$ 上，而規格下限設在 $\mu - 3\sigma$ 上，在正負 3σ 內區間的機率爲 0.9973，而超出該區間之機率爲 0.0027，亦即，若將上下界線設在正負 3σ 上，則其不良率爲每千件中有 2.7 件爲不良品（超出允許公差範圍外）。圖中另外兩個參數 UCL 與 LCL 分別爲上管制界限和下管制界限，是品質管制中所使用的參數，與公差分析無關，在此並列以示與 USL 和 LSL 作區隔。

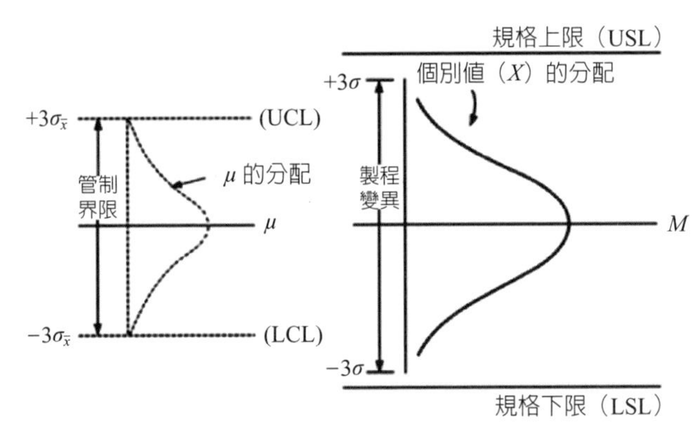

圖 3-6　製程能力指標之術語定義

1. 製程準確度

製程準確度（Capability of accuracy）C_a 用於衡量製程之實際平均值與規格中心值之一致性，目的是希望各工程製造出來之各個產品之實際值，能以規格中心爲中心，呈左右對稱之常態分配，可用以衡量製程之平均水準，但沒有考慮到製程變異程度。C_a 的定義如下：

$$C_a = \frac{\mu - M}{T/2} \times 100\% \text{ 。} \qquad (3\text{-}5)$$

其中 μ 為製程統計分布之平均值、M 為規格中心值、T 為設計公差。若設計公差為單邊規格，由於無 M 與 T，因此無法計算 C_a。

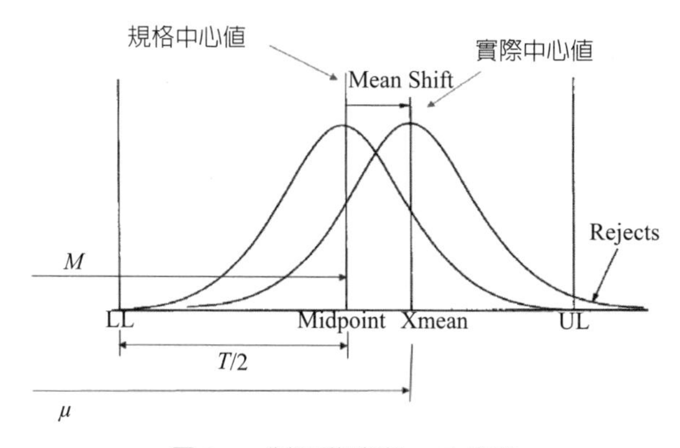

圖 3-7　製程準確度 C_a 之定義

有關 C_a 的意義可參閱**圖 3-7**，圖中顯示兩條統計分布曲線，左邊一條之平均值與規格中心值重疊，其 C_a 爲 0，表示製程平均水準相當好。右邊一條之平均值偏離規格中心值，稱爲中間值偏移（Mean shift），C_a 即代表該偏移量，表示爲與 $T/2$ 相比的百分比。圖中顯示，若平均值向右偏移，超過 USL 的面積會增加，即代表不良率增加。相同地，若統計分布曲線之平均值向左偏移，則超過 LSL 的面積也會增加。在實務上，製程平均水準無法永遠保持完善，因此可允許少許的中間值偏移量發生，但若中間值偏移量太大，將導致不良率過多，影響產品的品質。

2. 製程精密度

製程精密度（Capability of precision）C_p 爲衡量製程變異程度與規格公差相異之情形，即製程所生產的產品品質特性與規格的比值。目的是希望製造出來的各個產品品質水準都能在規格之容許範圍內。可用以衡量製程變異程度，但沒有考慮到製程之平均水準。C_p 如果不良時，其對策方法是技術單位爲主，製造單位爲副，品管單位爲輔。C_p 的定義如下：

（1）雙邊規格時：

$$C_p = \frac{USL - LSL}{6\sigma} 。 \tag{3-6}$$

（2）單邊規格時：
$$C_{pu}=\frac{USL-\mu}{3\sigma}\quad or\quad C_{pl}=\frac{\mu-LSL}{3\sigma}。\tag{3-7}$$

方程式（3-6）的意義為，在雙邊規格時，C_p 為公差 $T(=\text{USL}-\text{LSL})$ 與製程統計分布中 6σ 之比值，當 T 與 6σ 相等時，$C_p=1$。因此，當製程統計分布愈寬時（σ 愈大），C_p 值愈小；當製程統計分布愈窄時（σ 愈小），C_p 值愈大。**圖 3-8** 顯示三條統計分布曲線之 C_p 值與不良率情況，當 $T/2$ 分別落在 2、4 或 6σ 時，C_p 值分別為 0.67、1.33、2.0，而不良率分別為 45500、64、2 PPM，其中 PPM 為每百萬個的意思。一般在實務上 C_p 值的要求至少 1.33 以上。在單邊規格時，由於公差只要求最小值或最大值的限制，另一邊並無限制，因此 C_p 改為 C_{pu} 或 C_{pl}，並設為 USL 或 LSL 與平均值 μ 的距離與 3σ 相比，其特性與 C_p 類似。C_p 值只考慮製程變異，而未考慮製程平均是否偏離規格中心，因此，不論製程平均偏離規格中心的程度如何，在同樣的製程變異條件下，其 C_p 值是一樣的。因此，單純的用 C_p 值來衡量製程能力是有偏頗。

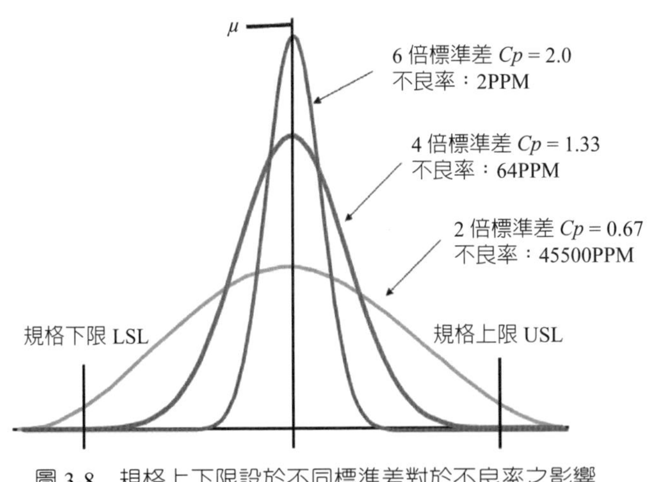

圖 3-8　規格上下限設於不同標準差對於不良率之影響

3. 製程能力指數

製程能力指數（Process capability index）C_{pk} 是將 C_a 值與 C_p 值合併評估，

而同時衡量製程產出的集中程度與變異程度。依 QS9000 定義，C_{pk} 之公式可表示成以下任一型式：

$$C_{pk} = \frac{\min\{USL-\mu, \mu-LSL\}}{3\sigma} = \min\{C_{pu}, C_{pl}\} = C_p(1-C_a)\text{。} \quad (3\text{-}8)$$

C_{pk} 值大小對製程能力的影響與 C_p 值類似，當 C_{pk} 值愈大，表示製程能力愈好。但 C_{pk} 與 C_p 仍有不同，若爲單邊規格時，$C_{pk} = C_p$；若爲雙邊規格時，兩者關係如下：

（1）$C_{pk} \leq C_p$。

（2）若 $C_{pk} \approx C_p$，表示製程平均很接近目標值。

（3）若 $C_p = 1.33$、C_{pk} 遠比 C_p 小（如 $C_{Pk} = 0.3$），表示製程平均值偏離太大。

（4）若 C_{pk} 與 C_p 相近，但兩者均比 1.33 小（如 $C_p = 0.8$, $C_{pk} = 0.78$），表示製程變異太大。

由以上分析，C_{pk} 與 C_p 需一起計算，並依結果共同評估製程之優劣。

3.3 尺寸鏈與公差分析

3.3.1 一維尺寸鏈分析

在機械的設計、加工或零件的裝配過程中，常會遇到與尺寸精度有著內在關係的組成尺寸，一般需對組件精度進行分析計算，合理確定機械零件之尺寸公差、極限偏差、形狀與位置公差。尺寸鏈爲在機械裝配或零件加工過程中，由相互連接的尺寸形成封閉的尺寸組合，其中大部份尺寸與公差已知（或已初步設計），藉由不同之分析準則，評估待測零件之尺寸與公差。在決定機械零件的公差時，通常會對有關係的尺寸一併考慮及進行尺寸鏈的計算分析，不管是公差分析或公差配置，均需要對相關尺寸建立尺寸鏈，建立關聯尺寸之數學方程式後，進行公差計算與分析。具體而言，尺寸鏈分析有以下六項目的：

（1）**合理分配公差**：計算裝配後的基本尺寸、極限尺寸、偏差及公差。

（2）**分析結構設計之合理性**：通過各種方案的裝配尺寸鏈之分析比較，確定較合理的結構。

（3）**檢校圖樣**：檢查、校核零件圖上尺寸、公差與極限偏差是否正確合理，確保零組件之裝配精度。

（4）**合理地標註尺寸**：裝配圖上的尺寸標註反映零組件之裝配關係與要求，應按零件尺寸鏈分析標註封閉環公差及各組成環的基本尺寸。一般選要求最低的環爲封閉環，不需標註其公差與極限偏差。對零件上屬於裝配尺寸鏈組成環的尺寸，應規定其公差與極限偏差。

（5）**基準面換算**：若尺寸與公差標註不適合加工與量測時，應按尺寸鏈進行基準面換算，解決累積公差問題。

（6）**工序尺寸計算**：按零件之加工程序依序計算每一道製程之公差與極限偏差。

尺寸鏈之術語與定義說明如下：

（1）**環**（Link）：列入尺寸鏈的每一個尺寸稱爲環。

（2）**組成環**（Component link）：尺寸鏈中對封閉環有影響的全部環。

（3）**封閉環**（Closing link）：在機械裝配過中，最後形成的尺寸，即尺寸鏈中組成環以外之尺寸稱之；

（4）**增環**（Increasing link）：若組成環增大時，封閉環也隨之增大，則稱該組成環爲增環；

（5）**減環**（Decreasing link）：若組成環增大時，封閉環也隨之減小，則稱該組成環爲減環；

（6）**補償環**（Compensating link）：尺寸鏈中預先設定可透過改變其位置與大小而使封閉環達到規定的要求，則稱該組成環爲補償環；

（7）**傳遞係數**（Transformation ratio）：表示各組成環對封閉環大小影響的係數，亦稱爲尺度因子（Scaling factor），在線性與一般的情況下傳遞係數均爲 1，差別在於增減環的正負號變換。

上述各術語與定義可用**圖 3-9** 之軸孔配合說明，其中 A_1 爲軸直徑，A_2 爲孔直徑，Δ 爲組合間隙，擬探討的問題爲 A_1 和 A_2 公差的變化對於 Δ 的影響，因此 Δ 設爲封閉環，並且 $\Delta = A_2 - A_1$，A_2 爲增環，A_1 爲減環。尺寸鏈中封閉環與組成環的關係可用下列通式表示：

$$L_0 = f(L_1, L_2, \cdots, L_m)\ \text{。} \tag{3-9}$$

其中零件尺寸 $L_1, L_2, \cdots$ 等為組成環，其係數即為傳遞係數，一般傳遞係數設為 1（增環：+1，減環：−1）；組件尺寸 L_0 為封閉環。此一公式為沿座標系任一方向建立之尺寸關係，稱為一維尺寸鏈，其中封閉環個數一個，組成環個數則無限制，依組成尺寸之關係而定。除一維尺寸鏈外，另有二維與三維尺寸鏈，由於方程式太複雜，一般在實務設計上僅分析一維尺寸鏈即可。

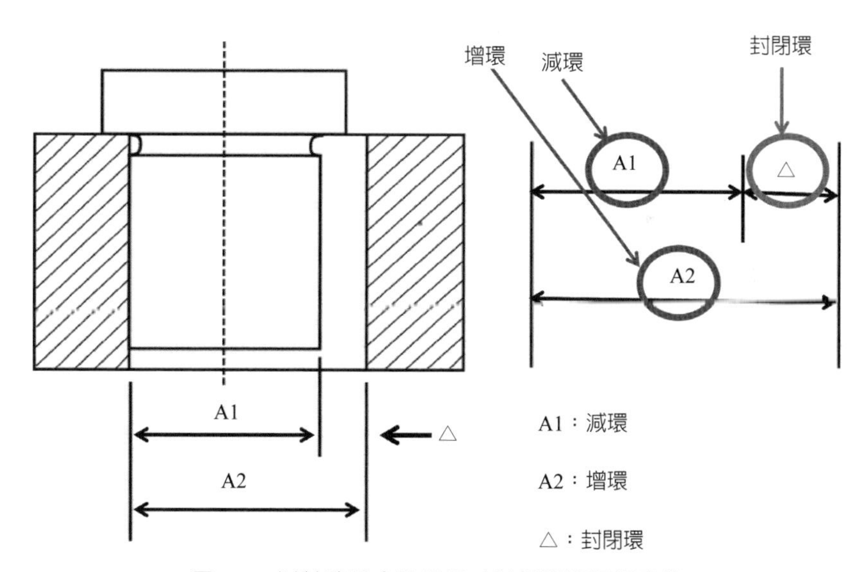

圖 3-9　以軸孔配合說明尺寸鏈相關術語組意義

圖 3-10（a）顯示一封閉環受三個組成環影響的範例，其中 D 爲封閉環，A 和 B 爲減環，C 則爲增環，注意增環不限制只有一個。**圖 3-10**（b）顯示一較複雜的零組件組合範例，封閉環爲 C，三增環爲 D、E、F 與二減環 A、B，

因此尺寸鏈公式爲 $C = D + E + F - A - B$。**圖 3-10**（c）顯示一尺寸與公差標示的範例，尺寸鏈建構方式如同前面兩個範例，此處將公差標註，主要在說明每一個尺寸實際上在一定範圍內變化，雖然尺寸鏈僅是一簡單的方程式，但公式中每一項均非固定的數值，因此在分析上有不同之分析模式，各分析模式有其不同的考量與應用。

尺寸鏈建立分爲以下三步驟：確定封閉環、尋找組成環、畫尺寸鏈圖。

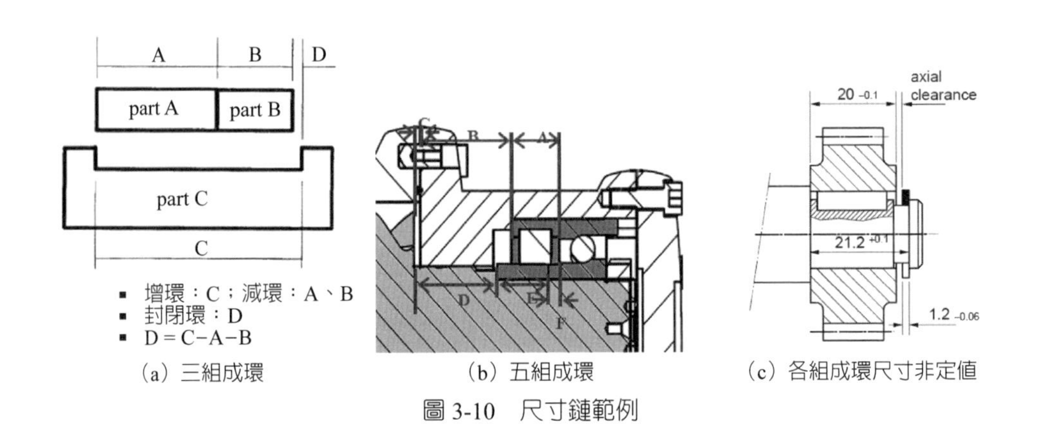

（a）三組成環　（b）五組成環　（c）各組成環尺寸非定値

圖 3-10　尺寸鏈範例

1. 步驟一「確定封閉環」

封閉環爲產品中有裝配精度要求者，例如：保證機器可靠度工作的相對位置尺寸，或保證相互配合零件相對運動間隙。另外，必須查明產品裝配或驗收過程中的所有精度要求項，這些項目往往爲某些尺寸鏈之封閉環。若有幾個相關聯性的尺寸組成組成環，由於尺寸組合後，組合尺寸之公差將大於個別尺寸之公差，因此一般選擇公差最大者作爲封閉環。例如，於**圖 3-10**（c）的範例中，三組成環 21.2、20、1.2 之公差分別爲 0.1、0.1、0.06，封閉環軸向間隙（Axial clearance）必須大於前三者之任意一個，其實際範圍則在後面尺寸鏈計算中說明。

2. **步驟二「尋找組成環」**

對裝配過程精度要求發生直接影響的尺寸，影響封閉環的大小和變動範圍，與封閉環無關或無直接關係之尺寸均應排除。尋找方法爲，由封閉環兩端任一端開始，按裝配精度要求的方向搜尋，依次尋找影響封閉環大小的聯繫結合面或軸線的尺寸，一環接一環，直至封閉環的另一端爲止。

3. **步驟三「畫尺寸鏈圖」**

根據各環之相互關係畫出尺寸鏈圖，用帶單箭頭的線段表示尺寸鏈各環，與封閉環線段箭頭方向一致的爲增環，與封閉環線段箭頭方向相反的爲減環。獲得尺寸鏈圖後，即可列出尺寸鏈方程式，封閉環於等號左側，等號右側爲組成環，增環爲正、減環爲負。

3.3.2 一維尺寸鏈計算方法

由已知尺寸，經特定規則之組裝公差分析模式，求解出未知尺寸之基本尺寸與公差，稱爲尺寸鏈計算。尺寸鏈計算之求解項目爲基本尺寸、極限尺寸、偏差及公差。一維尺寸鏈之計算方法主要分爲極值法與概率法兩種，以下分別說明。

1. **極值法**（WC）

極值法又稱最壞狀況模式（Worst case model，簡寫 WC）、上下偏差模式、完全互換模式，此方法是以工件的最大及最小狀況組合，可以滿足完全互換性。所謂最大及最小狀況是指依「最大實體狀況原理」所認定的極限尺寸，若爲軸，其最大狀況爲軸外徑最大時尺寸，最小狀況則爲軸外徑最小時尺寸；若爲孔，其最大狀況爲孔內徑最小時尺寸，最小狀況則爲孔內徑最大時尺寸。

依此一原理設計之軸與孔，若有軸與孔各一批，只要其眞實尺寸都在設計的公差範圍內，取任意軸與孔都可以保證兩者可順利組裝，因此稱爲可滿足完全互換性。依此一原理設計之公差，組合件（即封閉環）公差最大，但相對於組合件公差，其分配之零件（即組成環）公差較緊，此即爲前面所敘述之封閉環公差比任一組成環公差均大。由於工件之尺寸加工後是一種統計分配，所以此方法缺點會大量增加製造成本，屬於一種過度設計。換言之，此一設計的原理爲，即使有一實際尺寸在允許的公差邊緣上，仍要滿足組裝後公差仍在可接受的範圍內，因此，若封閉環公差視爲規格，則各組成環公差要更緊（即公差值更小），製造成本必然增加。極值法之計算公式如下：

$$N = \sum_{i=1}^{m} \vec{A}_i - \sum_{i=m+1}^{n-1} \overleftarrow{A}_i \text{，} \tag{3-9}$$

$$ES_{\mathrm{N}} = \sum_{i=1}^{m} \overrightarrow{ES}_i - \sum_{i=m+1}^{n-1} \overleftarrow{EI}_i \text{，} \tag{3-10}$$

$$EI_{\mathrm{N}} = \sum_{i=1}^{m} \overrightarrow{EI}_i - \sum_{i=m+1}^{n-1} \overleftarrow{ES}_i \text{。} \tag{3-11}$$

其中 N 為封閉環基本尺寸，A_{i} 為組成環基本尺寸，ES_{N} 為封閉環上偏差，ES_{i} 為組成環上偏差，EI_{N} 為封閉環下偏差，EI_{i} 為組成環下偏差，→代表增環，←代表減環。

式（3-9）之意義為：**封閉環基本尺寸 = 增環基本尺寸和 − 減環基本尺寸和；**
式（3-10）之意義為：**封閉環上偏差 = 增環上偏差和 − 減環下偏差和；**
式（3-11）之意義為：**封閉環下偏差 = 增環下偏差和 − 減環上偏差和。**

在設計上常常上偏差與下偏差數值不同，導致於公稱尺寸與規格中心值 M 會不同，因此在式（3-10）與（3-11）需要個別進行上偏差與下偏差的計算。

另一種方法稱爲平均尺寸法，也是極值法之一，先將所有組成環尺寸改爲上、下偏差數值相等的情況（調整公稱尺寸），再使用前述觀念進行封閉環尺寸的計算，依此獲得之封閉環上下偏差數值也會相同。平均尺寸法計算公式如下：

$$A_{\text{ave}} = A_i + (ES_i + EI_i)/2 \text{，} \tag{3-12}$$

$$N_{\text{ave}} = \sum_{i=1}^{m} \vec{A}_{\text{ave}} - \sum_{i=m+1}^{n-1} \overleftarrow{A}_{\text{ave}} \text{，} \tag{3-13}$$

$$\delta_{\text{N}} = \sum_{i=1}^{n-1} \delta_i \text{。} \tag{3-14}$$

其中下標 ave 代表平均尺寸，δ 為公差之參數。此處因為上偏差與下偏差之數值均為 $\delta/2$，上偏差為正值，下偏差為負值。

2. **概率法**（RSS）

概率法又稱統計模式（Statistical model）、均方根和模式（Root sum square，簡寫 RSS）。此一方法主要考慮大量生產的產品，其零組件因爲生產過程的變異所造成的公差成統計分布。假設各零件公差都依據本身的特徵或加工條件會符合常態曲線分布，且分布中心與公差帶中心重合，分布範圍亦與公差之範圍相同。若將 USL 與 LSL 分別設在常態分布之 $\mu + 3\sigma$ 和 $\mu - 3\sigma$ 上，則 99.73% 的實際尺寸均會落在設計公差的區域內，超出設計公差者僅佔 0.27%，在組裝上可將超出公差者捨去，或採取適當的組裝策略，也可讓組合公差在可接受的範圍內。若封閉環公差爲規格，則依據此一分析模式設計之組成環公差，其數値會比 WC 模式大。亦即，同一封閉環公差的規格下，由於 WC 分析模式要滿足全部零組件可完全互換，其組成環公差要較緊；而對於 RSS 分析模式，由於允許少數不良品（實際尺寸超出設計範圍）存在，其組成環公差可較鬆，在製造成本上可降低。如零件之公差分布不一定符合常態分布，有可能成不規則或是其他分布，此時應以修正之公式計算。統計模式之計算公式如下：

$$\delta_{\text{N}} = \frac{1}{k_0}\sqrt{\sum_{i=1}^{n}(k_i \cdot \delta_i)^2} \text{，} \tag{3-15}$$

$$\Delta_{\text{N}} = \sum_{i=1}^{m} \vec{\Delta}_i - \sum_{i=m+1}^{n-1} \overleftarrow{\Delta}_i \text{，} \tag{3-16}$$

$$ES_{\mathrm{N}} = \Delta_{\mathrm{N}} - \delta_{\mathrm{N}} / 2 \text{ ，} \tag{3-17}$$

$$EI_{\mathrm{N}} = \Delta_{\mathrm{N}} - \delta_{\mathrm{N}} / 2 \text{ ，} \tag{3-18}$$

$$N = \sum_{i=1}^{m} \vec{A}_i - \sum_{i=m+1}^{n-1} \overleftarrow{A}_i \text{ ，} \tag{3-19}$$

$$N_{\max} = N + ES_N \text{ ，} \tag{3-20}$$

$$N_{\min} = N + EI_N \text{ 。} \tag{3-21}$$

其中 k_o 為封閉環公差分布常數、k_i 為組成環公差分布常數、δ_N 為封閉環公差、δ_i 為組成環公差、Δ_N 為封閉環中間偏差、N 為封閉環尺寸、ES_{N} 為封閉環上偏差、EI_{N} 為封閉環下偏差。不管是組成環或封閉環，當公差分布為常態的情況下，分布常數等於 1。

3.3.3　組裝公差分析模式

組裝公差分析模式以極值法和概率法爲基礎，但因考慮實際製程上可能出現的各種情況，在分析時需將製程能力一併考慮。在前述兩種方法中，均未考慮製程中可能出現的平均值偏移，嚴重之平均值偏移可能造成不良率急遽增加，必須在設計中即注意此一問題，並加以克服。此外，實際製造能力可能不足，影響零件尺寸之精度，導致於組合後組裝公差無法達成。另外，隨著產品品質要求的提升，對於尺寸精度之要求更爲嚴格，因此，除前述極值法和概率法之組裝公差分析方法外，另外加上 6σ 模式與量測資料分析兩種組裝公差分析方法，使得在公差分析設計上更能符合實際的需求。

6σ 模式與概率法類似，都是結合製程統計分布作爲公差分析的基礎。在概率法中，將規格上限 USL 與規格下限 LSL 分別設在製程統計分布之 $\mu + 3\sigma$ 與 $\mu - 3\sigma$ 上，並且假設製程之平均值 μ 與規格中心值 M 相等。然而，當 μ 偏離 M 時，即會增加不良率；另外，對於精度要求更加嚴格的情況，製程品質也要提高。6σ 模式結合製程能力指數，不僅可涵蓋前述概率法，並可擴充處理製程平均值偏離 M 與製程品質要求更加嚴格的分析。6σ 模式計算方法與概率法類似，但在公式中增加製程準確度 C_a 與製程精密度 C_p 兩參數，以表 **3-1** 比較四種公差分析模式的定義與特性，並比較各種分析模式之封閉環公差與組成環公差的關係，以此了解 6σ 模式的全貌。**表 3-1** 中下標 ASM 表示封閉環，公差 T_{ASM} 與標準差 σ_{ASM} 的關係為 $T_{ASM} = 6\sigma_{ASM}$。

表 3-1　四種組裝公差分析方法比較

分析模式	封閉環標準公差計算公式	特性	應用特點
極限法	$T_{ASM} = \sum \lvert T_i \rvert$	使用變異的極限值進行組裝公差計算，允許合格率 100%	適用於較嚴苛的系統，製造上較昂貴
概率法	$T_{ASM} = \sqrt{\sum \left(\frac{T_i}{6} \right)^2}$	以統計變異計算組裝公差，允許百分不合格率	合理估測組裝公差，允許部份尺寸不合格，製造上較不昂貴
6σ	$T_{ASM} = \sqrt{\sum \left(\frac{T_i}{6C_p(1-C_a)} \right)^2}$	以統計變異計算組裝公差，考慮製程中長期變異，允許百分不合格率	允許長期製程中之平均值偏離規格中心值 M，預期更高之製程品質
量測資料分析	$\sigma_{ASM} = \sqrt{\sum \sigma_i^2}$	使用量測資料計算變異值，允許百分不合格率	產品製造後之分析，「What If」探討。

首先，極值法之封閉環公差可視為所有組成環公差的和，原因為極值法以上、下偏差作為封閉環計算的依據。因此，不管是增環或減環，其公差均會增加封閉環之公差，亦即封閉環公差必須比任一組成環之公差還大。依計算結果可保證若零件任意組合，所有組裝公差均可合格。相對地，若封閉環公差規格已定，使用此一方法計算之組成環公差將較緊（與概率法計算結果相比），因此較適合於嚴苛系統或價值較貴的產品上。

概率法之封閉環公差為各組成環公差之均方根和，為此一方法主要之統計觀念。概率法允許極少數加工尺寸超出設計公差之範圍，因此任意零件的組合，少部分組裝公差可能超出設計的規範，此即爲允許百分不合格率之意義。由於組裝公差無需百分百均合格，因此各組成環公差可較寬，在大量生產上，是一種較合理計算組成環公差的方式，各零組件加工成本也可適度降低。

6σ 模式進一步將製程能力指數納入考慮。概率法之計算基礎爲組成環上、下偏差設於製程統計分布之正負 3σ 上，若組成環上、下偏差設於更高之標準差上，例如設在正負 4σ 或 5σ 上，則表示要求更高之製程能力，零組件組合後組裝公差分布將較集中，意即產品精度提高。另外一個考慮爲，在量產上，剛開始加工設備之精度調整較好，一段時間後，可能發生製程平均值偏移的情形，若設在正負 3σ 上，平均值偏移會導致不良率明顯增加；若設在較高之標準差上，則即使發生平均值偏移，對不良率影響較小。因此，在公式中將 C_p 與 C_a 兩參數納入其中，其特性及應用特點均與概率法類似，不同處爲可允許長期製程中平均值發生偏離 M，並且適合更高製程品質之設計應用。

量測資料分析用於產品製造後之改善分析，並作爲未來類似設計時，公差設計分析之參考，主要方式爲將已製造之零組件各選取數件，量測所有尺寸，再運用隨機組裝之概念，模擬組合後組裝公差之分布，計算方式與概率法相同，由模擬的結果評估組裝公差分布，並可用以作爲爾後公差設計之參考。值得一提的是，以量測資料分析所計算之封閉環公差分布，一般會比概率法更集中，主要原因爲所選取之零件個數不多，若其尺寸較集中，則分析獲得之封閉環公差也將較集中。

3.4 組裝公差設計

3.4.1　公差分析與公差配置

統計公差設計可包含公差分析與公差配置，兩者的關係以**圖 3-11** 說明，公差分析是指各組成環尺寸與公差皆已知的前提下，分析封閉環尺寸與公差之分布；公差配置之意義則相反，在封閉環規格已定的前提下，分析如何配置公差到各組成環上，使得封閉環公差能滿足規格之需求。一般而言，公差分析與公差配置需結合使用，運用公差分析可初步掌握封閉環尺寸與公差的情況，再運用公差配置進行細部的計算與分配，有時兩種計算需反覆使用，以獲得所需之組成環公差設計。另外，在公差分析上，不能僅觀察封閉環尺寸與公差之數值資料，更需要藉由公差分析軟體之模擬，呈現封閉環之製程統計分布圖，除顯示平均值、標準差外，並標示封閉環規格中心值與 USL 和 LSL，藉由統計圖之分布並與規格資料相比較，正確研判現有設計之缺陷，提供組成環尺寸與公差修改的依據。

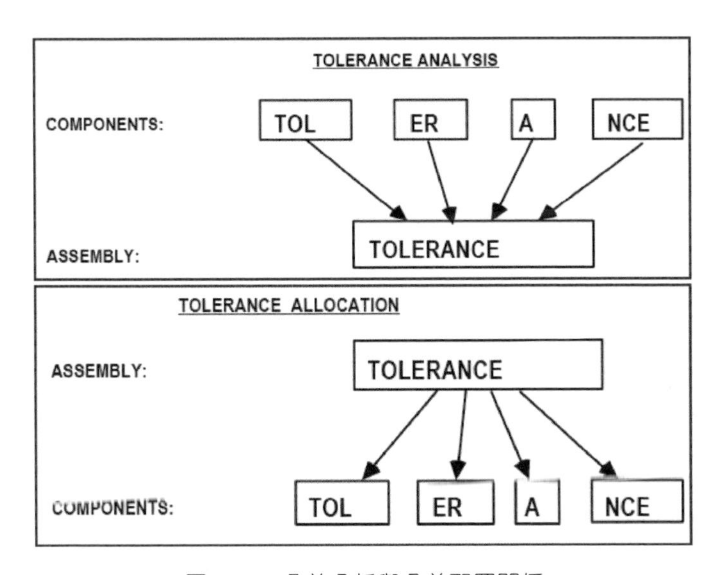

圖 3-11　公差分析與公差配置關係

3.4.2 公差配置方法

在公差分析上，通常極值法與概率法可同時計算，以作爲設計修改的參考；在公差配置上則有較多種選擇，一般工程師可依分析的結果修改組成環尺寸與公差，再重新進行組裝公差計算。組成環尺寸與公差修改的方式有其原理，若僅依經驗隨機調整，較容易犯錯，且無法合理解釋；若了解其原理，則在修改上較容易做正確的判斷。一般公差分析結果以統計分布圖形呈現，較容易了解現有設計的問題，也容易研判修改的方向。所謂統計分布圖形如**圖 3-7** 所示，其中左側曲線可視為封閉環設計規格，右側曲線則表示實際製程狀況，依據設計規格與實際製程統計分布圖的比較，可決定組成環尺寸與公差修改的方向。一般而言，若實際製程統計分布圖與設計規格之分布差異太大時，改善方式有如下三個方向：（1）將封閉環平均值移到規格中心值，（2）封閉環平均值朝上偏差或下偏差移動，（3）調整組成環變異（公差）。

1. 將封閉環平均值移到規格中心值

如**圖 3-7** 所示，當封閉環統計分布之平均值與規格中心值有較大之差異時，須調整組成環公稱尺寸，使封閉環平均值朝規格中心值移動，基本上，封閉環平均值增減與增環公稱尺寸之變化同向，與減環公稱尺寸之變化反向；亦即，若希望降低封閉環平均值（**圖 3-7** 中朝左移動），則可降低增環公稱尺寸，或增加減環公稱尺寸；相同地，若希望增加封閉環平均尺寸（**圖 3-7** 中朝右移動），則可增加增環公稱尺寸，或降低減環公稱尺寸。原則上，更動之組成環個數越少越好，當多個組成環公稱尺寸均需要更動時，需要有適當方法進行配置調整。由於僅調整封閉環平均值，各組成環公差維持不變。

2. 封閉環平均值朝上偏差或下偏差移動

當僅有單向的規格限制時，則無**圖 3-7** 之規格中心值，例如，某一組裝僅限制最小間隙（LSL），而未限制最大間隙（USL）；或僅設最大間隙（USL），而未限制最小間隙（LSL）。由於無規格中心值，因此封閉環平均值無比較的基準，但是，可使用規格上限或規格下限做為調整的依據。若 USL 為調整之目標時，移動封閉環平均值使得 $+Z_{asm}\sigma$ 貼近 USL，其中 σ 為封閉環統計分布的標準差，$Z_{asm}\sigma$ 為表示成標準差的品質水準，Z_{asm} 一般為 3 或更高的數值。若 LSL 為調整之目標時，移動封閉環平均值使得 $-Z_{asm}\sigma$ 貼近 LSL。一但封閉環平均值調整的方向與數值確定，即可依前述的方式調整增環或減環公稱尺寸，增減環公差則維持不變。

3. **調整組成環變異**（公差）

若平均值已調整至規格中心值，但不良率仍高，則需調整組成環公差，配合公差分析與公差配置方法以決定各組成環公差之變動量。**圖 3-12** 說明調整組成環公差的影響，圖中製程平均值已對準規格中心值，左圖中，由於封閉環統計分布太寬（標準差太大），導致不良率過大，經適當調整增減環公差範圍，讓封閉環統計分布變窄，即明顯降低不良率，如**圖 3-12** 右圖所示。若要封閉環統計分布變窄，可減少增環或減環公差值；相反地，若要封閉環統計分布變寬，可增加增環或減環公差值。至於需要多少個增減環之參與改變與各環公差之改變量，實務上也無一定準則，如實務經驗足夠，由公差分析結果即可約略決定該改變的增減環，並經由簡單計算即可獲得公差值改變量。

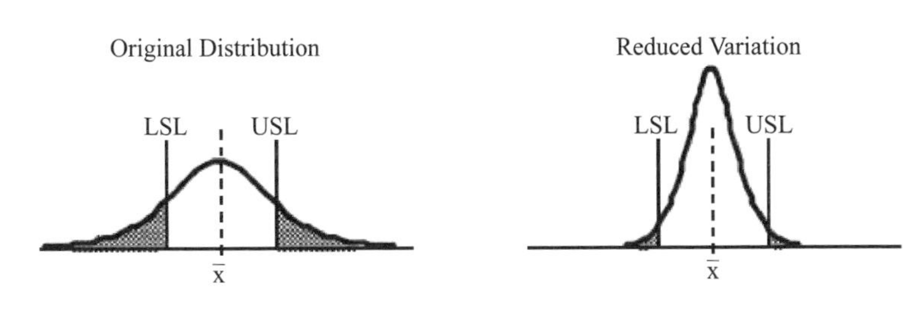

圖 3-12　調整組成環變異（公差）以降低封閉環不良率

3.4.3　進階統計公差分析與配置方法

當尺寸鏈中參與的尺寸較多，或有多個尺寸鏈需同時考慮時，較無法以經驗方式決定各組成環之公差。以下兩種公差配置方法可提供系統性的分析，若再結合經驗判斷，即容易獲得正確的公差配置。此兩種常用之公差配置方式爲等比例配置（Proportional scaling）與依精度因子配置（Precision factor）。

等比例配置的方式爲，組成環初始公差依製程能力、設計規範資料及工程師經驗設定，若封閉環公差不滿足，則以等比例方式將多餘公差分配到各組成環上。並非所有組成環公差均可變更，某些零件來自於規格品或其尺寸公差無法再縮小，則不列入多餘公差之分配，其餘組成環以平均分配的方式吸收多餘的公差。

試以**圖 3-13** 之 Shaft & Housing 的範例說明等比例配置的實際運作方式，其尺寸鏈為 Clearance = −A + B−C + D−E + F−G，其中增環為 B、D、F，減環為 A、C、E、G，環 A 與軸承 C 和 G 均為現品，其公差固定，不作變更，其餘 B、D、E、F 之公差可依實際需要加以變更。環 B、D、E、F 之初始公差依**圖 3-14** 之加工精度表設定，以加工精度中間值設為初始公差，因此所有組成環公稱尺寸與初始公差整理如**圖 3-13** 表所示，其中設計值表示該尺寸公差可調整，給定值則表示該尺寸公差固定。

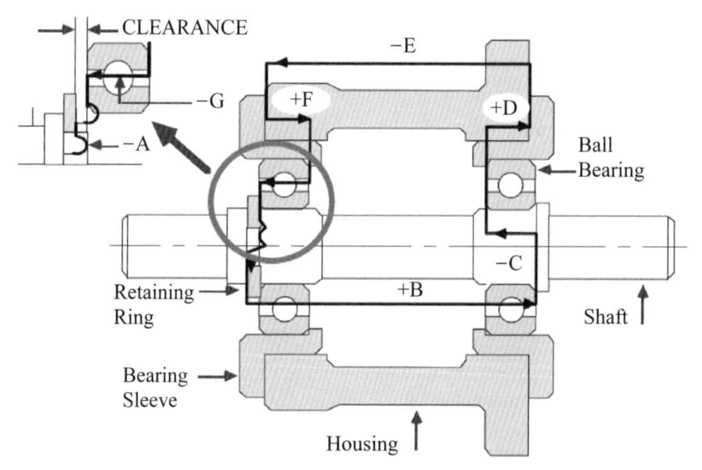

尺寸	A	B	C	D	E	F	G
公稱尺寸	0.0505	8.000	0.5093	0.400	7.711	0.400	0.5093
公差（+/−）							
設計值		0.008		0.002	0.006	0.002	
給定值	0.0015		0.0025				0.0025

單位：[inch]

圖 3-13　Shaft & Housing 範例說明等比例公差配置方式

尺寸範圍 [inch]		公差 ± [inch]								
起	訖									
0.000	0.599	0.00015	0.0002	0.0003	0.0005	0.0008	0.0012	0.002	0.003	0.005
0.600	0.999	0.00015	0.00025	0.0004	0.0006	0.001	0.0015	0.0025	0.004	0.006
1.000	1.499	0.0002	0.0003	0.0005	0.0006	0.0012	0.002	0.003	0.005	0.006
1.500	2.799	0.00025	0.0004	0.0006	0.001	0.0015	0.0025	0.004	0.006	0.010
2.800	4.499	0.0003	0.0005	0.008	0.0012	0.002	0.003	0.005	0.008	0.012
4.500	7.799	0.0004	0.0006	0.001	0.0015	0.0025	0.004	0.006	0.010	0.015
7.800	13.599	0.0005	0.0008	0.0012	0.002	0.003	0.005	0.008	0.012	0.020
1.3600	20.999	0.0006	0.001	0.0015	0.0025	0.004	0.006	0.010	0.015	0.025
研光、搪光		■	■	■						
鑽石車削與研磨		■	■	■	■					
拉削			■	■	■	■				
鉸孔				■	■	■	■	■		
車削、搪孔、插削、平刨、刨製						■	■	■	■	■
銑製							■	■	■	■
鑽孔								■	■	■

圖 3-14　加工精度表用以設定組成環初始公差

本範例中，封閉環為軸尾端之間隙，其尺寸要求為 0.02 +/− 0.015，亦即組成環尺寸公差須適度調整，使得封閉環間隙在 0.005 ～ 0.035 的範圍內。首先，組成環公稱尺寸與組合之平均尺寸為

$$\text{Average clearance} = -A + B - C + D - E + F - G$$
$$= -0.0505 + 8.000 - 0.5093 + 0.4000 - 7.711 + 0.400 - 0.5093 = 0.020 \quad (3\text{-}22)$$

此一數據與封閉環公稱尺寸相同，說明各組成環之公稱尺寸合乎設計要求。其次，計算各封閉環在初始設計之公差下，封閉環公差的範圍，計算方式採兩種方法：極值法與概率法。設封閉環公差為 T_{ASM}，使用極值法之計算結果如下：

$$T_{ASM} = T_A + T_B + T_C + T_D + T_E + T_F + T_G$$
$$= 0.0015 + 0.008 + 0.0025 + 0.002 + 0.006 + 0.002 + 0.0025 = 0.0245\text{（太大）。} \quad (3\text{-}23)$$

上述數值為單向公差，封閉環之需求為 0.015，因此需要適度降低，亦即環 B、D、E、F 之公差需依比例降低。計算比例常數 P 為

$$T_{ASM} = .015 = .0015 + .0025 + .0025 + P(.008 + .002 + .006 + .002)\text{。} \quad (3\text{-}24)$$

由上式可求得 P 值為 $P = .47222$，即環 B、D、E、F 之原設計初始公差（單向）需乘以該比例因子，因此 B、D、E、F 之公差（單向）需修改如下：

$$T_B = .47222\,(.008) = .00378\text{，} \quad (3\text{-}25)$$
$$T_E = .47222\,(.006) = .00283\text{，} \quad (3\text{-}26)$$
$$T_D = .47222\,(.002) = .00094\text{，} \quad (3\text{-}27)$$
$$T_F = .47222\,(.002) = .00094\text{。} \quad (3\text{-}28)$$

使用概率法進行封閉環公差分析，封閉環公差（單向）可計算如下：

$$T_{ASM} = (T_A^{\,2} + T_B^{\,2} + T_C^{\,2} + T_D^{\,2} + T_E^{\,2} + T_F^{\,2} + T_G^{\,2})^{1/2}\ 0.015 = 0.0111\text{（太小）} \quad (3\text{-}29)$$

其值比封閉環之需求 0.015 為低，因此環 B、D、E、F 之公差可依比例增加，仍可滿足封閉環之設計範圍。計算比例常數為

$$T^2{}_{ASM} = T_A^{\,2} + T_C^{\,2} + T_G^{\,2} + P\,(T_B^{\,2} + T_D^{\,2} + T_E^{\,2} + T_F^{\,2})\text{。} \quad (3\text{-}30)$$

由上式可求得 P 值為 $P = 1.947$。

因此四組成環之公差可改為如下：

$$T_B = (1.947)^{1/2}(.008) = .00112\text{，} \quad (3\text{-}31)$$
$$T_E = (1.947)^{1/2}(.006) = .0084\text{，} \quad (3\text{-}32)$$
$$T_D = (1.947)^{1/2}(.002) = .0028\text{，} \quad (3\text{-}33)$$
$$T_F = (1.947)^{1/2}(.002) = .00028\text{。} \quad (3\text{-}34)$$

各組成環公差值均比初始設定值爲寬。**圖 3-15** 比較兩種分析方法所獲得各組成環公差值之縮放情況，由本範例可得知，在封閉環公差固定前提下，使用極值法計算所需之各組成環公差，將比使用概率法計算更爲小，其原因爲極值法可滿足零組件百分百替換，而概率法可允許少數比例的不良率發生。

依精度因子配置方式乃依據工件之加工精度，與該工件之尺寸有關之原理而發展，隨尺寸增加，加工之容許誤差也增加；反之，當尺寸減小，加工之容許誤差也降低。各組成環所需配置之公差依其公稱尺寸成比例計算，無需作初始公差設定。工件尺寸與容許誤差一般呈立方根的關係，即

$$\text{Tolerance } T_i = P(D_i^{1/3}) \text{。} \qquad (3\text{-}35)$$

其中 D_i 為工件基本尺寸（或公稱尺寸），P 為精度因子（Precision factor）。因此，使用極值法計算時，P 之計算方式如下：

$$P = \frac{T_{\text{ASM}}}{\sum D_i^{1/3}} \text{。} \qquad (3\text{-}36)$$

使用概率法計算時，P 之計算方式如下：

$$P = \frac{T_{\text{ASM}}}{\left[\sum D_i^{2/3}\right]^{1/2}} \text{。} \qquad (3\text{-}37)$$

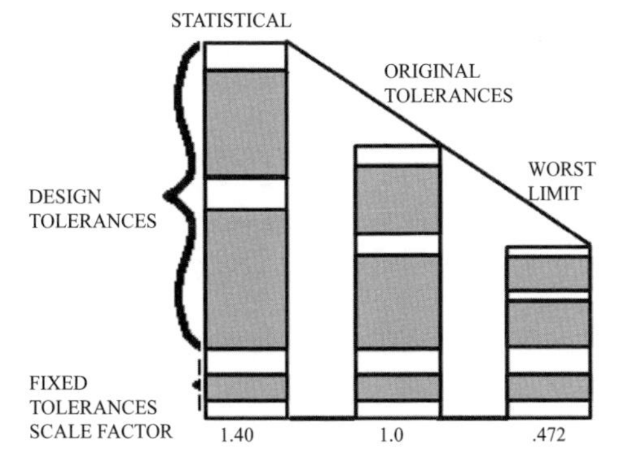

圖 3-15　等比例配置和精度因子配置兩種方法對於原公差配置之影響比較

而各組成環公差可表示如下：

$$T_1 = P\,D_1^{\ 1/3},\ T_2 = P\,D_2^{\ 1/3},\ \text{etc.}。\qquad (3\text{-}38)$$

上述範例中，使用依精度因子配置之計算，封閉環 T_{ASM} 之計算式為

$$T_{ASM} = T_A^{\ 2} + \mathrm{T}_C^{\ 2} + T_F^{\ 2} + T_B^{\ 2} + T_D^{\ 2} + T_E^{\ 2} + T_G^{\ 2}$$

$$.0152\ = (.0015^2 + .0025^2 + .0025^2) + P^2(\ 8.0^{2/3} + .400^{2/3} + 7.711^{2/3} + .400^{2/3})。\qquad (3\text{-}39)$$

計算上式可得 $P = .004836$，因此 B、D、E、F 之公差計算如下：

$$\mathrm{TB} = .004826\ (8.00)^{\ 1/3} = .00976，\qquad (3\text{-}40)$$

$$\mathrm{TE} = .004836\ (7.711)^{\ 1/3} = .00955，\qquad (3\text{-}41)$$

$$\mathrm{TD} = .004836\ (.400)^{\ 1/3} = .00356，\qquad (3\text{-}42)$$

$$\mathrm{TF} = .004836\ (.400)^{\ 1/3} = .00356。\qquad (3\text{-}43)$$

表 3-2 爲本範例中兩種公差配置方式所獲得之數據比較，分析方法使用極值法與概率法兩種，有四組數據比較。等比例配置之組成環初始公差依據加工精度表決定；以精度因子配置公差，各組成環之初始公差直接由基本尺寸及封閉環公差計算。

綜合本節各項說明，有關極值法分析、概率法方析及公差配置方法之特性可整理如下：

（1）極值法模型導致於組成環公差較緊，增加加工成本。

（2）概率法允許較鬆的組成環公差，但所預測的良率通常比實際加工結果為高。

（3）當組成環個數較少，或其中一組成環之公差遠比其它大時，概率法會獲得比極值法更緊的組成環公差。

（4）概率法假設常態分布的製造能力，未考慮製程偏移的影響 —— 實際製程通常會發生平均值偏移。

表 3-2　兩種配置方法對於 Shaft & Housing 範例各公差之影響比較

零件	原始公差	等比例配置		精度因子配置	
		極值法WC	概率法6σ	極值法WC	概率法6σ
A	0.0015*	0.0015	0.0015	0.0015	0.0015
B	0.008	0.00378	0.01116	0.00312	0.00967
C	0.0025*	0.0025	0.0025	0.0025	0.0025
D	0.002	0.00094	0.00279	0.00115	0.00356
E	0.006	0.00283	0.00837	0.00308	0.00955
F	0.002	0.00094	0.00279	0.00115	0.00356
G	0.0025*	0.0025	0.0025	0.0025	0.0025
組裝公差		0.0150	0.0150	0.0150	0.0150
比例係數		0.472221	0.39526	0.00156	0.004836

* 固定公差值

（5）理論上 +/−3s 相當於 99.73% 之良率，或是 0.27% 之不良率，因此模擬時可使用此一數值附近的不良率為公差設計是否合適的參考。

（6）公差配置：

a. 若有初始公差，且公差分析結果不佳，可使用等比例法進行公差配置。

b. 若無初始公差，則可考慮以依精度因子配置法則進行初始公差設定。

c. 需考慮實際加工之最小公差限制。

3.5 公差分析與公差配置應用範例

3.5.1　塑膠蓋與橡膠墊

首先以一塑膠蓋與橡膠墊範例說明公差分析與公差配置之分析、計算過程，並進行各種組裝條件與參數影響分析，用以說明本章所敘述各種方法之實際應用。圖 3-16 所示爲本範例之組成環、封閉環與尺寸鏈關係，包含一增環、二減環與封閉環，由於此一設計在增環範圍內，塑膠蓋宜迫緊下方之橡膠墊，以達到防水的需求，故封閉環定義爲其間間隙，且封閉環之最大與最小尺寸分別爲 0.0 與 −0.2，期望具有單向公差，以提供所需干涉壓力。**圖 3-16** 各環尺寸與公差爲工程師依據設計經驗所決定之尺寸，這也是工程上最常使用的方式，由於尺寸鏈中關聯性尺寸並不多（此處僅三個），因此大多數以經驗決定即可。

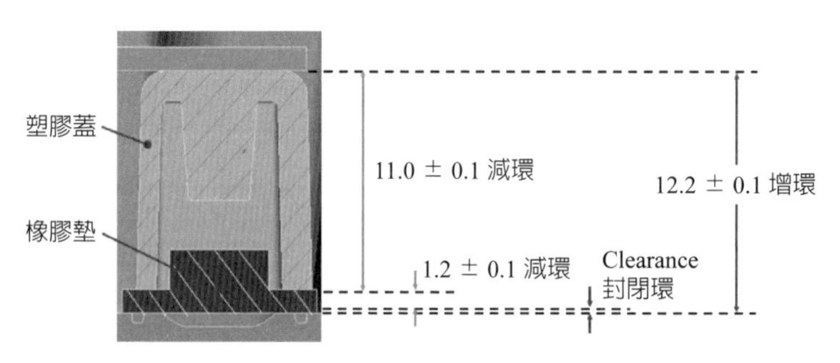

圖 3-16　塑膠蓋與橡膠墊範例之尺寸鏈分析

首先，以前述尺寸與公差進行組裝分析，**圖 3-17** 爲本節所介紹各種計算方法發展成之軟體，用以進行組裝公差分析與組裝配置分析，由於軟體可將封閉環之尺寸以數據及統計分布圖顯示，對於分析結果的研判與公差修改方向，可提供更爲清楚的資訊。**圖 3-17** 中，組裝公差分析方法採用極值法（或最壞狀況法）、概率法（或統計法）和蒙地卡羅模擬，蒙地卡羅模擬之結果與統計法相同，其不同處爲可提供不良率分析數據、封閉環公差之統計分布圖、各項統計參數值與各組成環貢獻度等。有關這些項目的意義與影響，將在隨後範例中加以說明。**圖 3-17** 之統計分布圖中有兩條直線，一藍一紅，分別代表封閉環之尺寸下限與尺寸上限，此爲設計之規格，在分析前即需要提供。本範例中極值法計算之封閉環尺寸爲公稱尺寸 0，上偏差與下偏差分別爲 0.3 與 −0.3，公差爲 0.6；概率法計算之封閉環尺寸爲公稱尺寸 0，上偏差與下偏差分別爲 0.73 與 −0.173，公差爲 0.346。此一結果說明，當組成環尺寸固定時，極值法所計算之封閉環公差會比概率法還大。

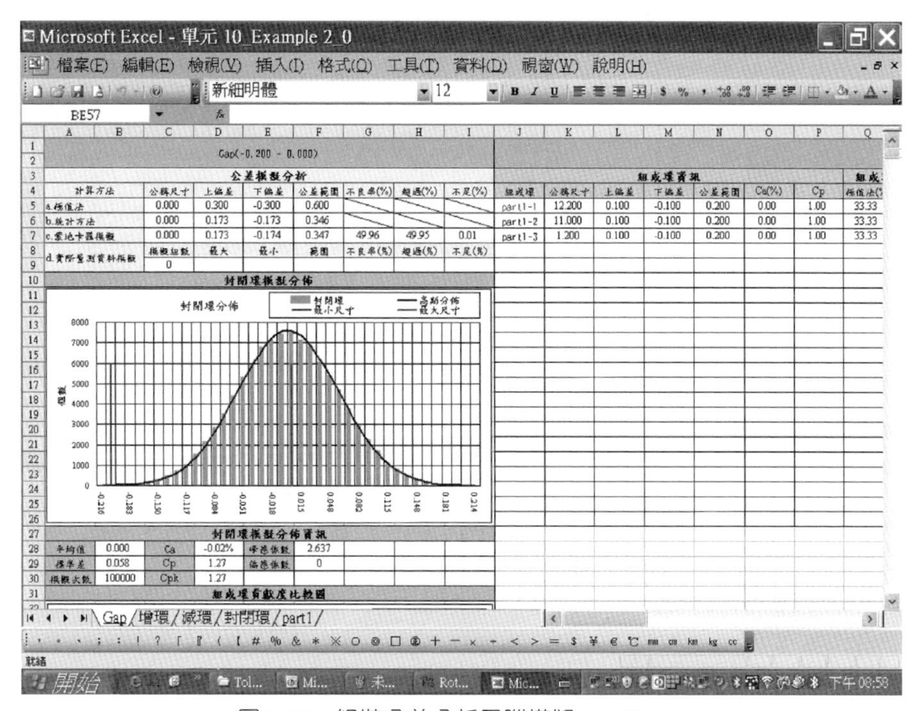

圖 3-17　組裝公差分析電腦模擬——Case 1

圖 3-17 中，統計圖之平均值爲 0，但是規格中心值（設計上限與下限之平均值）爲 −0.1，此一結果說明統計分布圖發生明顯平均值偏移的現象，因此，不良率約 50%。欲解決此一問題，必須先調整組成環公稱尺寸，而非直接調整各組成環公差，此一觀念相當重要。本範例中封閉環平均值需向左移 −0.1，即降低 0.1，其方式有多種選擇，例如：（1）增環公稱尺寸減 0.1，（2）兩減環之其中一減環公稱尺寸增加 0.1，（3）兩減環之公稱尺寸各增 0.05，（4）增環減 0.05，一減環增 0.05。實際作法仍需依實際情況而定。**圖 3-18** 之 Case 2 與 Case 3 分別爲前述（1）與（3）之模擬結果，兩者之統計分布平均值已相當接近規格中心值，表示組成環公稱尺寸已無問題。然而，兩圖之不良率仍有 8.48%，因此需變更組成環公差。

組成環公差修正的方式，先以公式計算的方式分析與調整。封閉環公差 $T_{\mathrm{ASM}} = 0.2$，統計分布圖之標準差 σ 爲 .075，需將標準差 σ 改爲 $\sigma_{\mathrm{ASM}} = 0.5T_{\mathrm{ASM}}/3$

= .0333，各組成環公差 +/−0.1，若同時減小，則

$$\sigma_{\text{ASM}} = \sqrt{\sigma_1^2 + \sigma_2^2 + \sigma_3^2} \;; \qquad (3\text{-}44)$$

或 $\sigma = 0.1923$，即 $T = 3\sigma = 0.0577$。因此三個組成環公差均變為 +/−0.0577，**圖 3-19** 為模擬結果，不良率已從 8.48% 降為 0.16%。此一結果應可接受。

組成環公差可更動的情況可能有一些限制，以下可實施“*What if*”探討，即是設定各種限制，並進行組裝公差分析，以決定可能採取的公差設計方式。首先，若三個組成環公差中，僅能變動增環與一減環，則如何修改？目前封閉環公差 $T_{ASM} = 0.2$，**圖 3-18** 中統計分布之標準差 σ 爲 .075，需將標準差 σ 改爲 $\sigma_{\text{ASM}} = 0.5T_{\text{ASM}}/3 = 0.0333$，各組成環公差 +/−0.1，採取減小增環與一減環，則：

$$\sigma_{\text{ASM}} = \sqrt{(0.1/3)^2 + \sigma_2^2 + \sigma_3^2} \text{ 或 } .0333 = \sqrt{.00111 + 2\sigma^2} \text{ 。} \qquad (3\text{-}45)$$

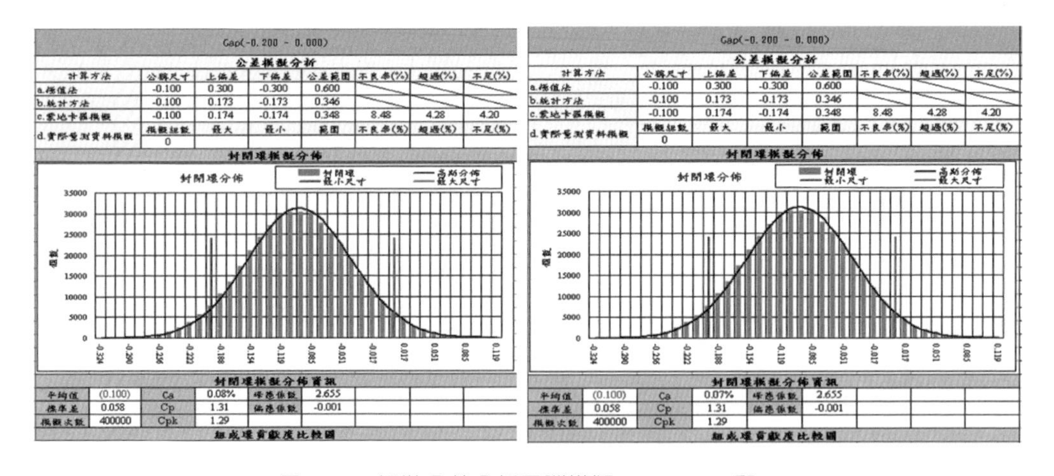

圖 3-18　組裝公差分析電腦模擬——Case 2 和 3

上式中 σ 將趨近於 0，因此無法在其中一減環之公差保留在現值下（+/−0.1），進行增環與另一減環公差的改變。

若其中一減環之公差爲 +/−0.05，並且無法改變，則其它組成環公差如何修改？上式將改寫如下：

$$\sigma_{\text{ASM}} = \sqrt{(0.05/3)^2 + \sigma_2^2 + \sigma_3^2} \text{ 或 } .0333 = \sqrt{.000625 + 2\sigma^2} \text{ 。} \tag{3-46}$$

解上式得 $\sigma = 0.0155$，或增環和另一減環公差 $T = 0.0467$。因此，增環與一減環公差為 +/−0.0467，另一減環為 +/−0.05。將上述數據代入軟體中模擬，結果如**圖 3-20** 所示，不良率為 0.01%，統計分布圖與封閉環上下限之關係也趨於最佳的分布，說明此一計算方法可作為公差修正之依據。

若封閉環 USL 改爲 −0.1，LSL 無限制，則組成環尺寸該如何修改？設三組成環公差爲 +/−0.1，公稱值分別爲 12.2、11.0 與 1.2。封閉環公差 T_{ASM} 爲

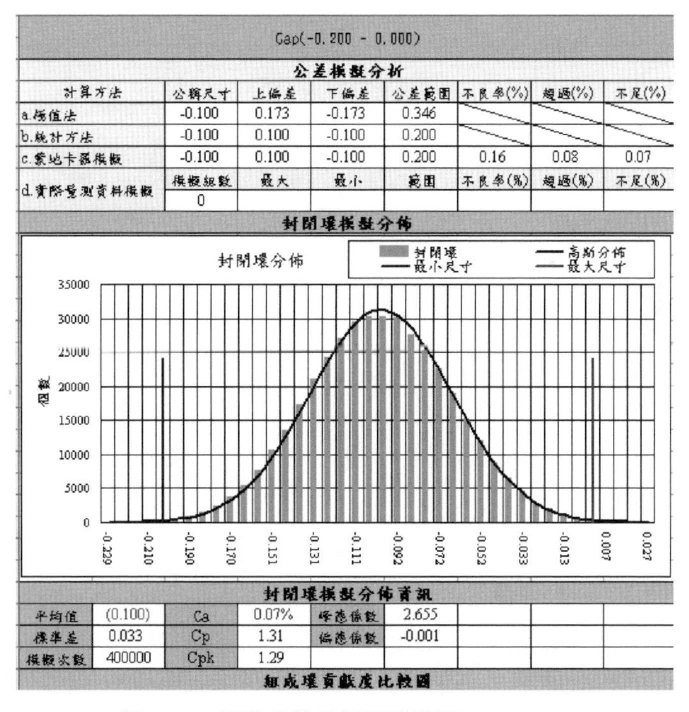

Gap(-0.200 - 0.000)

公差模擬分析

計算方法	公稱尺寸	上偏差	下偏差	公差範围	不良率(%)	超過(%)	不足(%)
a.極值法	-0.100	0.173	-0.173	0.346			
b.統計方法	-0.100	0.100	-0.100	0.200			
c.蒙地卡羅模擬	-0.100	0.100	-0.100	0.200	0.16	0.08	0.07
d.實際量測資料模擬	模擬組數	最大	最小	範围	不良率(%)	超過(%)	不足(%)
	0						

封閉環模擬分佈

封閉環模擬分佈資訊

平均值	(0.100)	Ca	0.07%	峰態係數	2.655
標準差	0.033	Cp	1.31	偏態係數	-0.001
模擬次數	400000	Cpk	1.29		

組成環貢獻度比較圖

圖 3-19　組裝公差分析電腦模擬——Case 4

$$T_{\text{ASM}} = \sqrt{T_1^2 + T_2^2 + T_3^2} = \sqrt{3 \times .1^2} = .1732 \quad \text{或} \quad \sigma_{\text{ASM}} = T_{\text{ASM}}/3 = 0.0577\text{。} \qquad (3\text{-}47)$$

僅限制封閉環 USL = −0.1，σ_{ASM} 又已知，因此 USL−μ = 3σ_{ASM}（如**圖 21** 所示），即 μ = −0.2731。目前三公稱尺寸爲 12.2、11.0 與 1.2，因此將增環之 12.2 改爲 11.93，其餘不變。**圖 22** 爲軟體模擬的結果，由於封閉環爲橡膠之壓縮量，因此只設 USL(−0.1)，不設 LSL，結果顯示僅有 0.1% 之尺寸大於 −0.1。由於不設 LSL，分析時以一很小的值（−10）代表平均值爲 −0.27，與預估值（−0.273）相當接近，標準差爲 0.075，意味著間隙公差爲 0.45(6σ)，若太大，可降低組成環公差，此一分析提供封閉環爲單向規格設定時之尺寸修正方法。

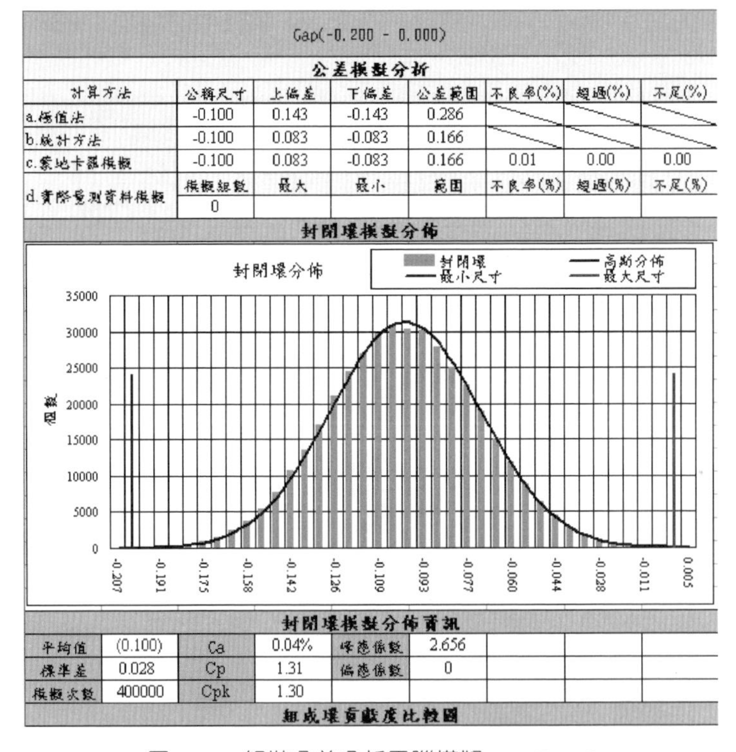

Gap(-0.200 - 0.000)

公差模擬分析

計算方法	公稱尺寸	上偏差	下偏差	公差範围	不良率(%)	超過(%)	不足(%)
a.極值法	-0.100	0.143	-0.143	0.286			
b.統計方法	-0.100	0.083	-0.083	0.166			
c.蒙地卡羅模擬	-0.100	0.083	-0.083	0.166	0.01	0.00	0.00
d.實際量測資料模擬	模擬組數	最大	最小	範围	不良率(%)	超過(%)	不足(%)
	0						

封閉環模擬分佈

封閉環模擬分佈資訊

平均值	(0.100)	Ca	0.04%	峰態係數	2.656
標準差	0.028	Cp	1.31	偏態係數	0
模擬次數	400000	Cpk	1.30		

組成環貢獻度比較圖

圖 3-20　組裝公差分析電腦模擬——Case 5

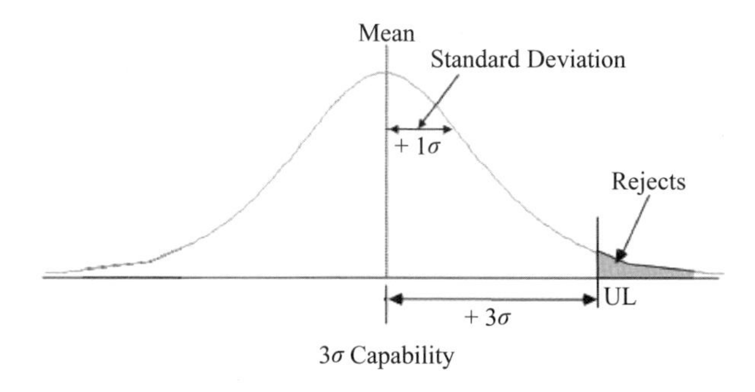

圖 3-21 單向規格之平均值偏移方式設定

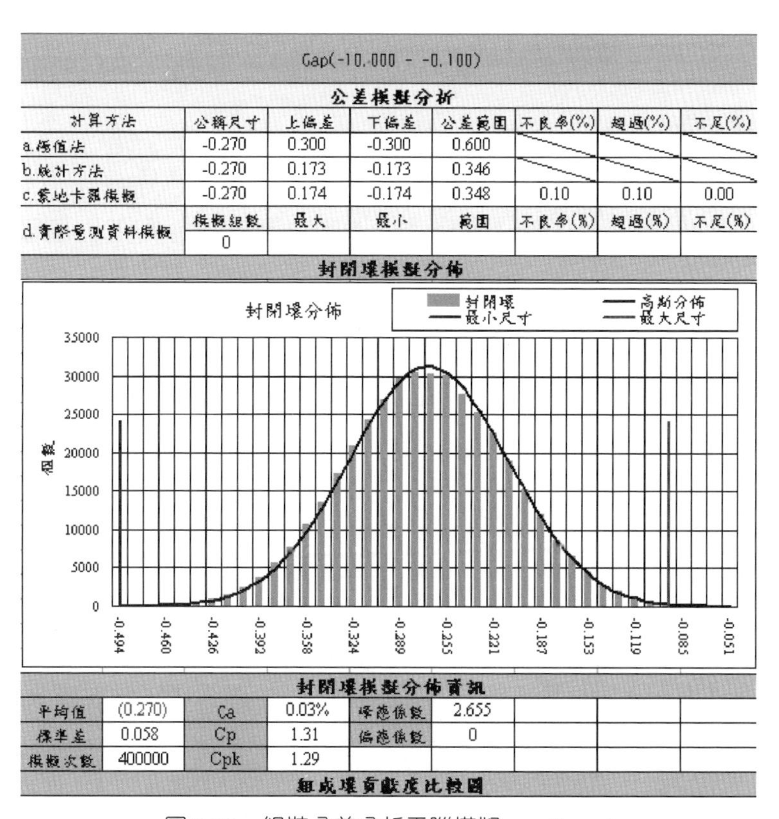

Gap(-10.000 - -0.100)

公差模擬分析

計算方法	公稱尺寸	上偏差	下偏差	公差範圍	不良率(%)	超過(%)	不足(%)
a.極值法	-0.270	0.300	-0.300	0.600			
b.統計方法	-0.270	0.173	-0.173	0.346			
c.蒙地卡羅模擬	-0.270	0.174	-0.174	0.348	0.10	0.10	0.00
d.實際量測資料模擬	模擬組數	最大	最小	範圍	不良率(%)	超過(%)	不足(%)
	0						

封閉環模擬分佈

封閉環模擬分佈資訊

平均值	(0.270)	Ca	0.03%	峰態係數	2.655
標準差	0.058	Cp	1.31	偏態係數	0
模擬次數	400000	Cpk	1.29		

組成環貢獻度比較圖

圖 3-22 組裝公差分析電腦模擬——Case 6

若僅知道三組成環公稱尺寸（12.2、11.0、1.2），無初始公差，如何使用依精度因子配置決定各組成環公差？依精度因子設定公差：

$$T_{ASM} = 0.2 = P \cdot \sqrt{1.2^{2/3} + 11^{2/3} + 12^{2/3}} \text{ 或 } P = 0.0593 \text{。} \quad (3\text{-}48)$$

因此，各組成環公差設定如下：

$$T_{12.2} = .0593\ 12.2^{1/3} = .1365 \text{，} \quad (3\text{-}49)$$

$$T_{11} = .0593\ 11^{1/3} = .132 \text{，} \quad (3\text{-}50)$$

$$T_{1.2} = .0593\ 1.2^{1/3} = .063 \text{。} \quad (3\text{-}51)$$

將所有資料代入公差分析軟體，模擬結果如**圖 3-23**（a）所示，平均值接近於 USL，因此首先需要修正公稱尺寸。將增環增加 0.1，不良率由 50% 降至 0.13%，如**圖 3-23**（b）所示。

將以上所有分析數據整理成**圖 3-24**，共有八次模擬，Case 1 爲原始設計資料；Cases 2 和 3 調整增減環公稱尺寸，以解決因統計分布平均值偏移導致不良率遽增之問題；Case 4 爲增減環公差調整的計算與模擬；Cases 5 爲部分組成環公差固定下，剩餘組成環公差重新配置之計算與模擬；Case 6 爲封閉環單向公差限制之計算與模擬；Cases 7 和 8 爲使用依精度因子配置組成環公差的範例。

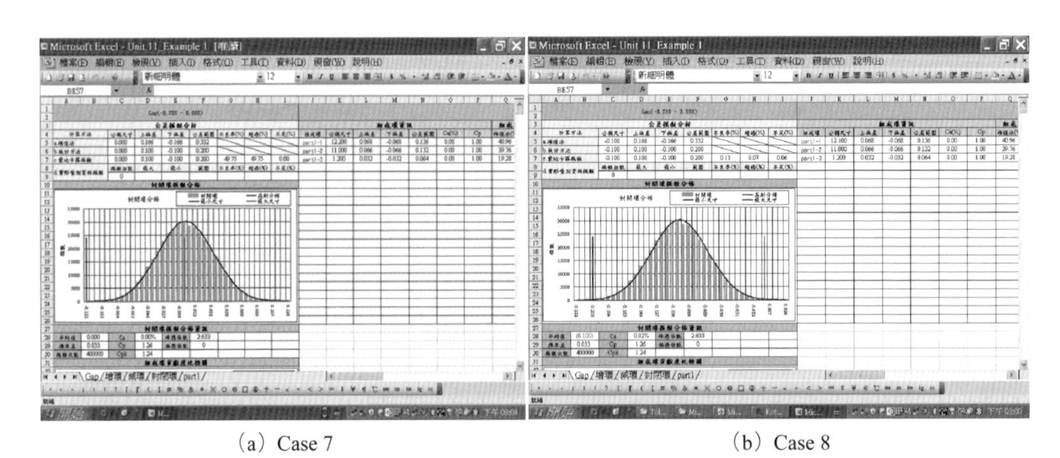

（a）Case 7　　（b）Case 8

圖 3-23　組裝公差分析電腦模擬

Case	組成環						封閉環		分析結果		註
	增環	公差	減環	公差	減環	公差	上偏差	下偏差	不良率	平均值	
1	12.2	±0.1	11	±0.1	1.2	±0.1	0	-0.2	49.96	0	原始
2	12.1	±0.1	11	±0.1	1.2	±0.1	0	-0.2	8.48	-0.1	調整增環公稱值
3	12.2	±0.1	11.05	±0.1	1.25	±0.1	0	-0.2	8.48	-0.1	調整減環公稱值
4	12.1	±0.058	11	±0.058	1.2	±0.058	0	-0.2	0.16	-0.1	調整公差
5	12.1	?	11	±0.1	1.2	?	0	-0.2	無解		一減環公差不變
6	12.1	±0.047	11	±0.05	1.2	±0.047	0	-0.2	0.01	-0.1	調整增環與一減環
7	11.93	±0.1	11	±0.1	1.2	±0.1	-0.1		0.1	-0.27	單封閉環單向公差
8	12.2	±0.068	11	±0.066	1.2	±0.032	0	-0.2	50.09	0	依立方根設定初始公差
9	12.1	±0.068	11	±0.066	1.2	±0.032	0	-0.2	0.13	-0.1	調整增環公稱值

圖 3-24　組裝公差分析電腦模擬——各 Case 資料整理

3.5.2　襯套擋環公差設計分析

前一範例之尺寸鏈由三個組成環所組成，三個組成環之公稱尺寸約略已定，在尺寸或公差變更設計上較容易以簡易計算方式決定，再配合軟體模擬加以驗證。本範例之尺寸鏈由五個尺寸組成，各組成環公稱尺寸尚未確定，因此有各種組合之可能，並且封閉環尺寸範圍也未確定。對於各種公稱尺寸組合需要進行組裝公差分析，整理模擬結果以比較各種設計之優缺點。由於所需分析的尺寸鏈與參數組合衆多，需要透過軟體模擬的方式處理，以降低人爲計算與資料整理可能發生的錯誤。**圖 3-25**（a）爲襯套擋環實物照片，若零組件公差設計不良，襯套環可能飛出，**圖 3-25**（b）顯示重要零組件之圖面解析，其中擋環的公差設計爲本範例分析的重點。

(a) 設計問題：襯套環可能分離

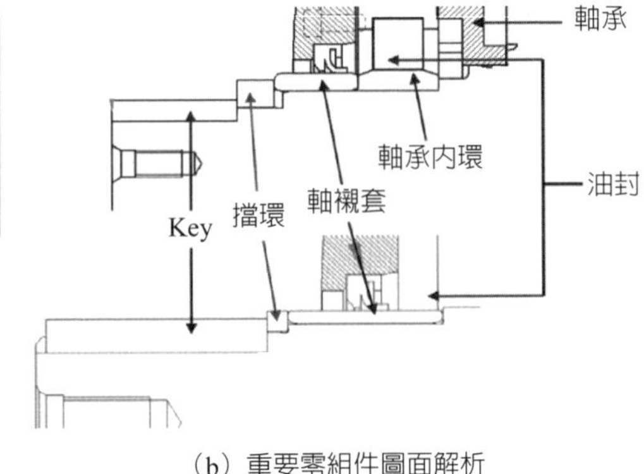

(b) 重要零組件圖面解析

圖 3-25　襯套擋環公差設計

由於本範例中各零組件有多種尺寸供選擇，因此在設計分析中需考慮多種尺寸組合的可能，經過仔細評估，選擇五種零組件尺寸之組合進行評估，此五種組合稱爲型號 1 ～ 5，尺寸鏈由四個或五個尺寸所組成，**圖 3-26** 所示爲各型號之組成環個數、增環、減環及各組成環之公稱尺寸與初始公差設定，其中藍色爲增環，綠色爲減環，紅色爲封閉環，型號 1 ～ 4 採用五個組成環之設計，型號 5 則採用四個組成環之設計。各組成環之初始公差均由工程師依實務經驗與零件型錄決定。

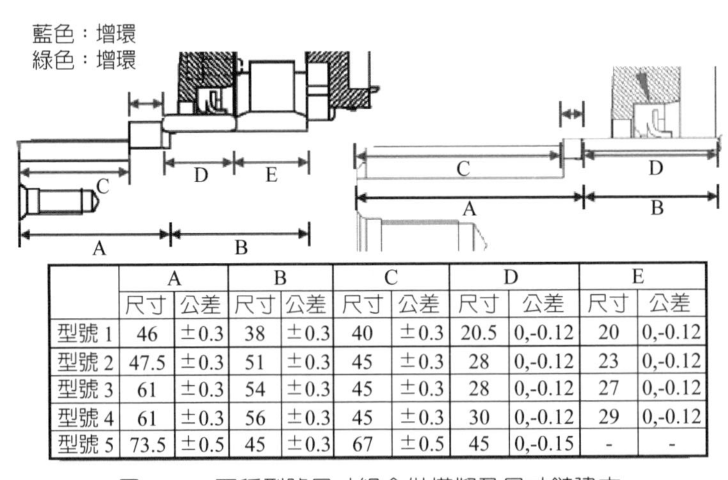

	A		B		C		D		E	
	尺寸	公差	尺寸	公差	尺寸	公差	尺寸	公差	尺寸	公差
型號 1	46	±0.3	38	±0.3	40	±0.3	20.5	0,-0.12	20	0,-0.12
型號 2	47.5	±0.3	51	±0.3	45	±0.3	28	0,-0.12	23	0,-0.12
型號 3	61	±0.3	54	±0.3	45	±0.3	28	0,-0.12	27	0,-0.12
型號 4	61	±0.3	56	±0.3	45	±0.3	30	0,-0.12	29	0,-0.12
型號 5	73.5	±0.5	45	±0.3	67	±0.5	45	0,-0.15	-	-

圖 3-26　五種型號尺寸組合供模擬及尺寸鏈建立

由於前述五種型號之組合分析，需要五條尺寸鏈配合不同參數組合之計算，因此將所有尺寸鏈與各組成環參數整理成表格，運用公差分析模擬軟體讀入表格，自動進行計算，並將計算結果同時呈現，以方便比較。**圖 3-27** 所示爲將型號 1 ～ 5 相關尺寸資料塡入表格，並儲存成檔案的範例，每一組成環輸入的資料包括公差、公稱尺寸、上偏差、下偏差、統計分布型式（一般爲高斯分布）、製程能力指數 C_a 與 C_p。**圖 3-28** 所示爲尺寸鏈關聯性表單的建立，本範例建立五條尺寸鏈，第一個表單設定各尺寸鏈增環元素，第二個表單設定各尺寸鏈減環元素，第三個表單則設定各尺寸鏈封閉環資訊，包括最大尺寸、最小尺寸與公差值等。

型號1

藍圖號碼	圖區	DIMENSION								統計參數		
		公差符號	公差範圍	Nominal	Upper	Lower	DEVIATION	等級	變動	統計分佈	Ca(%)	Cp
1			0.6	46	0.3	-0.3				G	0	1
2			0.6	38	0.3	-0.3				G	0	1
3			0.6	40	0.3	-0.3				G	0	1
4			0.12	20.5	0	-0.12				G	0	1
5			0.12	20	0	-0.12				G	0	1

型號2

藍圖號碼	圖區	DIMENSION								統計參數		
		公差符號	公差範圍	Nominal	Upper	Lower	DEVIATION	等級	變動	統計分佈	Ca(%)	Cp
1			0.6	47.5	0.3	-0.3				G	0	1
2			0.8	51	0.4	-0.4				G	0	1
3			0.6	45	0.3	-0.3				G	0	1
4			0.12	28	0	-0.12				G	0	1
5			0.12	23	0	-0.12				G	0	1

型號3

藍圖號碼	圖區	DIMENSION								統計參數		
		公差符號	公差範圍	Nominal	Upper	Lower	DEVIATION	等級	變動	統計分佈	Ca(%)	Cp
1			0.6	61	0.3	-0.3				G	0	1
2			0.8	54	0.4	-0.4				G	0	1
3			0.6	45	0.3	-0.3				G	0	1
4			0.12	28	0	-0.12				G	0	1
5			0.12	27	0	-0.12				G	0	1

型號4

藍圖號碼	圖區	DIMENSION								統計參數		
		公差符號	公差範圍	Nominal	Upper	Lower	DEVIATION	等級	變動	統計分佈	Ca(%)	Cp
1			0.6	61	0.3	-0.3				G	0	1
2			0.8	56	0.4	-0.4				G	0	1
3			0.6	45	0.3	-0.3				G	0	1
4			0.12	30	0	-0.12				G	0	1
5			0.12	29	0	-0.12				G	0	1

型號5

藍圖號碼	圖區	DIMENSION								統計參數		
		公差符號	公差範圍	Nominal	Upper	Lower	DEVIATION	等級	變動	統計分佈	Ca(%)	Cp
1			0.6	73.5	0.3	-0.3				G	0	1
2			0.8	45	0.4	-0.4				G	0	1
3			0.6	67	0.3	-0.3				G	0	1
4			0.12	45	0	-0.12				G	0	1

圖 3-27　軟體模擬中組成環尺寸表單建立

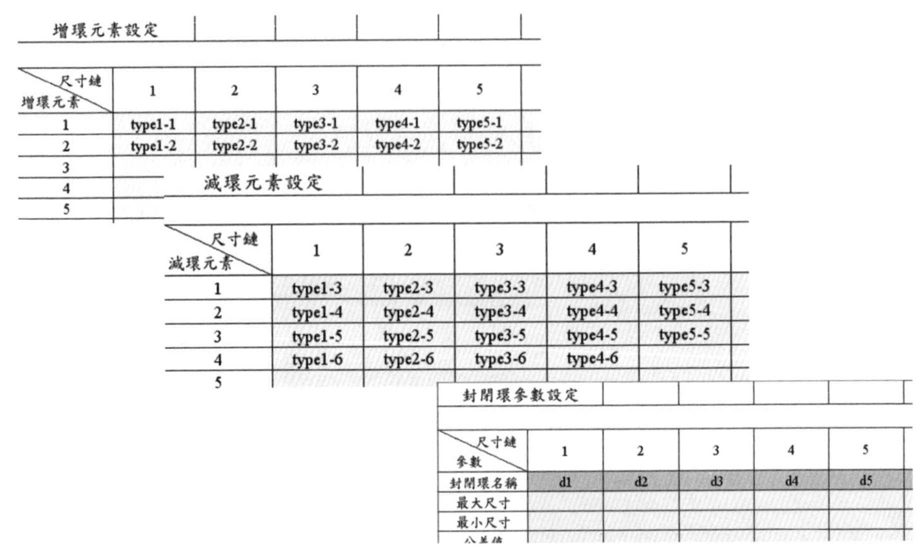

增環元素設定

增環元素＼尺寸鏈	1	2	3	4	5
1	type1-1	type2-1	type3-1	type4-1	type5-1
2	type1-2	type2-2	type3-2	type4-2	type5-2
3					
4					
5					

減環元素設定

減環元素＼尺寸鏈	1	2	3	4	5
1	type1-3	type2-3	type3-3	type4-3	type5-3
2	type1-4	type2-4	type3-4	type4-4	type5-4
3	type1-5	type2-5	type3-5	type4-5	type5-5
4	type1-6	type2-6	type3-6	type4-6	
5					

封閉環參數設定

參數＼尺寸鏈	1	2	3	4	5
封閉環名稱	d1	d2	d3	d4	d5
最大尺寸					
最小尺寸					
公差值					

圖 3-28　尺寸鏈關聯性表單建立

圖 3-29 爲五個型號初始模擬結果，顯示封閉環之公稱尺寸、上偏差、下偏差與公差值；各組成環尺寸如**圖 3-26** 所示，每一條尺寸鏈均以極值法、統計法與蒙地卡羅模擬同步分析。**圖 3-29** 左側顯示五種型號以統計法分析之封閉環尺寸範圍，蒙地卡羅模擬之結果與統計法相同，極值法之計算結果則與前兩種方法不同。比較五種型號之模擬結果，各型號封閉環公稱尺寸均不同，是由於各型號組成環公稱尺寸不同之故。各型號公差範圍（包括上偏差與下偏差）也都不同，因此需進一步探討並由分析結果選取最佳設計的必要。

前述資料僅顯示數據，未有統計分布圖，爲進一步了解各型號模擬資料分布的情況，將各型號封閉環尺寸與公差簡化成加工上可達成的情況（如**圖 3-30** 所示），並且輸入封閉環允許之公差範圍 −0.02 ～ 1.00，將其視爲封閉環設計規格，再運用同一模擬方式進行分析。由於輸入封閉環設計規格資料，因此軟體模擬可顯示統計分布圖及相關之資料，包括平均值、標準差、不良率等。**圖 3-31** 爲型號五之軟體模擬結果，其他四個型號之模擬結果與本圖相似，因此僅顯示本圖。

表 **3-3** 爲五個型號模擬結果之重要資料整理，包括擋環（封閉環）公稱

尺寸、上、下偏差與不良率的比較。本範例中封閉環之規格上限與下限分別爲 −0.02 與 1.00，**圖 3-31** 之統計分布圖顯示平均值嚴重向左偏移，導致不良率均超過 45% 以上。五個型號均如此，表示擋環尺寸範圍或部份組成環公稱尺寸有修改的必要。

表 3-3　五型號組裝分析驗證結果整理

擋環尺寸	上偏差	下偏差	干涉超過0.02機率
3.5	0.6	−0.4	43.34%
2.5	0.7	−0.5	44.38%
15	0.7	−0.5	44.35%
13	0.7	−0.5	44.40%
6.5	0.6	−0.5	45.51%

※ 所有模擬結果均偏下限

型號1
尺寸：3.5
公差：0.647,-0.407

公差模擬分析

計算方法	公稱尺寸	上偏差	下偏差	公差範圍	不良率(%)	超過(%)	不足(%)
a.極值法	3.500	1.140	-0.900	2.040			
b.統計方法	3.500	0.647	-0.407	1.053			
c.亂數模擬	3.500	0.647	-0.407	1.053			

型號2
尺寸：2.5
公差：0.709,-0.468

公差模擬分析

計算方法	公稱尺寸	上偏差	下偏差	公差範圍	不良率(%)	超過(%)	不足(%)
a.極值法	2.500	1.240	-1.000	2.240			
b.統計方法	2.500	0.709	-0.469	1.178			
c.亂數模擬	2.500	0.709	-0.468	1.177			

型號3
尺寸：15
公差：0.71,-0.47

公差模擬分析

計算方法	公稱尺寸	上偏差	下偏差	公差範圍	不良率(%)	超過(%)	不足(%)
a.極值法	15.000	1.240	-1.000	2.240			
b.統計方法	15.000	0.709	-0.469	1.178			
c.亂數模擬	15.000	0.710	-0.470	1.179			

型號4
尺寸：13
公差：0.708,-0.468

公差模擬分析

計算方法	公稱尺寸	上偏差	下偏差	公差範圍	不良率(%)	超過(%)	不足(%)
a.極值法	13.000	1.240	-1.000	2.240			
b.統計方法	13.000	0.709	-0.469	1.178			
c.亂數模擬	13.000	0.708	-0.468	1.177			

型號5
尺寸：6.5
公差：0.646,-0.526

公差模擬分析

計算方法	公稱尺寸	上偏差	下偏差	公差範圍	不良率(%)	超過(%)	不足(%)
a.極值法	6.500	1.120	-1.000	2.120			
b.統計方法	6.500	0.646	-0.526	1.172			
c.亂數模擬	6.500	0.646	-0.526	1.172			

圖 3-29　五個型號初始供稱尺寸與公差之模擬結果

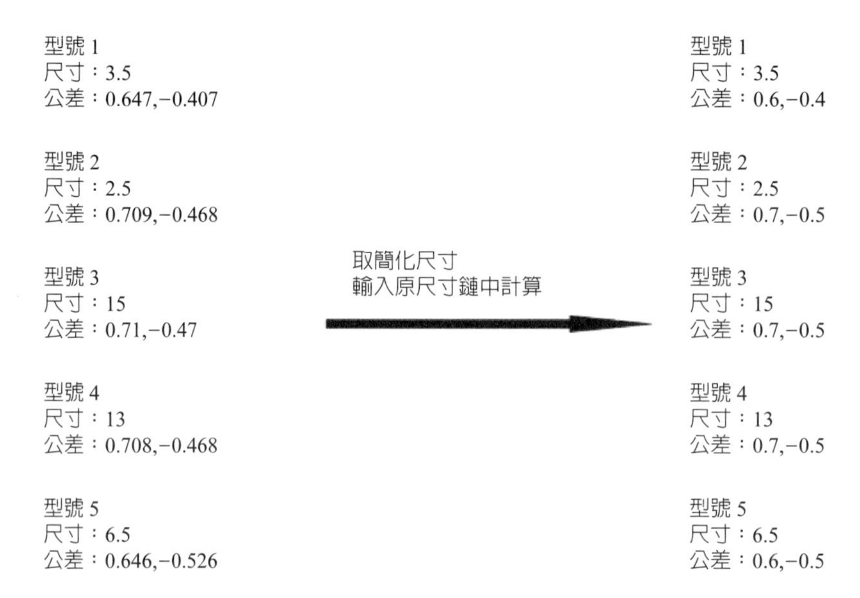

圖 3-30　將各型號尺寸簡化成可加工的尺寸，進行尺寸鏈驗證

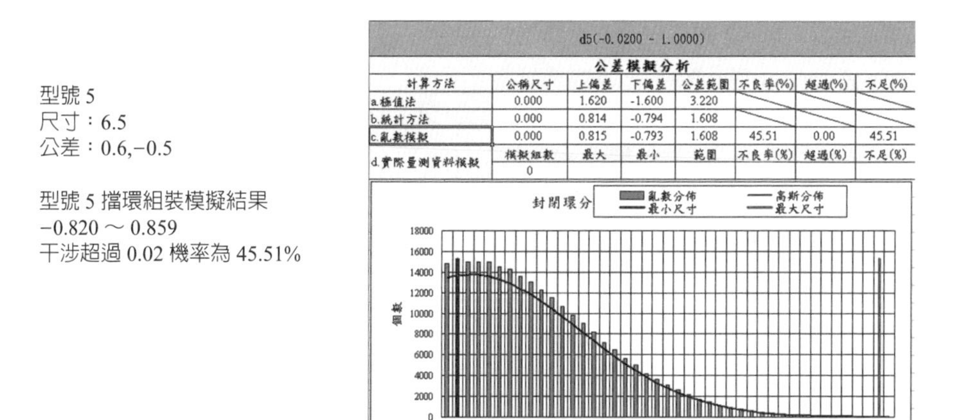

計算方法	公稱尺寸	上偏差	下偏差	公差範圍	不良率(%)	超過(%)	不足(%)
a.極值法	0.000	1.620	-1.600	3.220			
b.統計方法	0.000	0.814	-0.794	1.608			
c.亂數模擬	0.000	0.815	-0.793	1.608	45.51	0.00	45.51
d.實際量測資料模擬	模擬組數	最大	最小	範圍	不良率(%)	超過(%)	不足(%)
	0						

圖 3-31　型號 5 之驗證結果，注意統計分布與封閉環上下規格之關係

圖 3-32 說明擋環允許尺寸範圍之調整方式，擋環有三個尺寸：公稱尺寸、上偏差與下偏差，其平均尺寸 = 公稱尺寸 + (上偏差 + 下偏差)/2，擋環規格中心值爲如圖所示深色線（本範例爲 0.40），而統計分布之平均值爲 0.00，因此擋環之上下偏差設計可加以更改，使得模擬之統計分布圖平均值與規格中心值

得以重疊。**圖 3-33** 顯示五個型號擋環公差重新調整的範圍，其更改方式為將設計規格之平均值降 0.40。**圖 3-34** 顯示使用**圖 3-33** 調整資料後之型號五模擬結果，其統計分布圖顯示規格中心值與統計分布之平均值已重疊，而干涉量超過 0.02 的機率已從 45.51% 明顯降為 2.42%，說明新的擋環尺寸範圍設計已能符合實際的情況。表 **3-4** 顯示其他四個型號干涉量超過 0.02 的機率也都明顯下降。本範例中以公差模擬探討未知公差尺寸的設計與驗證流程，將未知公差或尺寸作為封閉環模擬分析後，取得的公差範圍需經過重複驗證後才能確定其設計。

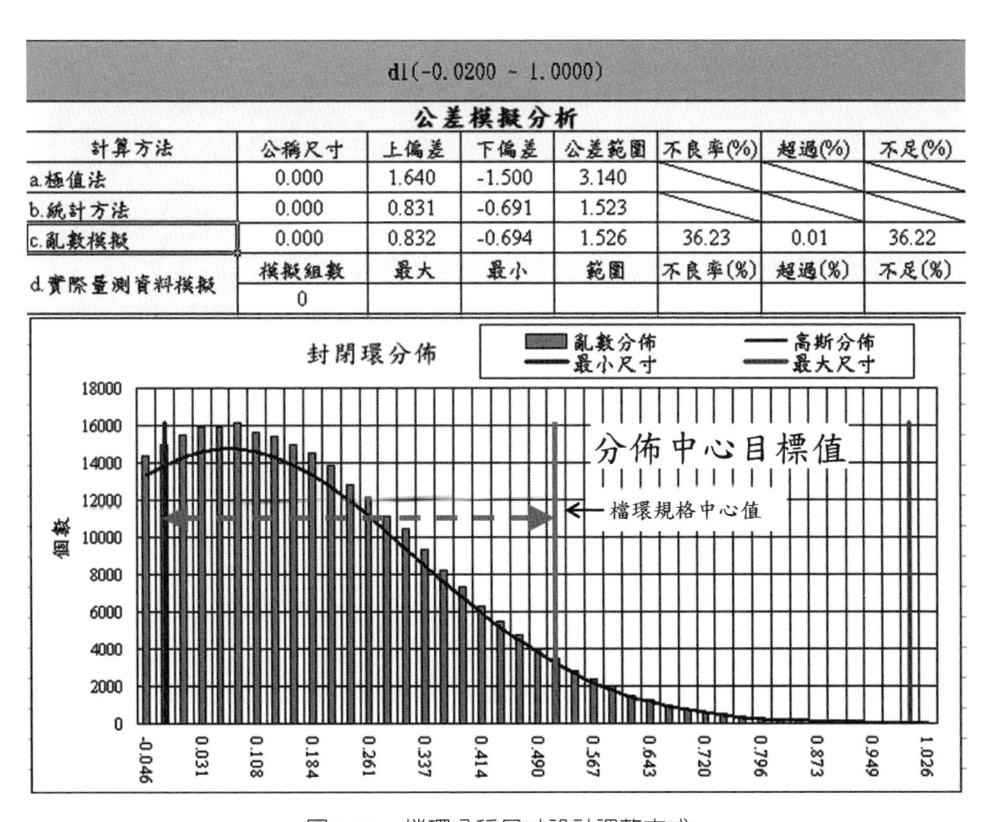

dl(-0.0200 ~ 1.0000)

公差模擬分析

計算方法	公稱尺寸	上偏差	下偏差	公差範圍	不良率(%)	超過(%)	不足(%)
a.極值法	0.000	1.640	-1.500	3.140			
b.統計方法	0.000	0.831	-0.691	1.523			
c.亂數模擬	0.000	0.832	-0.694	1.526	36.23	0.01	36.22
d.實際量測資料模擬	模擬組數	最大	最小	範圍	不良率(%)	超過(%)	不足(%)
	0						

圖 3-32　擋環公稱尺寸設計調整方式

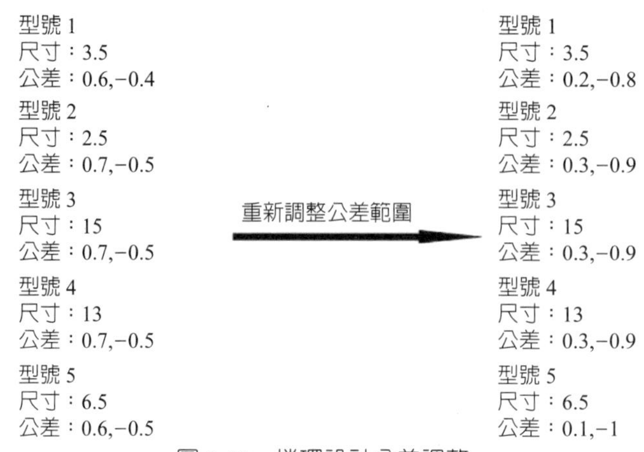

圖 3-33　擋環設計公差調整

型號 5 擋環組裝模擬結果
−0.292 ～ 1.314
干涉超過 0.02 機率為 5.83%

d5(-0.0200 ~ 1.0000)

公差模擬分析

計算方法	公稱尺寸	上偏差	下偏差	公差範圍	不良率(%)	超過(%)	不足(%)
a.極值法	0.000	2.120	-1.100	3.220			
b.統計方法	0.000	1.314	-0.294	1.608			
c.亂數模擬	0.000	1.314	-0.292	1.606	5.75	3.33	2.42
d.實際量測資料模擬	模擬組數	最大	最小	範圍	不良率(%)	超過(%)	不足(%)
	0						

封閉環分
亂數分佈
高斯分佈
最小尺寸
最大尺寸
個數
18000
16000
14000
12000
10000
8000
6000
4000
2000
0
-0.046
0.031
0.108
0.184
0.261
0.337
0.414
0.490
0.567
0.643
0.720
0.796
0.873
0.949
1.026

圖 3-34　型號 5 模擬結果

表 3-4　五型號組裝分析驗證結果整理

擋環尺寸	上偏差	下偏差	干涉超過0.02機率
3.5	0.2	−0.8	3.48%
2.5	0.3	−0.9	5.79%
15	0.3	−0.9	5.87%
13	0.3	−0.9	5.83%
6.5	0.1	−1.0	2.42%

※ 將公差簡化可直接以上偏差取雙向公差

習題

1. 請分別說明製程準確度 C_a、製程精密度 C_p、製程能力指數 C_{pk} 的定義，並描述其特性。
2. 一般而言，製程能力指數 C_{pk} 無法單獨使用，必須搭配製程準確度 C_a 或製程精密度 C_p 共同使用。請說明 C_{pk} 和 C_p，或 C_{pk} 和 C_a 的數值如何用以解讀製程能力的狀況，請以數值範例說明。
3. 某一尺寸之設計值爲 10 −0.1/+ 0.2，該尺寸之製程能力指數爲：$C_a = 20\%$，$C_p = 0.86$，試計算下列參數：（1）規格中心值、（2）製程統計分布之平均值、（3）製程統計分布之標準差、（4）該製程不良率。
4. 圖 3-9 範例中，A1 與 A2 的尺寸均爲 10±0.1，請使用極值法與概率法分別計算封閉環的公稱尺寸與公差，並說明兩種方法計算結果爲何不同。
5. 圖 3-10（a）範例中，A 的尺寸爲 20 +0/−0.1，B 的尺寸爲 1.2 +0/−0.06，C 的尺寸爲 21.2 +0.1/−0，請使用極值法與概率法分別計算封閉環 D 公稱尺寸與公差，並說明兩種方法計算結果爲何不同。
6. 如第 3 題，若所有尺寸之統計分布均爲高斯分布，且 $C_a = 0$、$C_p = 1.33$，請使用 6σ 方法計算封閉環的公稱尺寸與公差。
7. 如第 4 題，若所有尺寸之統計分布均爲高斯分布，且 $C_a = 20\%$、$C_p = 2.0$，請使用 6σ 方法計算封閉環 D 的公稱尺寸與公差。
8. 圖 3-16 範例中，請使用極值法與概率法分別計算封閉環公稱尺寸與公差。
9. 如第 8 題，若封閉環最大與最小尺寸爲 −0.1 與 −0.2，若所有尺寸分布均爲高斯分布，以概率法分析，請計算封閉環尺寸之不良率。
10. 一散熱水箱機構之尺寸關係如下圖所示，其中尺寸 A 爲封閉環，請寫出其一維尺寸鏈關係。使用極值法與概率法分別計算封閉環公稱尺寸與公差。

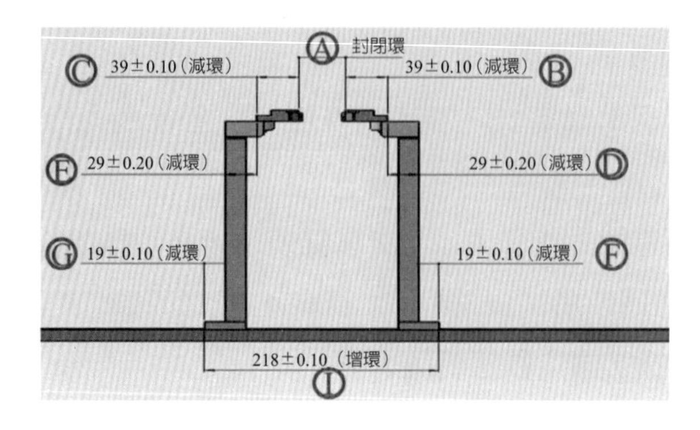
A 封閉環
C 39±0.10（減環）
39±0.10（減環）B
E 29±0.20（減環）
29±0.20（減環）D
G 19±0.10（減環）
19±0.10（減環）F
218±0.10（增環）
I

第四章 精密傳動元件

4.1 滾動軸承

4.2 線性滑軌

4.3 滾珠螺桿

4.4 螺旋齒輪的精度與檢驗

4.5 傳動軸

習題

4.1 滾動軸承

滾動軸承在傳動元件中扮演相當重要的角色，除需有足夠承載能力支撐傳動軸，以達到工作需要之傳遞功率，同時更必須具備足夠的精度，以滿足所需要達成的精密度。由於滾動軸承相關課題甚多，在本章中將僅介紹軸承本身之精度規範以及如何透過設計達成要求的傳動精度。

4.1.1　概論

滾動軸承（**圖 4-1**）主要利用滾子之滾動來達成傳動元件的旋轉支撐，其組成除滾子外，包括外環、內環以及保持架。透過滾動軸承的內部，包括滾子、滾道等不同的幾何設計，形成各種不同的軸承以滿足不同應用場合與需求；相關軸承種類可參考各軸承製造商之技術文件。

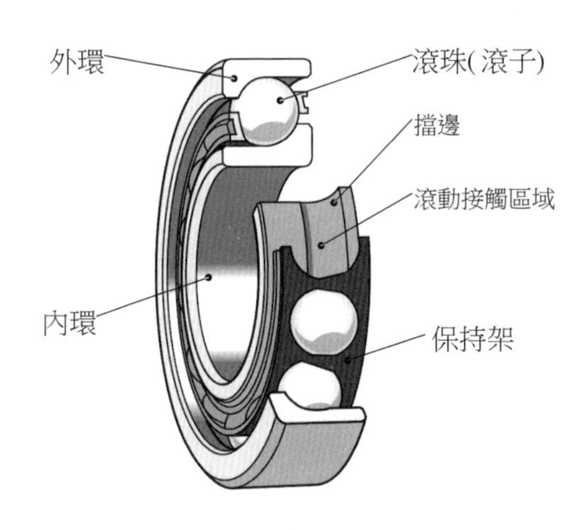

圖 4-1　滾動軸承組成

而就機器或儀器的旋轉精度而言，滾動軸承本身的製造精度、間隙以及剛性皆具有相當重要的影響性。因此在設計相關設備、機器或儀器時，設計者除需能掌握如何挑選合宜之軸承，以及擬訂對應零件的公差外，尚需能設計足夠的剛性以達成運轉精度的要求。

4.1.2 軸承精度等級與誤差種類

軸承精度包括尺寸與運轉精度，規範尺寸精度之目的在滿足軸承組裝在箱體與軸上的要求；運轉精度則規範軸承轉動一圈，在各個不同部位所產生的偏擺。國際標準 ISO 與幾個主要工業國家的國家標準皆訂出精度等級，以做為設計者挑選之依據，相關標準對照請見表 **4-1**。

對於徑向與止推軸承各個精度等級皆對尺寸、以及運轉之精度予以定義，詳細對照請參考表 **4-2** 與表 **4-3**，其中三種偏轉誤差的定義如下：

（1）徑向偏轉 $R_{i,a}$：分別管制內環或外環在轉動時，圓柱面之偏轉。

（2）側向偏轉 $S_{i,a}$：分別為內環或外環之圓柱面與其端面垂直狀況之偏差。

（3）軸向偏轉 $A_{i,a}$：分別管制內環或外環在轉動時，其端面之偏轉。

表 4-1　各標準之軸承精度等級對照

標準	標準編號	精度等級					適用範圍
ISO	ISO 492	Normal/ Class 6X	6	5	4	2	徑向軸承
	ISO 199	Normal	6	5	4	--	止推軸承
	ISO 578	Class 4	--	3	0	00	錐狀滾子軸承（英制）
	ISO 1224	--	--	5A	4A	--	精密儀器軸承
JIS	JIS B1514	0, 6X	6	5	4	2	所有種類軸承
DIN	DIN 620	P0	P6	P5	P4	P2	所有種類軸承
ANSI/ ABMA	ANSI/ ABMA Std. 20	ABEC-1 RBEC-1	ABEC-3 RBEC-3	ABEC-5 RBEC-5	ABEC-7	ABEC-9	徑向軸承*（錐狀滾子軸承除外）
	Std. 19.1	Class K	N	C	B	A	錐狀滾子軸承（英制）
	Std. 19	Class 4	2	3	0	00	錐狀滾子軸承（英制）

* ABEC 用於滾珠軸承，RBEC用於滾柱軸承

必須注意的是，並非所有尺寸或偏擺皆適用所有的精度等級。而各個精度等級下的公差數值，則可直接由軸承製造商之技術手冊中查得。

表 4-2　徑向軸承精度等級之規範內容

軸承			徑向軸承*				錐狀滾子軸承				圖示
精度等級			P0	P6	P5	P4	P0	P6	P5	P4	
內環	尺寸	內徑 d	●	●	●	●	●	●	●	--	
		平均內徑 d_m	●	●	●	●	●	●	●	--	
		寬度 B	●	●	●	●	●	●	●	--	
		寬度變化 U_p	●	●	●	●				--	
		總寬度 T					●	●	●	--	
	運轉	徑向偏擺 R_i	●	●	●	●	●	●	●	--	
		側向偏擺 S_i			●	●		●	●	--	
		軸向偏擺 A_i			●	●				--	
外環	尺寸	外徑 D	●	●	●	●	●	●	●	--	
		平均外徑 D_m	●	●	●	●	●	●	●	--	
		寬度變化 U_p			●	●				--	
	運轉	徑向偏擺 R_a	●	●	●	●	●	●	●	--	
		側向偏擺 S_a			●	●				--	
		軸向偏擺 A_a			●	●				--	

表 4-3　止推軸承精度等級之規範內容

軸承		止推軸承				圖示
精度等級		P0	P6	P5	P4	
軸部	平均內徑 d_m	●	●	●	●	
	軸向偏轉 A_s	●	●	●	●	
箱體	平均外徑 D_m	●	●	●	●	
	軸向偏轉 A_s	●	●	●	●	

表 4-4　偏擺誤差之主要量測方法

誤差	量測方法	說明
內環徑向偏轉 R_i	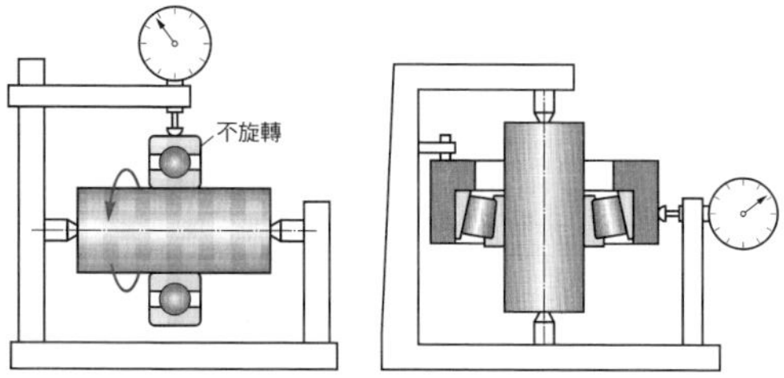	一般不可分離滾子軸承安裝於小錐度之錐形軸（0.01/100 ～ 0.02/100），使用精度 I 級的千分錶量測軸承外環，當： （1）量測內環徑向偏轉時，固定外環使之無法轉動，旋轉轉軸，量取量錶偏轉值。量測角接觸型式軸承，則以垂直方式，利用治具重量加載量測。 （2）量測外環徑向偏轉時，固定外環使之無法轉動，旋轉轉軸，量取量錶偏轉值。 應用此方法量測自動調心類型軸承需留意外環的擺動。
外環徑向偏轉 R_a	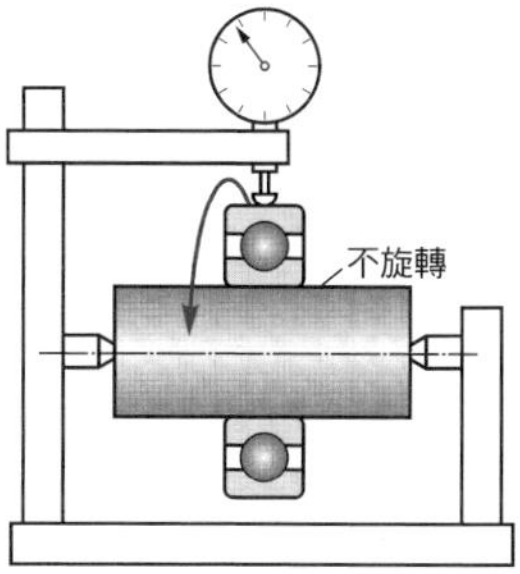	
內環軸向偏轉 A_i 外環軸向偏轉 A_a	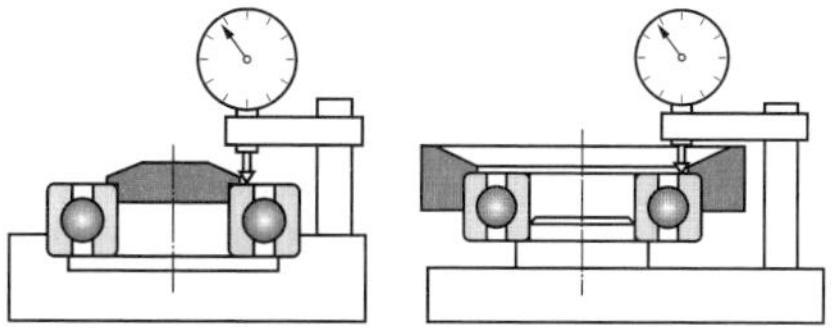	軸承平放，利用治具重量加載進行量測。測內環軸向偏轉時固定外環、轉動內環，量錶測內環；測外環軸向偏轉時，反之。
內環側向偏轉 S_i 外環側向偏轉 S_a	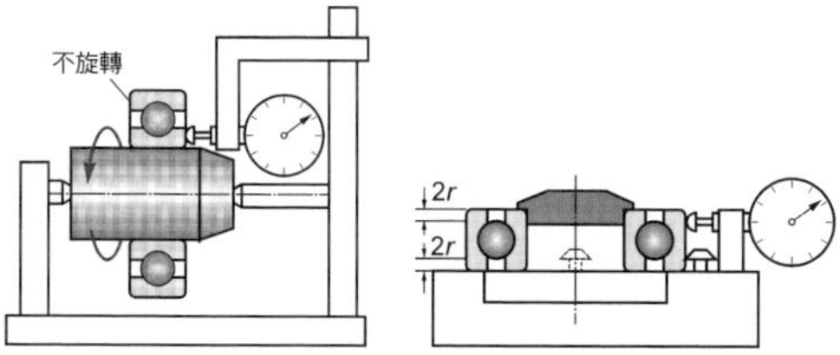	量測內環側向偏轉時，固定外環使之無法轉動，旋轉轉軸，量取側面偏轉值。量測外環側向偏轉時，平放軸承，使外環與治具平面接觸，內環不得接觸，外環以 3 個銷軸定位，旋轉外環，量取側面偏轉值。
止推滾盤軸向偏轉 A_S	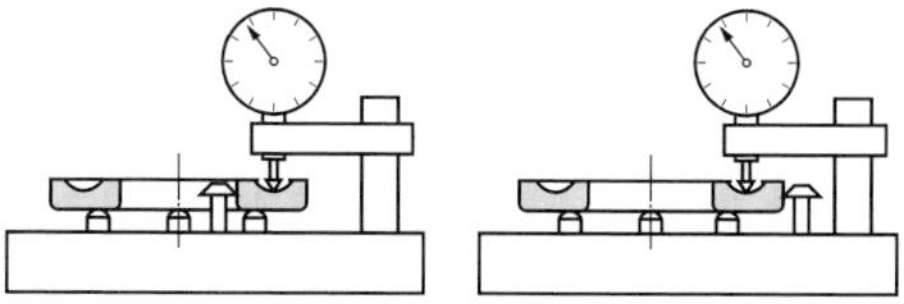	以三點方式支撐止推滾盤，量測軸部滾盤 3 根定位銷接觸內孔面、箱體部滾盤於外徑面，量取滾溝軸向偏轉。

4.1.3　軸承間隙

軸承間隙對軸承運轉而言是必須存在的，這是由於若無間隙或間隙不足，將使潤滑油膜厚度不足而產生破裂，使潤滑失效或是會因運轉時的溫昇造成滾子與內、外環之滾溝干涉過大，而使軸承卡死。但另一方面，軸承間隙的存在也會使軸與箱體之間產生同心偏差。一般而言，軸承在運轉時些微干涉有助於提昇壽命（**圖 4-2**），但干涉過大反而造成壽命快速降低，所以在達成精度與壽命的考量下，軸承間隙亦必須加以考慮。軸承組裝後造成徑向間隙改變（減小）的原因包括：

（1）內環或外環過盈配合造成組裝後之尺寸變小。

（2）運轉時內環或外環之溫度差異。

（3）作用角不為零之軸承，受軸向間隙影響。

因此在考慮運轉與精度等的需要，軸承製造商依據 ISO 5753 共訂出如表 **4-5** 所示六個內部間隙等級的軸承規格，在選用軸承時，即可在軸承型號後面加註此後綴間隙等級，以供區別。另外若有特定間隙需求，亦可直接在軸承編號後加入間隙值，由製造商進行選配後提供，例如：

（1）徑向間隙（後綴符號 R）：6210.R10.30，徑向間隙 10 ～ 30 mm。

（2）軸向間隙（後綴符號 A）：QJ210MPA.A100.150，軸向間隙 100 ～ 150 mm。

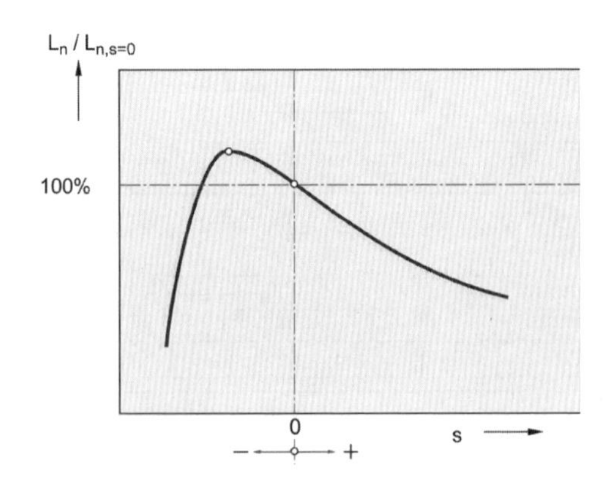

圖 4-2　軸承間隙與壽命之關係

不同間隙等級的使用場合大致可參考表 **4-5**。一般而言，在正常狀況下，多使用 CN 標準等級，軸承型號多不加註此後綴。而對作用角等於零的徑向軸承，正常狀況係指內外環溫差在 10℃以內，軸孔依軸承類別取以下配合公差：

（1）**滾珠軸承**：軸公差在 j5 ～ k5，箱體公差在 H7 ～ J7。

（2）**滾柱與滾針**：軸公差在 k5 ～ m5，箱體公差在 H7 ～ M7。

對於較小的間隙等級場合，例如需精度傳動之工具機，軸承亦多選擇預壓，以消除內部間隙。而這類型的軸承多為作用角不等於零的徑向軸承，其軸向間隙 G_a 與徑向間隙 G_r 具有相依關係，如表 **4-6** 所列。

表 4-5　軸承內部間隙等級

間隙等級	C1	C2	CN	C3	C4	C5
間隙變化	小	←	標準	→		大
應用場合	高剛性軸之導引		標準條件	內外環選用較緊之配合 內外環有高溫差		

表 4-6　具接觸角之軸承軸向間隙與徑向間隙關係

軸承型式			G_a/G_r	圖示
	自動調心滾珠軸承		2.3 Y_0	
	球面滾子軸承		2.3 Y_0	
	錐狀滾子軸承	單列	4.6 Y_0	
		成對配置	2.3 Y_0	
	雙列角接觸滾珠軸承	32, 33	1.4	
	雙列角接觸滾珠軸承	32B, 33B	2.0	
	單列角接觸滾珠軸承	72B, 73B	1.2	
		成對配置	1.2	
	四點接觸軸承		1.4	

4.1.4 軸承溫升與間隙變化

當軸承應用於內外環溫差較大的場合，一般非分離式或圓柱滾子軸承，可採用內部間隙較大的軸承。但對於分離式軸承如角接觸滾珠軸承（**圖 4-3**）或錐狀滾子軸承、甚至四點接觸軸承，並無法使用內部間隙方式加以調整，也因此必須使用軸承的調整式配置方式，透過軸向間隙的調整來控制運轉時的間隙；其中影響運轉時間隙的主要因素即爲軸與箱體的溫差。考慮到軸承徑向間隙的變化以箱體、軸的熱膨脹下的長度變化，在計算上則多使用下式求得軸向間隙的減少量：

$$\Delta a = \lambda \cdot \left(\frac{D_{mA} \cdot \Delta t_A \cdot f_{GA} + D_{mB} \cdot \Delta t_B \cdot f_{GB}}{2} \mp L \cdot \Delta t_{hs} \right) \text{。} \qquad (4\text{-}1)$$

其中

L：軸承滾子中心距離，式中背對背（O 型）配置取負號，面對面（X 為型）配置取正號。

D_m：軸承滾子中心圓直徑，在無確實數據時，角接觸軸承取 (d + D)/2，錐狀滾子軸承取 (d + 3D)/4。

f_G：軸向——徑向間隙比值，即 G_a/G_r（見表 **4-6**）。

λ：熱膨脹係數，在此軸、軸承與箱體皆視為相同，對常用鋼材多取 $12 \cdot 10^{-6}$ [1/℃]。

$\Delta t_{A,B}$：軸承內外環溫差，可根據轉速 n 與軸承基準轉速 n_r 關係，由以下參考值計算：

（1）$\Delta t_{A,B} = 5° \sim 10℃$，$n / n_r \leq 1/3$；

（2）$\Delta t_{A,B} = 10° \sim 20℃$，$1/3 < n / n_r \leq 2/3$；

（3）$\Delta t_{A,B} = 20° \sim 30℃$，$n / n_r > 2/3$。

Δt_{hs}：箱體與軸之溫差，由以下參考值計算：

（1）$\Delta t_{sh} = 8℃$，慢轉速、大扭力輸出軸；

（2）$\Delta t_{sh} = 15℃$，中轉速、中扭力傳動軸；

（3）$\Delta t_{sh} = 25℃$，細長高速軸；

（4）$\Delta t_{sh} = 35℃$，高速輸入軸、有外部冷卻。

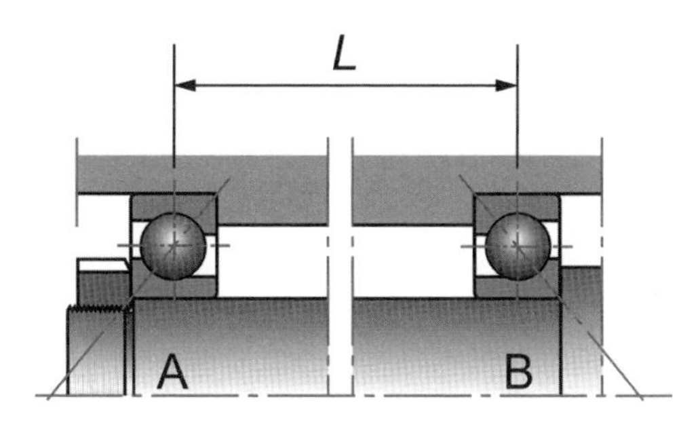

圖 4-3　調整式配置之間隙變化

4.1.5　軸承配合之公差

軸承需分別與軸、箱體組裝，爲達到負載條件、精度的要求，以避免運轉不佳狀況發生，必須根據軸承型式來管制軸、箱體之配合尺寸與相關形態公差。

1. 與軸、箱體之配合原則

軸承與箱體、軸的配合無法直接套用 ISO 公差系統中軸孔配合關係，其中主要原因在軸承之內、外徑公差並非使用 ISO 公差系統的基軸或基孔制。如**圖 4-4** 所示，軸承之外徑公差爲 0 ～ $-\Delta_{Dmp}$、內徑公差爲 0 ～ $-\Delta_{dmp}$，因此箱體軸承座公差位置取 H 以上皆會產生間隙配合，M 以下則爲干涉配合；但軸與軸承若爲間隙配合，公差位置爲 g 以上，過盈配合則爲 k 以下。其他公差配合關係細節請參閱**圖 4-4**。

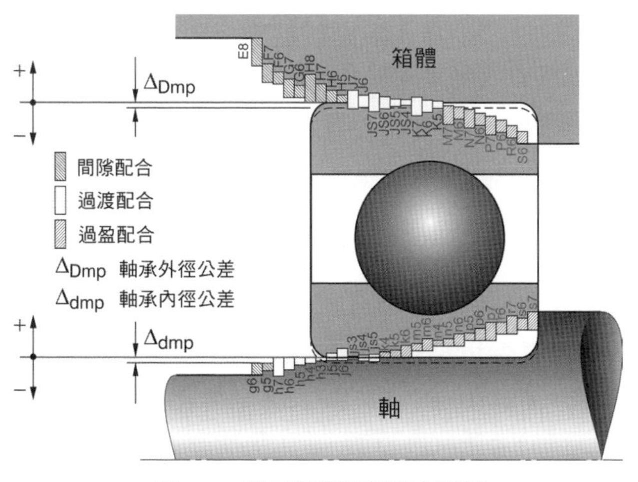

圖 4-4　軸承軸與箱體配合系統

而軸承配合公差決定主要取決於軸承內、外環承受的負載狀況。一般而言，若該環受到的負載屬於圓周負載，亦即負載相對於該環為持續變動，使整個環部圓周上各點皆受到負載，則該環（外環或內環）與箱體或軸必須採取緊配合，否則會造成該環部與配合面產生滑動。另一方面，若所受到的負載相對於該環為固定方向，則為點負載，為便組裝則可不必使用到緊配合。將此一原則依軸承受載與旋轉，整理出如表 **4-7** 四種狀況，以供設計判斷之參考。

表 4-7　徑向軸承在不同受載與旋轉方向下之軸孔配合型態

受力：固定方向		受力：隨轉動之離心方向	
外環固定 內環旋轉	外環旋轉 內環固定	外環固定 內環旋轉	外環旋轉 內環固定
F	F	Fz	Fz
外環：點負載 內環：圓周負載	外環：圓周負載 內環：點負載	外環：圓周負載 內環：點負載	外環：點負載 內環：圓周負載
外環：可鬆配 內環：須緊配	外環：須緊配 內環：可鬆配	外環：須緊配 內環：可鬆配	外環：可鬆配 內環：須緊配
應用：軸懸掛重物	應用：車輪、滾輪	應用：離心脫水機	應用：有較大不平衡質量之輪轂

2. **建議之軸、箱體配合公差**

一般軸承製造商皆會在其技術文件中推薦適合的軸與箱體的配合公差，表 **4-8** 至表 **4-12** 分別為彙整與主要的徑向軸承、止推軸承所配合之軸、箱體對應的尺寸公差 [4-2]。其中在表中的負載狀況係依下列等效負載 P 與額定動負載 C 關係加以判定：

（1）**輕或變動負載**：$P \leq 0.05$ C，例如輕負載傳動齒輪箱、輸送帶等。

（2）**一般到重負載**：$P > 0.05$ C，一般的應用場合，例如泵、電動機、木工機械、傳動齒輪等。

（3）**重到過重、衝擊負載**：$P > 0.1$ C，多應用於如重型軌道車輛軸承箱、牽引馬達、滾軋機等場合。

（4）**高精度要求且輕負載**：$P \leq 0.05$ C，例如工具機。

當使用表列公差時，尚須注意到當軸承內、外環與軸、箱體的配合若形成較大的過盈配合，則不可忽略軸承在配合後的徑向間隙縮小量，因此必須選用間隙較大的軸承；特別是在表 **4-8** 中，軸之公差若選擇 n6 以後的範圍，徑向間隙皆至少需大一級。

3. **軸、箱體配合之幾何公差**

由於軸承安裝在軸與箱體上，設計者首要的工作即需根據不同精度等級的軸承，管制軸、箱體相對應配合幾何形態之幾何公差。考慮因素可分爲下列兩大類：

（1）**影響軸承本身之配合**：主要考慮到軸承運轉精度與受力狀況，這部份需管制軸、箱體之軸承座幾何形態之圓柱度，以及軸與箱體之肩部平面與基準軸之垂直度。

（2）**影響軸上其他的重要幾何形態**：以兩軸承之圓柱幾何形態建立共同基準，以此基準管制兩基準形態之同心度（或偏轉公差），其目的與代表意義請見第二章節之相關說明。

表 4-13 爲軸與箱體幾何公差標註之範例。其中對圓柱形態的管制除可用表中的圓柱度外，亦可使用眞圓度；而以同心度管制兩基準形態，亦可使用偏轉度。管制的公差數値則可根據使用的軸承精度，引用表中的數據，IT 等級公差之數據計算，請見 2.2.2 節之公式（2-1）至（2-3）。

表 4-8　軸之配合公差：徑向軸承內環（圓周負載、負載方向無法決定）

軸承型式	負載狀況　　軸徑：公差			
	輕／變動負載	一般／重負載	重／衝擊負載	高精度且輕負載
滾珠軸承	—	≤ 10:js5	—	8 ～ 240:js4
	≤ 17:js5(h5)	(10) ～ 17:j5(js5)	—	—
	(17) ～ 100:j6(js5)	(17) ～ 100:k5	—	—
	(100) ～ 140:k6	(100) ～ 140:m5	—	—
	—	(140) ～ 200:m6	—	—
	—	(200) ～ 500:n6	—	—
	—	> 500:p7	—	—
圓柱滾子軸承	≤ 25:j6(js5)	≤ 30:k6	—	25 ～ 40:js4(j5)
	—	(30) ～ 50:m5	(50) ～ 65:n5	—
	(25) ～ 60:k6	(50) ～ 65:n5	(65) ～ 85:n6	—
	(60) ～ 140:m6	(65) ～ 100:n6	(85) ～ 140:p6	(40) ～ 140:k4(k5)
	—	(100) ～ 280:p6	(140) ～ 300:r6	(140) ～ 200:m5
	—	(280) ～ 500:r6	(300) ～ 500: $s6_{min}$ ± IT6/2	(200) ～ 500:n5
	—	> 500:r7	>500 : $s7_{min}$ ± IT7/2	—
錐狀滾子軸承	≤ 25:j6(js5)	≤ 40:k6	—	25 ～ 40:js4(j5)
	(25) ～ 60:k6	(40) ～ 65:m6	(50) ～ 110:n6	(40) ～ 140:k4(k5)
	(60) ～ 140:m6	(65) ～ 200:n6	(100) ～ 200：p6	(140) ～ 200:m5
	—	(200) ～ 360:p6	(200) ～ 500:r6	(200) ～ 500:n5
	—	(360) ～ 500:r6	—	—
	—	> 500:r7	>500: $s6_{min}$ ± IT7/2	—
球面滾子軸承	—	≤ 25:k5	—	—
	—	(25) ～ 40:m5	50 ～ 70:n5	—
	—	(40) ～ 60:n5	—	—
	—	(60) ～ 100:n6	(70) ～ 140:p6	—
	—	(100) ～ 200:p6	(140) ～ 280:r6	—

軸承型式	負載狀況　　軸徑：公差			
	輕／變動負載	一般／重負載	重／衝擊負載	高精度且輕負載
	—	(200) ～ 500:r6	(280) ～ 400: $s6_{min}$ ±IT6/2	—
	—	> 500:r7	>400:$s7_{min}$ ±IT7/2	—
滾針軸承	≤ 50:k5	≤ 50:m6	—	—
	(50) ～ 120:m6	(50) ～ 120:n6	—	—
	(120) ～ 250:n6	(120) ～ 250:p6	—	—
	(250) ～ 400:p6	(250) ～ 400:r6	—	—
	(400) ～ 500:r6	(400) ～ 500:s6	—	—
	> 500:r6	> 500:r6	—	—

表 4-9　軸之配合公差：徑向軸承內環（點負載）

軸承型式	軸徑	可動性／負載大小　　公差	公差
滾珠、滾柱軸承	所有尺寸	內環輕易移動	g6（g5）
		內環無法輕易移動 角接觸滾珠、錐狀滾子軸承：內環調整	h6（j6）
滾針軸承	所有尺寸	非固定端軸承	h6（g6）

表 4-10　軸之配合公差：止推軸承

負載狀況	軸承型式	軸徑	操作條件	公差
軸向力	深溝滾珠止推軸承	所有尺寸	--	j6
	深溝滾珠雙向止推軸承		--	k6
	圓柱滾子止推軸承（軸固定華司）		--	h6（j6）
	圓柱滾子止推軸承（軸固定華司）		--	h8
複合力	球面滾子止推軸承	所有尺寸	內環點負載	j6
		至 200	內環圓周負載	j6（k6）
		大於 200		k6(m6)

表 4-11　箱體之配合公差：徑向軸承

負載狀況	移動性 / 負載	操作條件	公差
外環點負載	外環可輕易移動，非分割式箱體	公差等級由所需的運轉精度所決定	H7(H6)
	外環可輕易移動，分割式箱體		H8(H7)
	外環不易移動，非分割式箱體	需較高的運轉精度	H6(J6)
	外環不易移動，角接觸滾珠、錐狀滾子軸承：外環調整，分割式箱體	一般的運轉精度	H7(J7)
	外環可輕易移動	熱由軸輸入	G7
外環圓周負載、或負載方向無法決定	外環不可移動，輕負載	公差等級由所需的運轉精度所決定，需較高的運轉精度公差取 IT6 級	K7(K6)
	外環不可移動，一般負載，輕衝擊		M7(M6)
	外環不可移動，重負載，中等衝擊（C/P < 6）		N7(N6)
	外環不可移動，重負載，重衝擊，薄壁箱體		P7(P6)

表 4-12　箱體之配合公差：止推軸承

負載狀況	軸承型式	操作條件	公差
軸向力	深溝滾珠止推軸承	一般的運轉精度	E8
		需較高的運轉精度	H6
	有箱體華司之圓柱滾子止推軸承	--	H7（K7）
	圓柱滾子止推鼠籠軸承	--	H10
	球面滾子止推軸承	一般負載	E8
		重負載	G7
複合力，箱體華司受點負載	球面滾子止推軸承	--	H7
複合力，箱體華司受圓周負載	球面滾子止推軸承	--	K7

表 4-13　軸與箱體之軸承座幾何公差標註

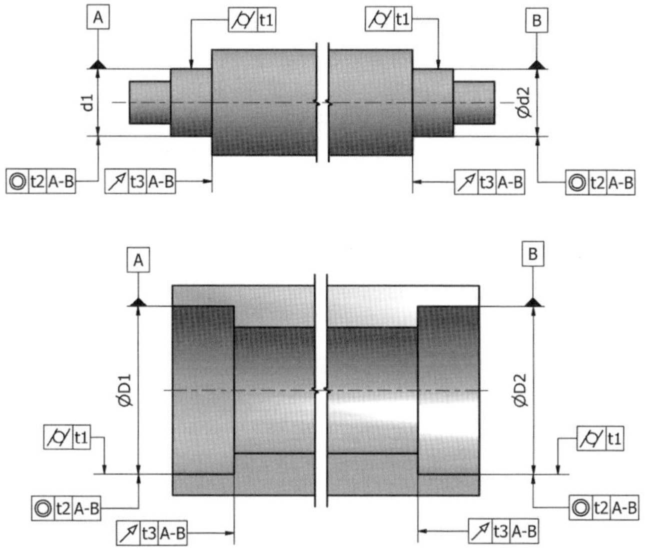

精度等級	軸承配合面	直徑公差	負載形式	圓柱面		平面
				圓柱度	平行度	肩部偏擺
				t1	t2	t3
PN	軸	IT6（IT5）	圓周負載	IT4 / 2	IT4	IT4
			點負載	IT5 / 2	IT5	
	箱體	IT7（IT6）	圓周負載	IT5 / 2	IT5	IT5
			點負載	IT6 / 2	IT6	
P5	軸	IT5	圓周負載	IT2 / 2	IT2	IT2
			點負載	IT3 / 2	IT3	
	箱體	IT6	圓周負載	IT3 / 2	IT3	IT3
			點負載	IT4 / 2	IT4	
P4	軸	IT4	圓周負載	IT1 / 2	IT1	IT1
			點負載	IT2 / 2	IT2	
	箱體	IT5	圓周負載	IT2 / 2	IT2	IT2
			點負載	IT3 / 2	IT3	
UP	軸	IT6（IT5）	圓周負載	IT0 / 2	IT0	IT0
			點負載	IT1 / 2	IT1	
	箱體	IT7（IT6）	圓周負載	IT1 / 2	IT4	IT1
			點負載	IT2 / 2	IT5	

4.1.6　軸承間隙控制與預壓設計

一般在設計軸承配置時，爲求得軸可以有更佳的導引精度，除必須控制軸承間隙外，亦使用預壓設計，使軸承內部滾子與內、外環滾道間不再有間隙，反而產生輕微干涉；如此可避免因間隙所產生之偏擺運動，更可以提高軸承剛性，降低運轉時外部負載所造成變形對精度的影響。

在實務中對需控制間隙以維持精度的場合，如工具機或儀器等，多會使用角接觸滾珠軸承或錐狀滾子軸承，透過軸向調整間隙方式來控制間隙與預壓以達到增強剛性的目的。此類型軸承之預壓與剛性的關係可以由**圖 4-5** 加以說明，其中兩個角接觸滾珠軸承以背對背配置方式組合，當外環接觸時，兩軸承內部已無間隙，而兩內環彼此間尚有 $2\cdot\delta_0$ 的間隙。若施加 F_0 力量使滾珠與內、外環滾道間產生壓力變形，則可消除 $2\cdot\delta_0$ 間隙，此時軸承內部即產生預壓力。

此作用的力學原理可以藉由將滾珠與內、外環滾道彈性變形關係簡化爲圖中的彈簧模型加以說明。軸承之彈性曲線如圖所示，當兩軸承受 F_0 作用力，則會產生 δ_0 變形，恰可抵消原預留的間隙。當有外力 F_a 作用時，有預壓之軸承組合，軸承 I 與 II 會分別受到 F_I 與 F_{II} 內部壓力，其差值即爲 F_a，同時產生 δ_I 與 δ_{II} 變形。但若軸承與軸承組無預壓，則僅軸承 I 受到 F_a 作用，而產生變形量 δ_b。雖然軸承 I 在有預壓狀況下，受到較大的負載以及較大變形量，但以組裝後之狀態爲基準來看負載變形關係，軸承組在有預壓狀態下相較無預壓狀況下，有更小變形量 δ_a（$\delta_a < \delta_b$）。也因此軸承可透過預壓的設計，來提高運轉下的剛性。

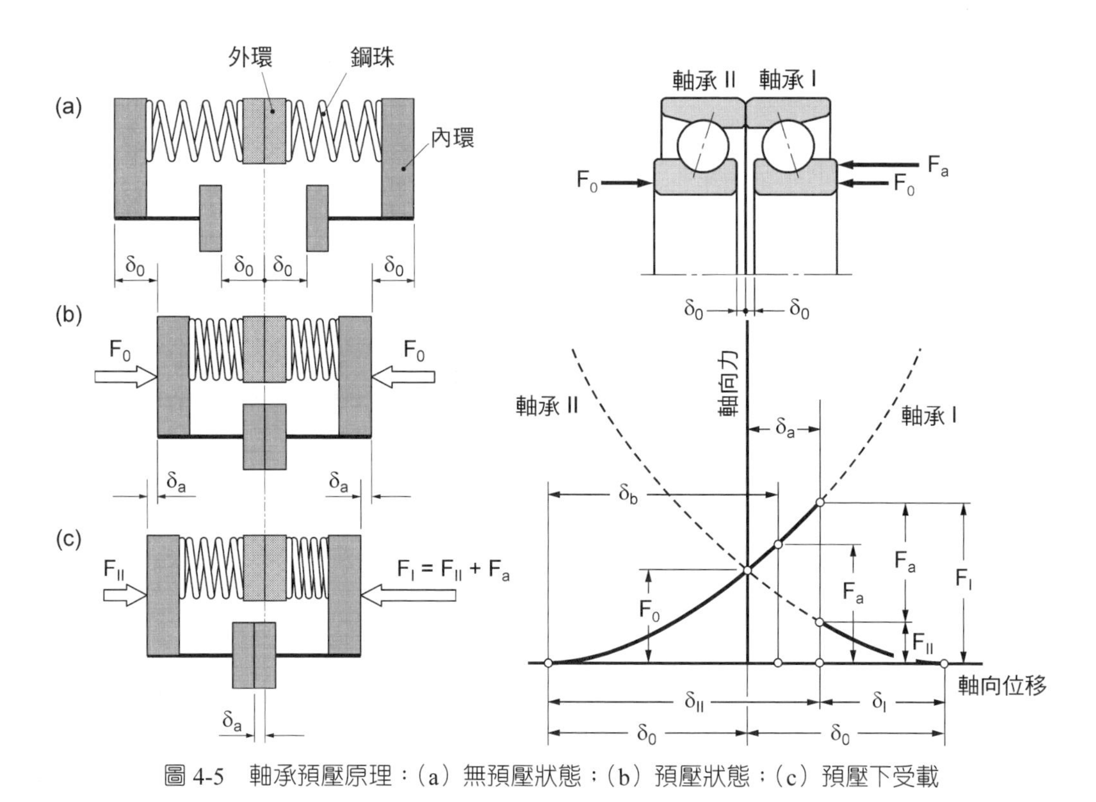

圖 4-5　軸承預壓原理：(a) 無預壓狀態；(b) 預壓狀態；(c) 預壓下受載

在實務上要達成預壓的方法有兩種（見**圖 4-6**），第一種方法利用兩軸承內環與外環之寬度尺寸差所形成的間隙，做爲預壓量；通常係直接由軸承製造商根據客戶所要求的精度與預壓等級，提供所選配出適合尺寸的軸承組合。第二種方法則利用彈簧產生固定的預壓力，由於彈簧的剛性值較滾子小得許多，因此可以容許軸承在軸向尺寸變化而能維持固定的預壓量，此種設計相當適合軸承在傳動時有較大溫差的應用場合。

上述的預壓方式僅能適用於角接觸滾珠或錐狀滾子軸承，並無法應用於一般非分離式或圓柱滾子軸承。但**圖 4-7** 中常見精密主軸，爲能承受較大的工作負載，多會使用圓柱滾子軸承以提高承載能力。對軸承的支撐，徑向間隙之控制影響到主軸的運轉甚大，因此必須有對應的方式。就圓柱滾子軸承而言，徑向間隙雖可利用選配方式而得到適合的軸承，但並無法根據軸與箱體加工後尺寸狀況，得到較佳的結果。在實務上則如**圖 4-7** 中的設計，使用錐孔的圓柱滾子軸承，利用軸承螺帽的鎖緊力使內環變形來調整徑向間隙。

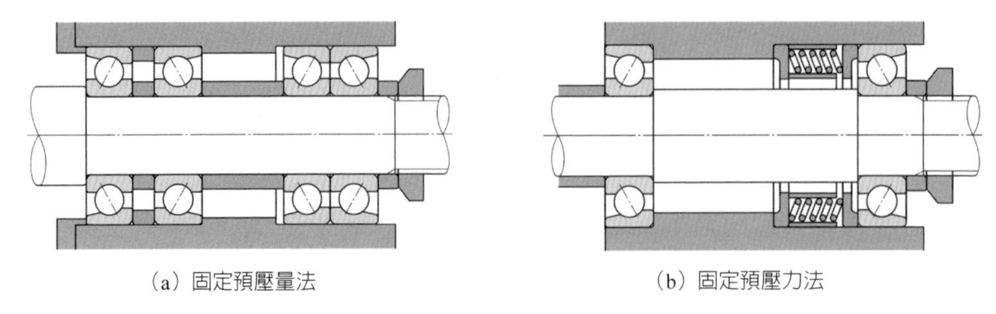

圖 4-6　角接觸軸承預壓基本方法

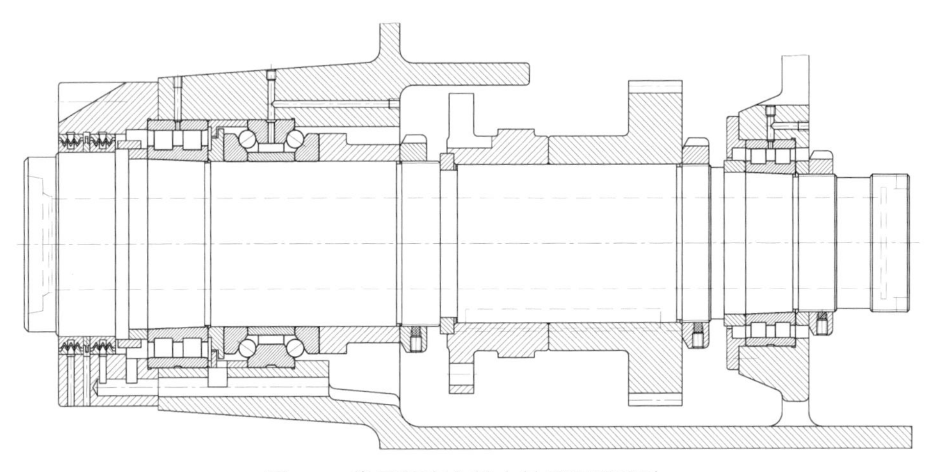

圖 4-7　常見精密主軸之軸承配置設計

一般在控制具錐孔的精密圓柱滾子軸承的徑向間隙，有兩種方式：(1) 使用軸承廠商提供的徑向間隙專用量具；或 (2) 透過組裝前後之尺寸量測，換算出間隔環長度尺寸，以供組裝鎖固之依據。第一種方式之量具使用，則參見各家廠商使用說明手冊，本書不另加介紹；而第二種調整方式[4-3]，共可區分成以下四個步驟，說明如下。

(1) 計算外環與箱體配合後的干涉量 ΔG。根據實際箱體軸承孔徑 D 與外環外徑 D 之實際量測值，可計算出干涉量 ΔD（外環與箱體需採干涉配合，以避免間隙產生），**圖 4-8**。考慮到干涉後對外環內徑變化，在外環與滾子配合處的干涉量可用下式計算：

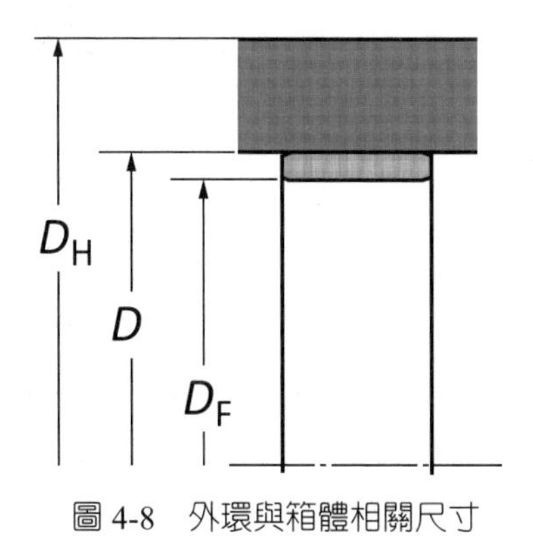

圖 4-8　外環與箱體相關尺寸

$$\Delta G = \Delta D \cdot \frac{D_F}{D} \cdot \frac{1-(D/D_H)^2}{1-(D_F/D)^2 \cdot (D/D_H)^2} \text{。} \tag{4-2}$$

（2）量測軸承組裝前位置、間隙尺寸。先將圓柱滾子軸承試組裝在主軸上，使軸承錐孔與軸之圓錐部密合；量測軸肩部到軸承內環端面尺寸 L_1〔見**圖 4-9**（a）〕。再將外環置於軸承上，以手移動外環，由量錶量測出徑向間隙值 Δr。由前述所得到外環組裝後的干涉量計算值 ΔG，可計算在外環組裝後預估徑向間隙值 Δr_E，

$$\Delta r_E = \Delta r_1 - \Delta G \text{。} \tag{4-3}$$

（3）計算間隔環長度。需達成徑向間隙值若為 δ_F 給定，則可使用下式計算軸承定位用的間隔環長度 L_S：

$$L_S = L_1 + f \cdot (\delta_F - \Delta r_E) \text{。} \tag{4-4}$$

其中 f 為錐孔縮配徑向膨脹量與軸向壓縮量換算係數，可由**表 4-14** 選取，而表中所需之直徑尺寸定義則見**圖 4-9**（a）。

（4）根據所計算 L_S 尺寸組裝軸承，再量測徑向間隙值，若未達目標，則再重覆前述工作。

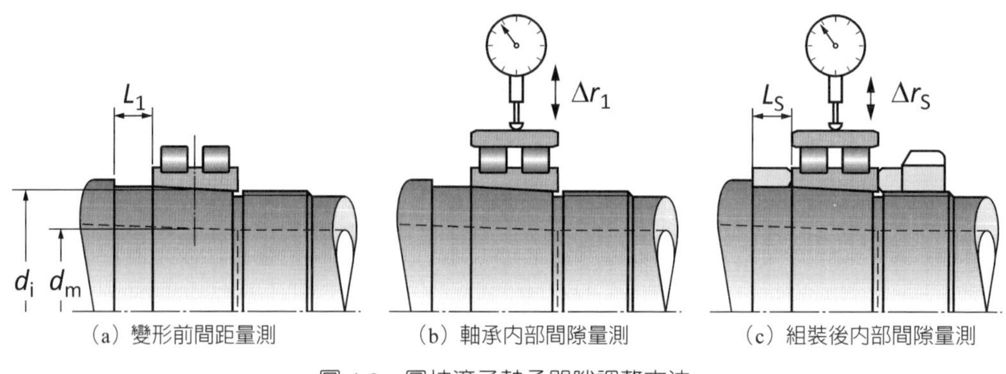

（a）變形前間距量測　（b）軸承內部間隙量測　（c）組裝後內部間隙量測

圖 4-9　圓柱滾子軸承間隙調整方法

表 4-14　徑向膨脹量與軸向壓縮量換算係數

d_m/d_i	0～0.2	0.2～0.3	0.3～0.4	0.4～0.5	0.5～0.6	0.6～0.7
f	13	14	15	16	17	18

4.2 線性滑軌

在一般機械中，機構輸出運動功能除旋轉運動外，尚有線性運動亦經常應用於定位。而爲能精準導引輸出組件的線性運動，線性軸承則爲必須的機械元件。一般可依軸承屬性區分爲滾動與滑動，在本書將僅介紹線性滾動軸承。

4.2.1　概論

線性滾動軸承依其構造可分爲三個類別（表 **4-15**）：

（1）**線性滾珠軸承（搭配圓形軸）**：透過滾珠與圓形導軸接觸，使套筒與導軸達成兩個自由度運動（轉動與直線運動）。

（2）**線性滾珠軸承（搭配鍵槽軸）**：透過滾珠與導軸上鍵槽接觸，使套筒與鍵槽軸達成一個自由度直線運動。

（3）線性滑軌：透過滾珠與滑軌上特殊外形接觸，使滑塊與滑軌間達成一個自由度直線運動。

這些軸承在結構上，共分兩組：滑塊或套筒，以及導軌（包括固定座）。滑塊或套筒中設計有滾道以導引滾珠得以循環地在其中滾動，並與導軌接觸，承受負載。在這三種線性軸承中，線性滑軌在精度控制與剛性表現上，較諸其他兩種軸承爲優，也多應用在線性平台，因此在本節中將僅介紹線性滑軌。

表 4-15　常見線性滾珠軸承

序次	名　稱	結　構	說　明
1	線性滾珠軸承		套筒透過滾珠在圓柱導柱滾動，而滑塊與導柱除有軸向之相對線性運動外，尚有軸向之旋轉運動，因此在設計上多須成對使用。在設計上亦分為開放型與封閉型兩種。
2	線性滾珠軸承		類似圓柱導柱線性軸承，但在導柱上加工出多道溝槽，配合滾珠之排列，以拘束套筒之軸向旋轉運動。
3	線性滑軌	LM 滑塊 LM 軌道 端蓋板 末端密封墊片 滾珠 鋼珠保持器	滑塊透過滾珠在特殊形狀之滑軌滾動，除降低運動之摩擦力，亦產生足夠支撐剛性以抵抗滑塊運動時各方向之傾倒力矩。

4.2.2 線性滑軌剛性與精度

如同滾動軸承，線性滑軌要能維持線性運動的精度，除軸承與滑軌之加工精度外，尚必須考慮到承載剛性。線性滑軌除須承受空間三個軸向之力外，並須承載三個軸向之力矩作用，此三個方向定義如**圖 4-10** 所示，說明如下：

（1）**俯仰**（Pitching）：扭轉軸線落在運動平面上，並與運動方向垂直，圖中之軸線 A。

（2）**偏滾**（Yawing）：扭轉軸線垂直運動平面上，圖中之軸線 B。

（3）**翻滾**（Rolling）：扭轉軸線為運動方向，圖中之軸線 C。

而軸承與滑軌之加工精度之要求包括以下項目（**圖 4-11**、**圖 4-12**）：

（1）**組裝高度** H **偏差**：從軌道底部基準面 A 到組裝後之滑塊頂面之距離 H 的偏差。

（2）**組裝寬度** W **偏差**：從軌道側邊基準面 B 到組裝後之滑塊側邊之距離 W 的偏差。

（3）**頂面運轉精度** t_C：當滑塊運動時，頂面跳動偏差值，即平行度管制。

（4）**側面運轉精度** t_D：當滑塊運動時，側面跳動偏差值，即平行度管制。

各家廠商之線性滑軌皆在滑塊與滑軌上註記基準面，組裝時必須加以留意。

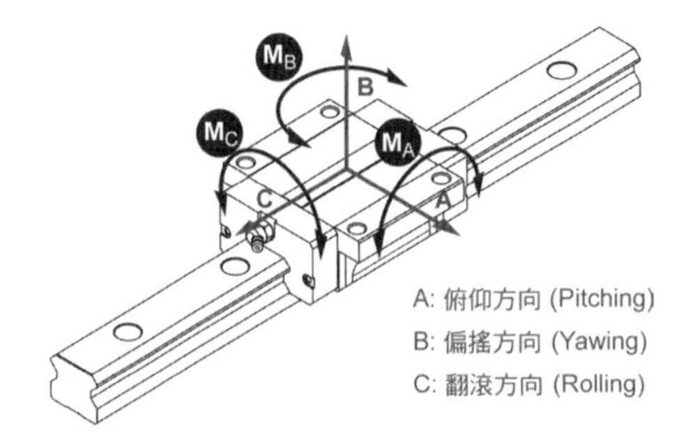

圖 4-10　線性滑軌承載之傾倒扭矩

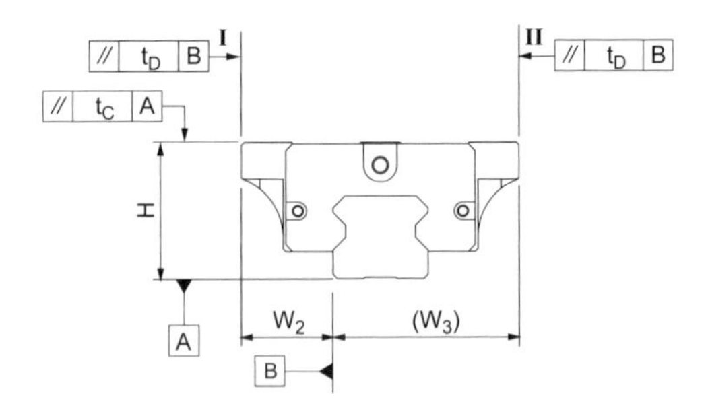

圖 4-11　線性滑軌基準

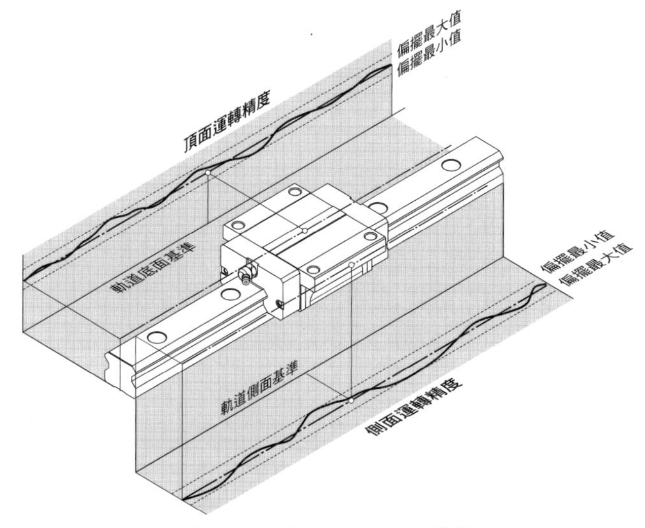

圖 4-12　線性滑軌精度 [4-4]

4.2.3　組裝設計法則

對於移動平台的精度除受線性滑軌本身的精度影響外，還必須考慮到組裝時的相關因素，包括機台組裝面之精度、兩滑軌之跨距精度、兩滑塊之跨距精度等。

一般線性滑軌皆以兩支的型式進行移動平台的支撐，因此爲避免造成重覆配合之位置，線性滑軌之安裝多採**圖 4-13** 之方式，分爲固定端與浮動端兩位置使移動平台與線性滑軌滑塊結合。在圖中之左側線性滑軌爲固定端支撐的結合設計（基準側軌道），其中滑塊與滑軌之右側皆爲基準面，因此與工作臺以及底座之基準肩部相接觸，在非基準面上則以固定螺絲調整方式加以固定；在另一線性滑軌（從動側軌道）的固定爲浮動型式設計，滑軌之基準面與底座肩部接觸，滑軌另一側亦以固定螺絲固定，而滑塊無須以肩部或固定螺絲定位。一般導軌與滑塊配置設計除**圖 4-13** 之方式，亦有如表 **4-16** 中另兩種適用不同場合的設計。

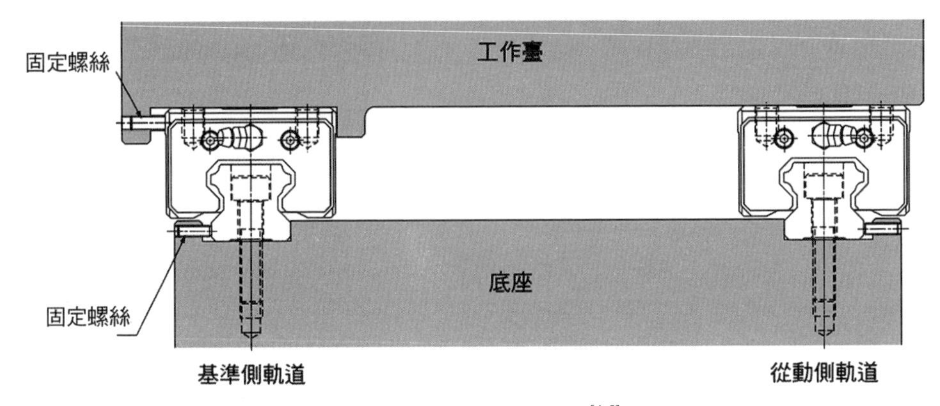

圖 4-13　線性滑軌之安裝 [4-5]

表 4-16　導軌與滑塊配置設計 [4-5]

序次	使用場合	圖　　　示	說　　明
1	兩滑軌		機台底座需加工高平行精度的基準面以便安裝滑軌，固定側之滑塊需與平台基準面接觸，浮動側無須肩部。
2	單一滑軌		在空間限制下亦可使用單一線性滑軌方式支撐平台，此時平台與機台無須設有基準控制，但線性滑軌宜選用寬幅型，以提高翻滾方向剛性。
3	高度方向受限制		受高度限制時，可將線性滑軌垂直安放，為能控制滑塊與平台的跨距，使用固定螺絲（圖中左側）調整。

在上述設計方式中爲達成精度的要求，有以下兩個設計、組裝上的考慮：

（1）**滑軌或滑塊定位**：為避免機台在運動過程中，因受到振動、衝擊等外力作用而使滑軌或滑塊偏離原來位置而影響精度，必須使用如固定螺絲加以固定。**表 4-17** 提供四種常見設計方法，其中以固定螺旋以及壓板係直接由側邊鎖固；而應用滾針、銷釘錐面以及錐形擋塊，則係利用錐面轉換鎖固力之方向與大小。

（2）**肩部之平行度**：在底座之兩基準肩部必須精密加工，以保持極佳之平行度。而在從動側的平台提供底座定位之肩部則有不同的設計方式，如**表 4-18** 所示。若不在底座加工，而有基準肩部需求，則需以定位塊輔以定位銷方式加以定位，此一方式並非利用加工方式而是以組裝校正方式來管制滑軌間的平行度，雖可達成較高精度，但需耗較多組裝人力與時間。

表 4-17　基準側導軌與滑塊固定設計 [4-5]

調整方向	設計方式	
垂直滑軌底面方向	應用滾針與銷釘錐面	應用錐形擋塊
	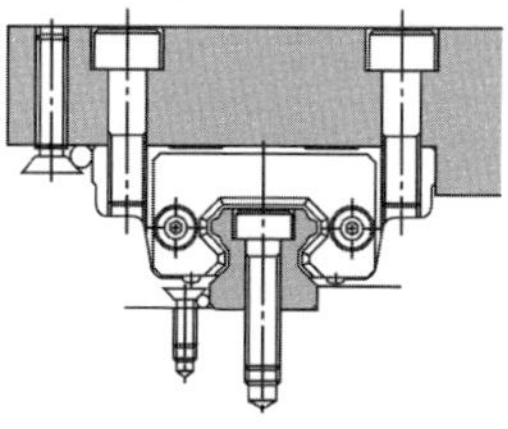	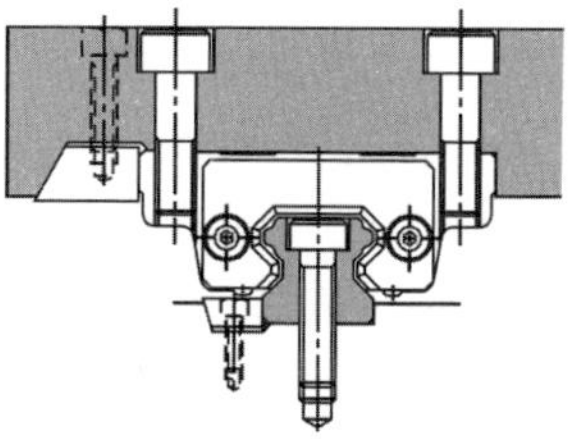
平行滑軌底面方向	應用固定螺絲	應用壓板
	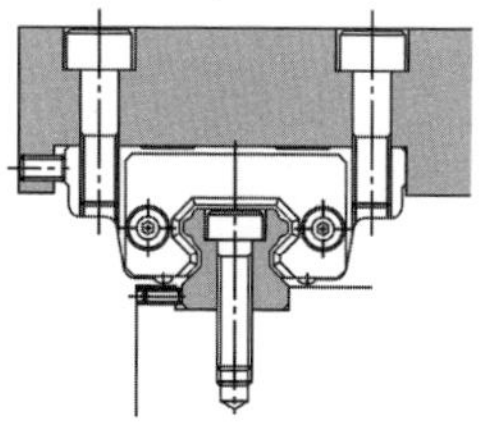	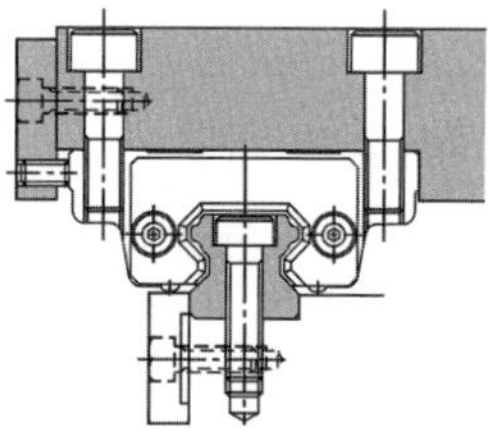

表 4-18　非基準側（從動側）滑軌與滑塊定位面設計 [4-5]

底座平台加工	設計方式	
無	沒有定位面 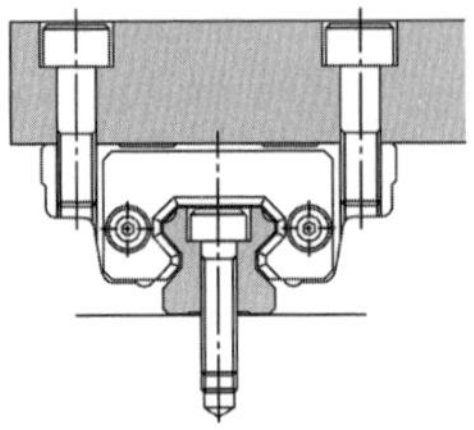	應用定位塊 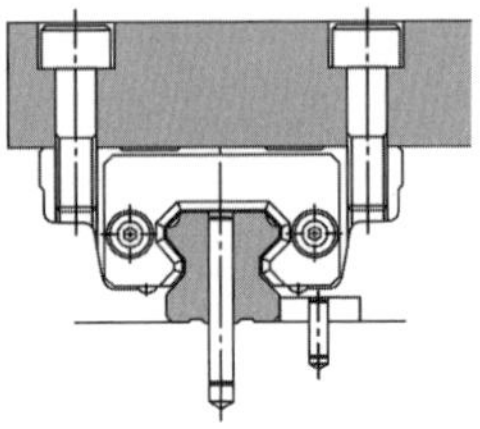
有	軌道定位面 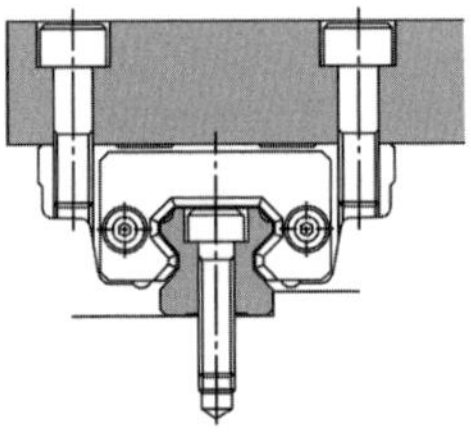	滑塊定位面 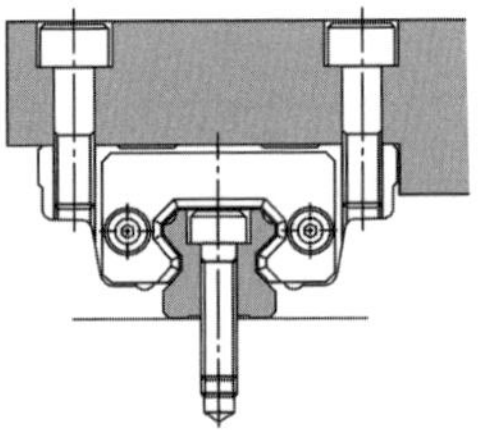

4.3 滾珠螺桿

4.3.1　概論

滾珠螺桿（**圖 4-14**）在產業設備中應用甚廣，舉凡需將電動機之旋轉運動轉換成直線運動之精密裝置，皆多使用滾珠螺桿。相較於一般的梯形運動螺桿，滾珠螺桿因在螺桿與螺帽間，以滾珠滾動來做爲傳動的中介，所以具有傳動力矩小、磨擦損耗低等特點，同時透過精密加工，具有高效率、零背隙、高剛性、高導程精度等優點，所以應用場合甚廣。

其選用與相關規格可以查閱廠商型錄，本書不做介紹。在本節中將討論滾珠螺桿在傳動應用上與精度相關因素：（1）滾珠螺桿對精度之規範與檢驗方式、（2）剛性、預壓與背隙、（3）溫升。

圖 4-14　滾珠螺桿結構

4.3.2　滾珠螺桿精度與誤差

由於滾珠螺桿在運轉時會產生較大的軸向力，因此在設計上需要有足夠承載能力與精度之軸承支撐，相關的軸承配置設計視應用場合與需要，可有不同的設計。**圖 4-15** 爲典型的安裝實例，在圖中左側之軸承座使用成對的角接觸滾珠軸承（DF 型式），採固定配置方式，可承受兩個方向的軸向力；右側軸承則爲浮動配置方式，主要承受徑向力。而若有更高精度的要求，則多會採取兩端皆固定的方式，以控制螺桿導程爲定值，此設計亦多會同時採預拉螺桿設計，以補償螺桿熱變形量。

滾珠螺桿設計上爲滿足軸承支撐要求，多爲如**圖 4-15** 之外形，在運轉上則要考慮其精度即包括螺桿與螺帽之個別外形幾何公差，以及滾溝精度對運轉影響，其中最爲重要的是導程精度。

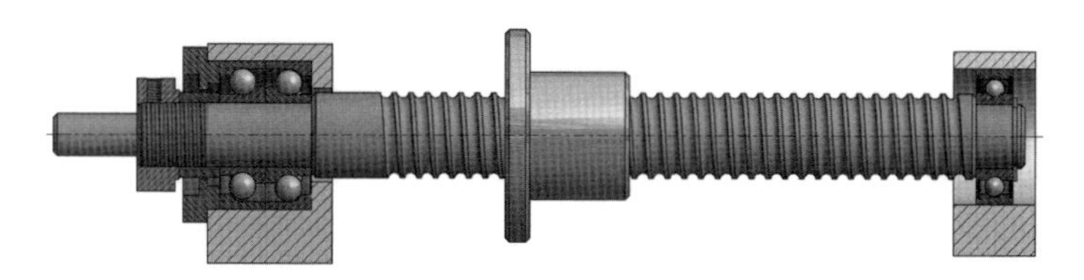

圖 4-15　滾珠螺桿安裝例

1. 精度等級

滾珠螺桿係用於將旋轉運動轉換成直線運動，因此導程的狀況將決定滾珠螺桿精度。滾珠螺桿的導程大小代表螺桿（或螺帽）轉動一周，螺帽（或螺桿）在軸線方向之移動距離；換言之，導程即爲在螺桿之包括軸線的軸向縱斷面內，同一螺旋相鄰螺紋面之相對兩點在軸線方向所測的距離。而行程爲在一定迴轉數轉動時所得之累積導程，即爲導程乘以迴轉周數。

在ISO標準中[4-5][4-6]，與導程誤差相關規範定義如**圖4-16**與**圖4-17**所示，在**圖4-16**中爲螺桿迴轉一定周數 n 各種可能行程間的關係，**圖4-17**則定義在標稱行程下之相關主要誤差，**圖4-17**（a）係以標稱行程爲基準；**圖4-17**（b）則爲以代表行程爲基準定義相關誤差。在圖中相關參數可由以下各群組予以說明，

（1）導程（Lead）P_{h} 相關：

a. 標稱（基準）導程 P_{h0}：做為螺桿標示的導程值（無公差）。

b. 代表導程 P_{hs}：較標稱導程略為增加或減少一定的值，係用以做為補償因溫升或受載下所造成d之可預期的伸長量。

（2）行程（Travel）l 相關：

a. 標稱（基準）行程 l_0（Nominal travel）：等於標稱（基準）導程乘以迴轉周數。

b. 代表行程 l_{s}（Specified travel）：代表導程乘以迴轉周數。

c. 真實行程 l_{a}（Actual travel）：在給定一定的迴轉周數下，螺帽與螺帽螺桿彼此間的實際相對位移，在**圖4-16**即呈現跳動曲線。

d. 真實平均行程 l_{m}（Actual mean travel）：決定真實行程之最小變動值之平均直線。

e. 有效行程 l_{u}：在螺桿行程中指定之精度可應用之範圍。

（3）行程誤差（Travel deviation）相關：

a. 行程補償值 c（Travel compensation）：在有效行程中，代表行程與標稱行程的差值。此一補償值為可以預知之值，用以修正標稱行程做為誤差的基準行程。

b. 代表行程公差 e：由代表行程加減此值，可定義允許真實平均行程上、下限值。

c. 真實平均行程誤差 $e_{0\mathrm{a}}$：在有效行程中，實際行程平均值與標稱行程之差值。

d. 真實代表行程誤差 e_{sa}：在有效行程中，實際行程平均值與代表行程之差值。

（4）**行程變動值** v（Travel variation）：在特定的行程範圍內，以真實平均行程之平行線包圍實際行程，其上下界限為最小時之幅值。

a. $v_{\pi p}$：任意迴轉一周之行程變動值。

b. v_{300p}：在行程 300mm 內之行程許可變動值，此值多做為螺桿精度之指標，參考表 **4-19**。

c. v_u：在有效行程內之行程變動值。

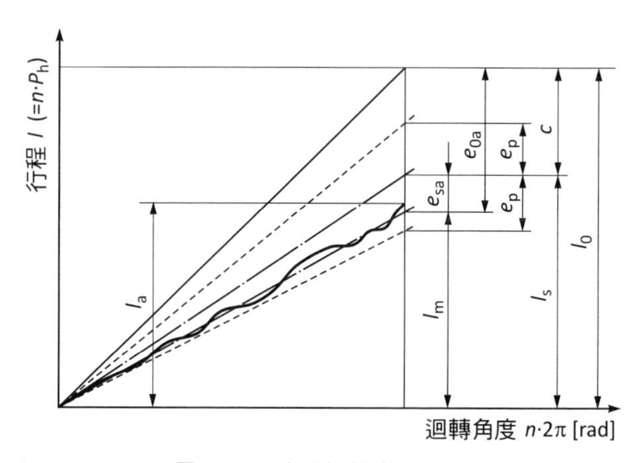

圖 4-16　滾珠螺桿導程誤差

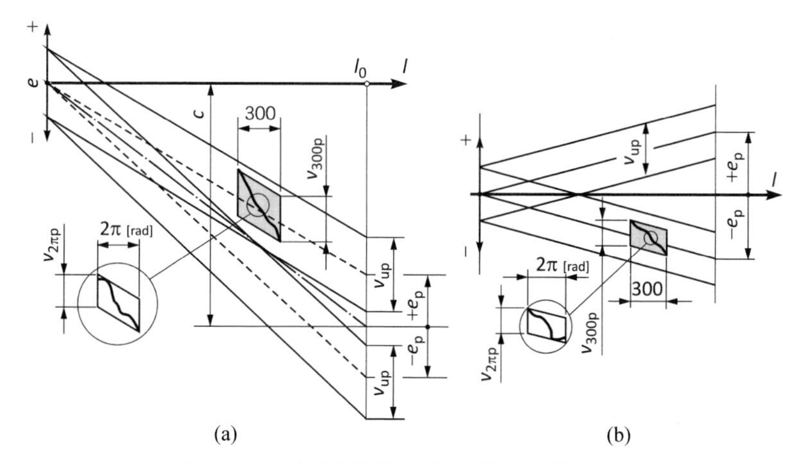

圖 4-17　滾珠螺桿許可行程誤差與變動量

表 4-19　不同精度等級之行程許可變動值

等級		C0	C1	C2	C3	C4	C5	C6	C7
v_{300}	ISO、DIN		6		12		23		52
	JIS	3.5	5		8		18		50

2. 幾何公差

在不同的精度等級，各個主要工業標準皆有規範相關形態的幾何公差，以要求製造商據此生產對應精度等級之滾珠螺桿，便於設計者能根據機器之精度要求選用正確的精度等級。**圖 4-18** 為主要的幾何公差，相關對應的精度數值則可參考各家製造商之技術資料，可由要達成之輸出精度，由公差計算得到滾珠螺桿對應之公差，確認選用之精度等級是否可滿足要求。

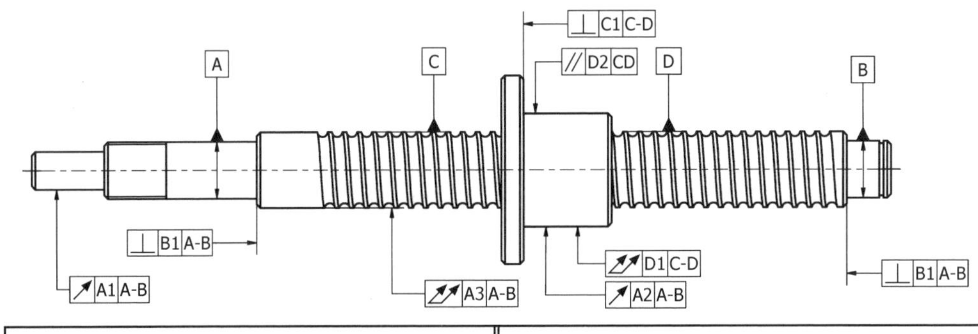

公差	基準	管制誤差	公差	基準	管制誤差
T1	E-F	螺桿總偏轉度	T4	A-B	軸承座肩部垂直度
T2	E-F	軸承座圓偏轉度	T5	C-D	螺帽法蘭端面圓偏轉度
T3	A-B	驅動側圓偏轉度	T6	C-D	螺帽外徑圓偏轉度

圖 4-18　滾珠螺桿之主要幾何公差

3. 軸向餘隙（背隙）

一如軸承之餘隙存在的必要性，滾珠螺桿亦必須具有餘隙，以吸收熱膨脹變形、加工誤差以及潤滑空間。因此各標準或廠商規範中，會根據不同精度等級訂定軸向背隙許可值，參見表 **4-20**。

表 4-20　不同精度等級之軸向背隙許可值

等級	C0	C1	C2	C3	C4	C5	C6
軸向背隙 [μm]	5	5	5	10	15	20	25

4.3.3　預壓方法

一如軸承的預壓，滾珠螺桿使用預壓可以消除軸向餘隙，並增加軸向剛性，使軸向力所產生的變形量變小，以避免在定位控制上的失步問題。表 **4-21** 爲滾珠螺桿常用的四種預壓方法，在選用滾珠螺桿時，需向製造商詢問所採用的預壓方式與預壓量。

表 4-21　滾珠螺桿常用預壓方法

序次	方法		圖示	說明
1	雙螺帽預壓	拉伸式預壓	預壓片 張力 張力	使用較大的預壓片、銷或彈簧調整左、右螺帽與滾珠之接觸。可依客户要求調整預壓量。
2		壓縮式預壓	預壓片 壓力 壓力	使用較大的預壓片調整預壓，左、右螺帽則以螺栓鎖緊。滾珠與螺帽接觸方向與拉伸式預壓相反。可依客户要求調整預壓量。
3	單螺帽預壓	過大鋼珠預壓	p p p	透過使用較大的鋼珠與特殊的滾溝設計，使每一鋼珠與螺桿、螺帽之滾溝產生四點接觸。此方法無須變動導程。

序次	方法		圖示	說明
4	單螺帽預壓	導程偏移預壓	p　$p+\delta$　p	原理類似雙螺帽預壓法，在滾溝圓弧或鋼珠半徑不變下，於螺帽中間變動節距，使產生δ的導程偏移。通常應用於較短的螺帽場合，可以在較小預壓力下有較高剛性。不適用於較高預壓。

4.3.4　溫升影響

滾珠螺桿運轉時，溫度上升會影響到整體機械系統的精度，特別是有高精度要求的機器。一般而言，轉速越高能量損失也就越大，因此對高速運轉的運轉條件，溫升問題也是不可忽略的。一般而言，影響滾珠螺桿溫升主要的因素有：預壓以及潤滑。

1. 預壓

負載越大，溫升值會提高，但若有預壓則必須留意預壓值的設定是否正確，過大的預壓，雖可提高剛性、避免傳動系統的失步，但卻會增加傳動的摩擦力矩，反而造成過大的溫升。因此必須視負載大小選擇適當的預壓值，中、重負載：8% 額定動負載 C；中負載：6 ～ 8% C；中、輕負載：4 ～ 6% C；輕負載：4% C 以下；所有預壓值皆不得大於 10% C。

2. 潤滑

滾珠螺桿之潤滑視使用環境與工作條件，選用潤滑油或油脂，一般潤滑油可選用軸承用潤滑油，油脂則建議使用鋰皂基油脂。潤滑油之黏度選擇必須考慮到負載與轉速，不當的選擇會造成溫升加大，而使黏度下降，反而不利潤滑。以下三種工作狀況對潤滑或冷卻的規劃可供參考：

（1）高速、低負載：選用 ISO VG 32 ～ 68 油品。

（2）低速、高負載：選用 ISO VG 90 以上油品。

（3）**高速、高負載**：需以工作溫度決定適當的黏度，同時必須使用強制冷卻方式來達到冷卻效果。

3. 溫升伸長量之補償

為解決在溫升 ΔT 下，溫度跳動所造成螺桿長度不穩定變化，一般將螺桿預拉長一定的伸長量，以補償螺桿在熱膨脹下的長度變化量 ΔL，此伸長量可由下式計算：

$$\Delta L = 11.6 \cdot 10^{-3} \cdot \Delta T \cdot L_S \ [\mu m]。 \tag{4-5}$$

而要達成伸長量 ΔL 必須有足夠的預拉力，而預拉力可根據所選定的伸長量 ΔL，根據螺桿根徑 d_r [mm] 以及長度 L [mm] 可由下式計算得到：

$$\begin{aligned} P_f &= 67.4 \cdot \frac{d_r^2 \cdot \Delta L}{L} \quad [kgf] \quad \text{固定一固定} \\ &= 16.8 \cdot \frac{d_r^2 \cdot \Delta L}{L} \quad [kgf] \quad \text{固定一浮動}。 \end{aligned} \tag{4-6}$$

但必須注意的是，預拉力與直徑、伸長量相關，過大的直徑或預伸量會導致螺桿支撐軸承受力過大，而超出原設計承載能力。一般螺桿直徑若大於 50mm 不建議做螺桿預拉，同時溫升值宜取 3°C 做為基準，若有特殊需要仍應與製造商討論 [4-4]。

4.4 螺旋齒輪的精度與檢驗

齒輪因具有等速比傳動、傳動確實、承載能力高等優點，為在傳動機構中應用最廣的一種元件。齒輪在設計上相關之課題相當多，在本節中無法逐一介紹，將僅聚焦在與螺旋齒輪精度有關的內容，其他相關設計課題如齒輪加工、基本幾何關係、承載能力、潤滑計算等資訊，請另參考相關機械設計書籍。

4.4.1 概論

螺旋齒輪屬圓柱齒輪，主要應用於平行軸齒輪對的傳動場合。而在應用上，齒輪的精度會受到運轉的容許工作線速度以及應用機械的種類而定。**圖 4-19** 爲 DIN/ISO 與 AGMA 兩個主要齒輪的精度系統所對應的齒輪節圓線速度與可應用機械種類的範圍。DIN/ISO 精度系統係以數字依小到大表示精度由高到低，AGMA 則反之。由圖中可以清楚見到，機械種類可依精度等級高低分爲三類：（1）高精度要求的檢驗儀器或元件；（2）需精密量測之儀器、精密加工之工具機或高速運轉的內燃機、渦輪機；以及（3）重型或要求不高的辦公機械或產業設備。另一方面，齒輪節圓線速度越高，對齒輪嚙合時精度的要求也就越高，一般而言，線速高於 20m/s 多稱爲高速齒輪，相關精度設計等要求也隨之提高。而要達成所要求的精度，在製造上也會受限於加工方法，大抵而言，高精度的齒輪需以研磨方式始可以達成。

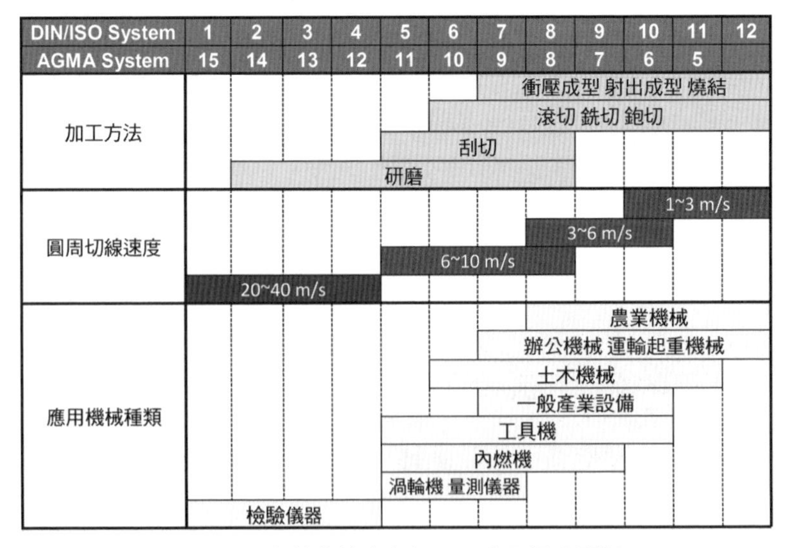

圖 4-19　齒輪的精度與加工、應用場合關係

但必須留意的是，僅管制單一齒輪之精度並無法能完全提高齒輪機構傳動的精度，尚必須考慮整體機構在組裝上的誤差。

4.4.2 齒輪精度與量測

ISO 與各國標準中對圓柱齒輪精度的要求，包括齒輪的兩大類型誤差：單一部位誤差與綜合誤差。經由量測各誤差值，則可以根據標準判斷相對應的精度等級。一般業界多以單一部位誤差判定齒輪精度，在檢驗時必須包括以下誤差（表 **4-22**）：

（1）**齒線誤差**（Helix deviation）：螺旋齒輪齒面與基圓切平面相交之實際曲線與理論直線的誤差。根據所得誤差曲線，共有如表所述三種不同的誤差判斷。

（2）**齒形誤差**（Profile deviation）：螺旋齒輪橫切面實際齒廓與理論漸開線的誤差。根據所得誤差曲線，共有如表所述三種不同的誤差判斷。

（3）**節距誤差**（Pitch deviation）：螺旋齒輪各齒間實際節距狀況與理論值的誤差。根據所得誤差，共有如表所述四種不同的誤差狀況。

表 4-22　單一部位誤差

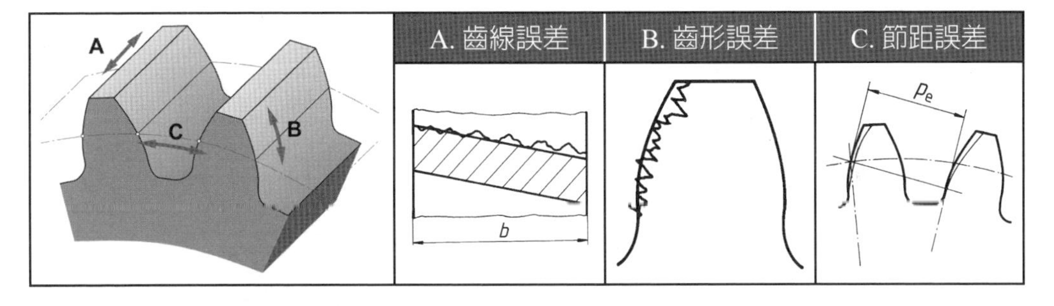

No	定義		說明
A1	齒線傾斜偏差 f_{Hb} *Helix slope deviation* $f_{H\beta}$	$f_{H\beta}$ b	齒線理論線與誤差平均線在量測區域端點之差值。
A2	齒線形狀偏差 f_{fb} *Helix form deviation* $f_{f\beta}$	$f_{f\beta}$ b	誤差值皆落於兩平行實際誤差平均線齒線之區域內，其具有之最小距離即為齒線形狀偏差。

No	定義		說明
A3	齒線總和偏差 F_b *Total helix deviation* 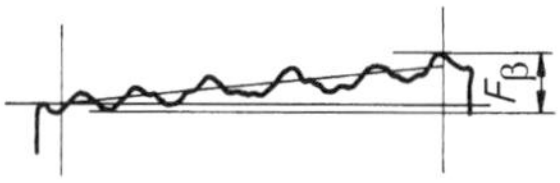 F_β	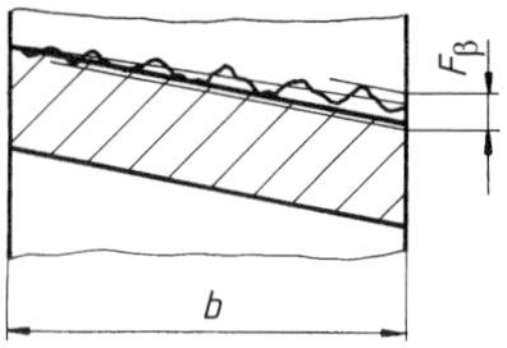 F_β b	可包括所有誤差值之兩平行標稱齒線區域即為齒形綜合偏差。
B1	齒形傾斜偏差 f_{Ha} *Profile slope deviation* 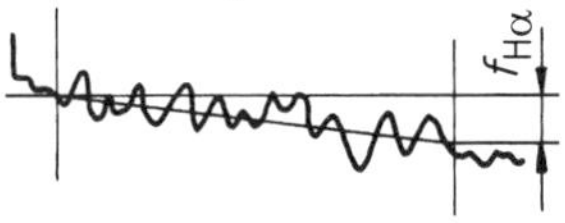 $f_{H\alpha}$	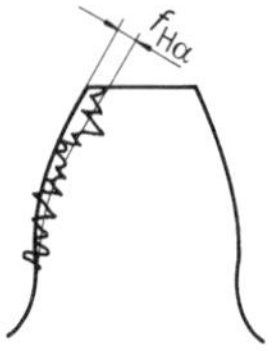 $f_{H\alpha}$	齒形理論線與誤差平均線在量測區域端點之差值。
B2	齒形形狀偏差 f_{fa} *Profile form deviation* 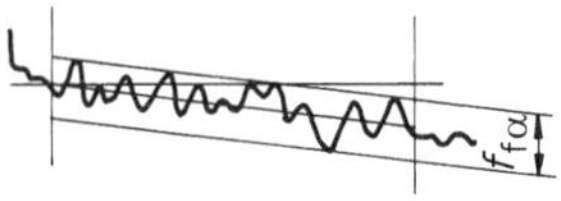 $f_{f\alpha}$	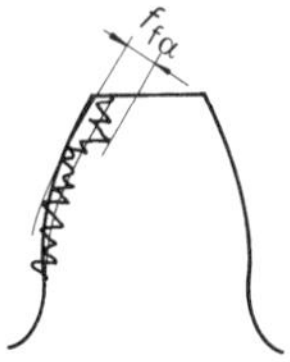 $f_{f\alpha}$	誤差值皆落於實際基圓所得之兩漸開線區域內，其具有之最小距離即為齒形形狀偏差。
B3	齒形總和偏差 F_a *Total profile deviation* 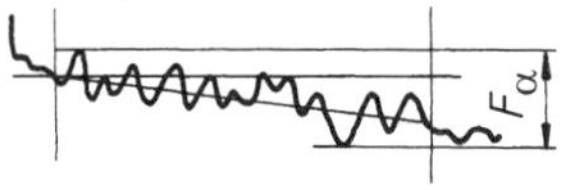 F_α	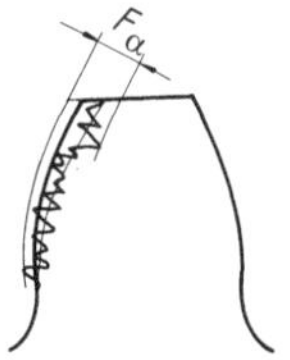 F_α	可包括所有誤差值之兩標稱漸開線區域即為齒形綜合偏差。
C1	單一節距誤差 f_p *Single pitch deviation*	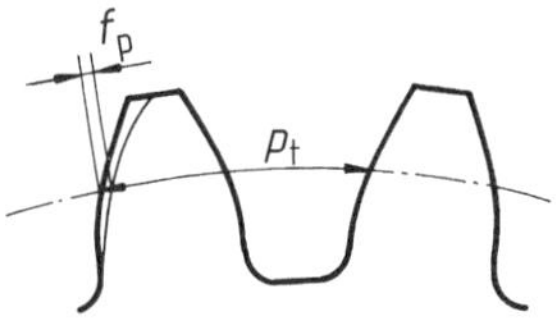 f_p p_t	單一齒腹橫向節距之實際與理論差值。
C2	節距累積誤差 F_{pk} *Cumulative pitch deviation* 在 k 個節距內之 f_p 累積值	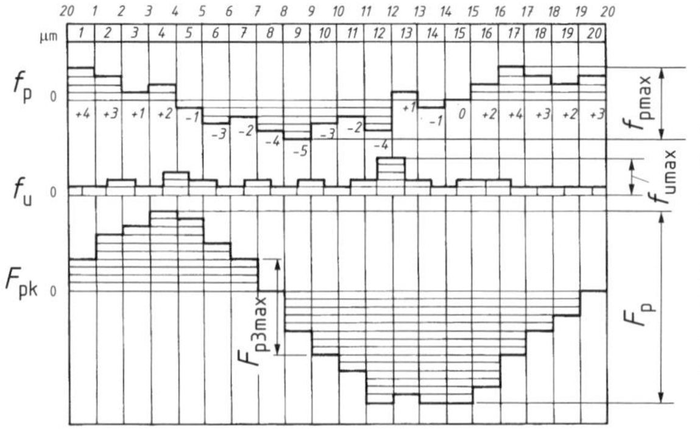 20 1 2 3 4 5 6 7 8 9 10 11 12 13 14 15 16 17 18 19 20 µm 1 2 3 4 5 6 7 8 9 10 11 12 13 14 15 16 17 18 19 20 f_p 0: +4 +3 +1 +2 −1 −3 −2 −4 −5 −3 −2 −4 +1 −1 0 +2 +4 +3 +2 +3 f_{pmax}	
C3	節距累積總誤差 f_p *Total cumulative pitch deviation* 最大與最小節距累積誤差值	f_u 0 f_{umax} F_{pk} 0 F_p	
C4	鄰接節距誤差 f_u 前後橫向節距誤差之差值（絕對值） $f_u = \| f_{p,N} - f_{p,N-1} \|$	F_{p3max}	

齒輪的單一部位誤差並無法完全確保齒輪傳動精度，尤其齒輪旋轉軸線與齒輪基圓軸線同心度亦影響齒輪嚙合精度甚鉅。因此相關標準亦定義齒輪綜合誤差，一般包括兩大類量測方式（表 **4-23**）：

（1）**齒面偏轉誤差**：使用固定之治具以精密量球配合量錶，在齒輪各齒空處量測兩側齒腹之偏轉誤差，此誤差包括齒形、節距以及中心軸線同心誤差。

（2）**嚙合誤差**：使用高精度之標準齒輪（Master gear）與待測齒輪進行轉動嚙合測試，以量得相關誤差，根據量測方式包括單齒腹嚙合誤差與雙齒腹嚙合誤差，由量測所得的誤差曲線可再分成各種不同的特徵誤差，相關誤差之定義請見表 4-23。標準齒輪若使用螺旋齒輪，齒面寬與螺旋角關係需滿足近接接觸率（Overlap contact ratio ε_b）小於或等於 0.5 之要求。

一般齒輪的單一部位誤差多使用專用齒輪量測機，其基本原理如**圖 4-20** 所示。待測齒輪安裝在具高精度轉動控制之測試軸上，量測機探針之精密球頭則與待測齒輪漸開線齒廓相接觸，當量測齒形誤差時，探針與待測齒輪分別以特定運動關係移動與轉動，以進行不同部位之量測；其中探針行進路線與理論基圓（d_b）相切，當齒輪轉動角度 φ 時，探針即直線移動 $d_b \times \varphi/2$，即可記錄該處齒形誤差。對齒線與節距誤差亦採取類似此原理，模擬齒輪運動關係進行量測。

而齒輪嚙合誤差之量測以齒輪對爲單齒腹或雙齒腹嚙合，而有不同的設計，**圖 4-21** 分別爲單齒腹、雙齒腹嚙合測試機之設計原理：

（1）**單齒腹嚙合測試機**：待測齒輪與標準齒輪僅以單一齒腹側相接觸，齒對間如同正常運轉下保有背隙，在輸出、入側分別安裝有編碼器以量取輸出、輸入軸轉動角度，量測輸出結果則以輸入角度－輸出角度關係呈現。此類型應用範圍較廣，可應用於各種軸配置之齒輪，亦可不用標準齒輪，直接將組合後之齒輪機構在測試機上量測。同時搭配煞車亦可得到測試齒輪對在受載下之傳動誤差。

（2）**雙齒腹嚙合測試機**：標準齒輪以彈簧鋼片支撐，標準齒輪得以改變中心位置；而另以一彈簧產生測試力，讓兩齒輪在測試過程中兩個齒腹側皆形成接觸，即齒輪對為零背隙。測試齒輪側以安裝有編碼器以量取輸出角度，標準齒輪側則安裝位移檢出器讀取因誤差所造成的中心距變化量。此類型僅能用於平行軸齒輪之檢驗，多應用於儀器齒輪、塑膠齒輪、粉末冶金齒輪等小型齒輪之檢驗量測，檢驗結果較無法呈現齒輪在運動下的誤差型態。

嚙合誤差量測結果一般實務應用多以齒輪標準之誤差範圍判斷精度等級，若要分析綜合誤差曲線以解讀出個別誤差來源，則較爲複雜不易。

表 4-23　綜合部位誤差

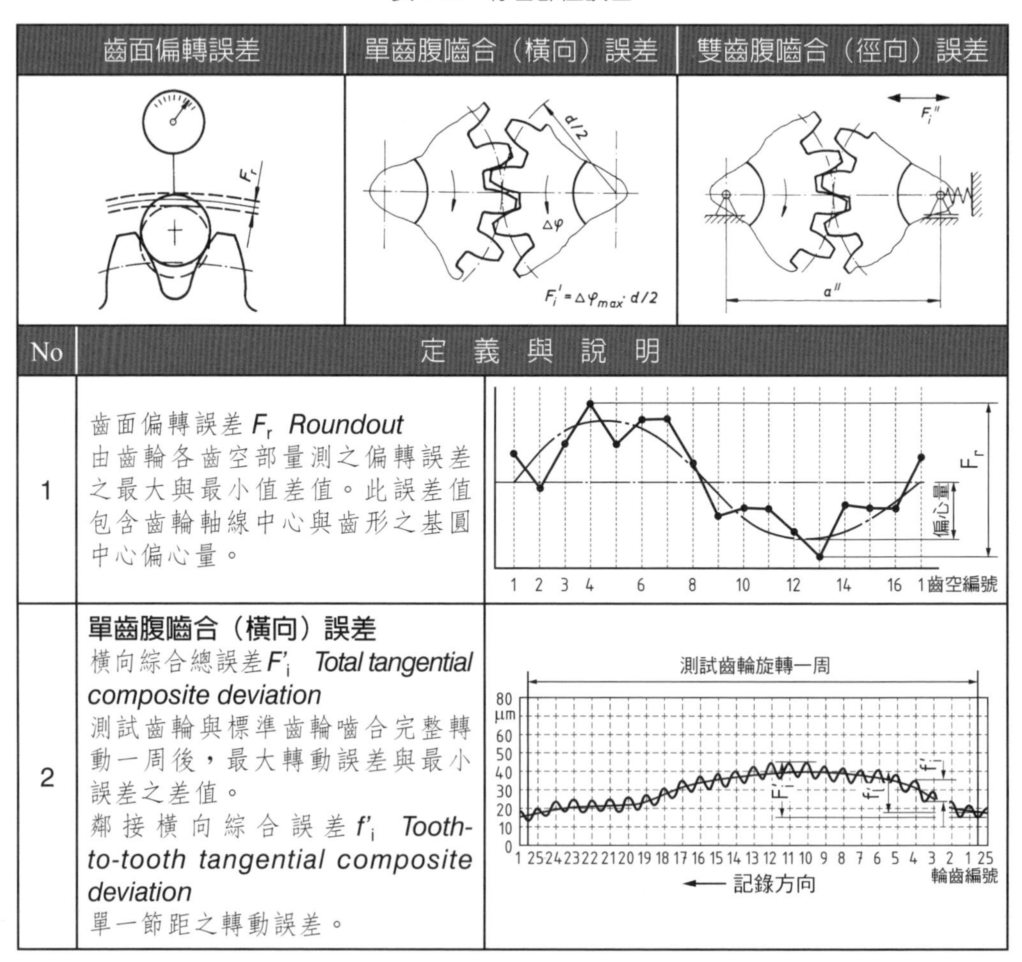

齒面偏轉誤差	單齒腹嚙合（橫向）誤差	雙齒腹嚙合（徑向）誤差

No	定義與說明	
1	齒面偏轉誤差 F_r *Roundout* 由齒輪各齒空部量測之偏轉誤差之最大與最小值差值。此誤差值包含齒輪軸線中心與齒形之基圓中心偏心量。	
2	**單齒腹嚙合（橫向）誤差** 橫向綜合總誤差 F'_i *Total tangential composite deviation* 測試齒輪與標準齒輪嚙合完整轉動一周後，最大轉動誤差與最小誤差之差值。 鄰接橫向綜合誤差 f'_i *Tooth-to-tooth tangential composite deviation* 單一節距之轉動誤差。	

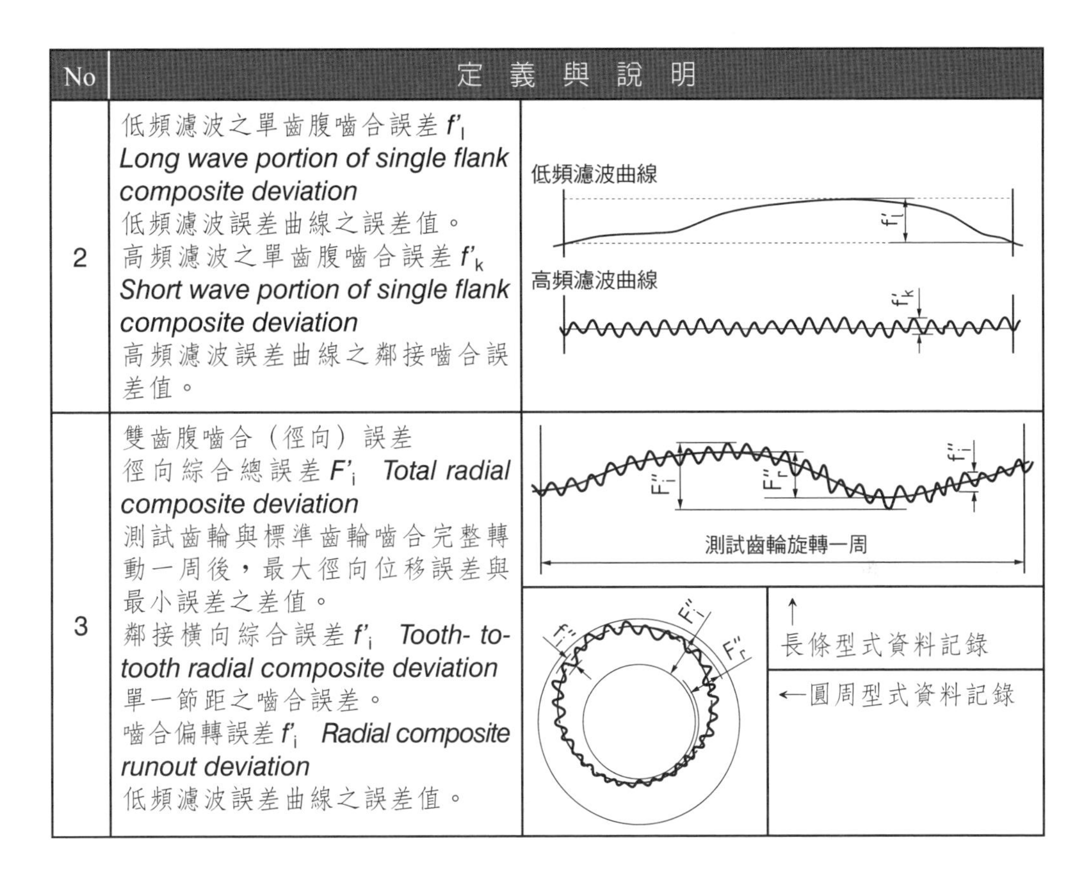

No	定義與說明
2	低頻濾波之單齒腹嚙合誤差 f'_l *Long wave portion of single flank composite deviation* 低頻濾波誤差曲線之誤差值。高頻濾波之單齒腹嚙合誤差 f'_k *Short wave portion of single flank composite deviation* 高頻濾波誤差曲線之鄰接嚙合誤差值。
3	雙齒腹嚙合（徑向）誤差 徑向綜合總誤差 F'_i *Total radial composite deviation* 測試齒輪與標準齒輪嚙合完整轉動一周後，最大徑向位移誤差與最小誤差之差值。 鄰接橫向綜合誤差 f'_i *Tooth- to-tooth radial composite deviation* 單一節距之嚙合誤差。 嚙合偏轉誤差 f'_i *Radial composite runout deviation* 低頻濾波誤差曲線之誤差值。

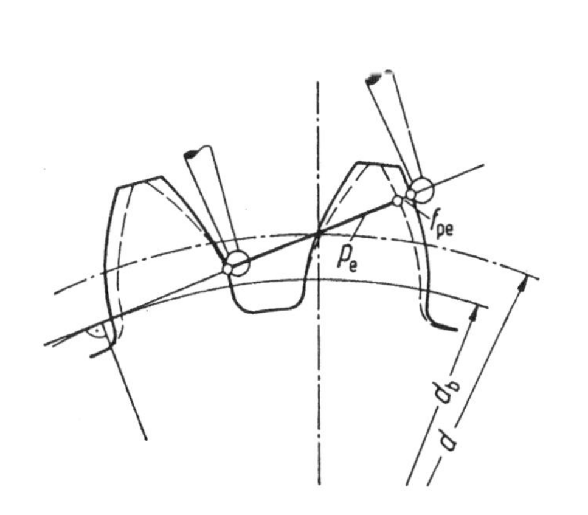

圖 4-20　齒輪單一誤差量測原理

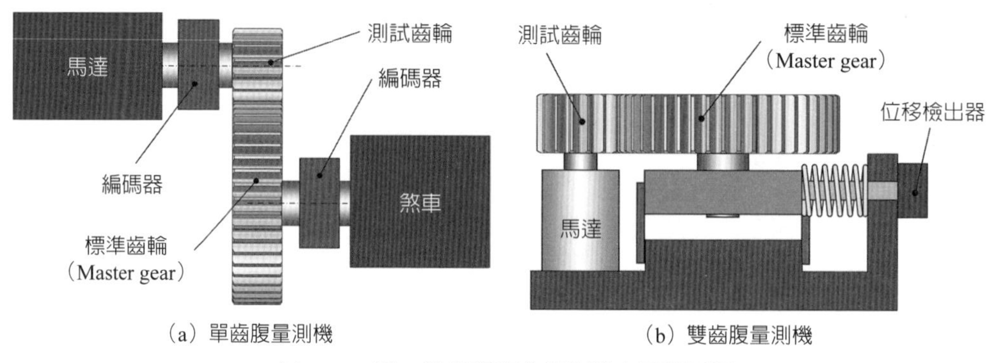

(a) 單齒腹量測機　　(b) 雙齒腹量測機

圖 4-21　單、雙齒腹嚙合量測機之量測原理

4.4.3　齒厚公差與量測

圓柱齒輪在依標準齒制下，可由調整移位而得到不同齒厚；而改變齒厚同時也表示可調整中心距，也可以因此改善齒輪承載能力。而不論齒輪以何種工法加工，齒厚的控制即爲首要的品管項目。而對設計者而言，齒厚與齒空關係，就如同一般的軸孔配合，而齒輪能正常嚙合的前提是必須使齒對間保有間隙（即所謂背隙，請參見 4.4.4 節），因此齒厚公差之訂定即扮演重要角色。本節將介紹工業標準中齒厚公差之規定、選用，以及在實務中之量測方法。

1. 齒厚公差

圓柱齒輪之齒厚公差規範如同常用的 ISO 公差系統，但對齒輪而言齒厚尺寸決定後，齒空尺寸即相依決定，因此齒厚公差以「軸」系統加以規範。如同 ISO 之規範，齒厚公差以基礎偏差、標準公差加以定義，在 DIN 3967 [4-10] 標準中，基礎偏差從 a 到 h 共分 11 級，標準公差分 10 級，見**圖 4-22**（a）。由圖之關係與表 **4-24**、表 **4-25** 中的數據即可計算出齒厚的上、下偏差，如節圓直徑 100mm 的齒輪，若齒厚公差定爲 f25，則

齒厚的上偏差 $A_{sne} = -19\mu m$，

下偏差為 $A_{sni} = A_{sne} + T_{sn} = -19 - 40 = -59\mu m$。

在沒有其他因素之影響，齒輪的背隙（法向背隙j_n）範圍可參考**圖 4-22**（b），由下式計算而得：

$$j_{n\,min} = A_{sne1} + A_{sne2}\text{；} \tag{4-7a}$$

$$j_{n\,max} = A_{sni1} + A_{sni2} = A_{sne1} + A_{sne2} + T_{sn1} + T_{sn2}\text{。} \tag{4-7b}$$

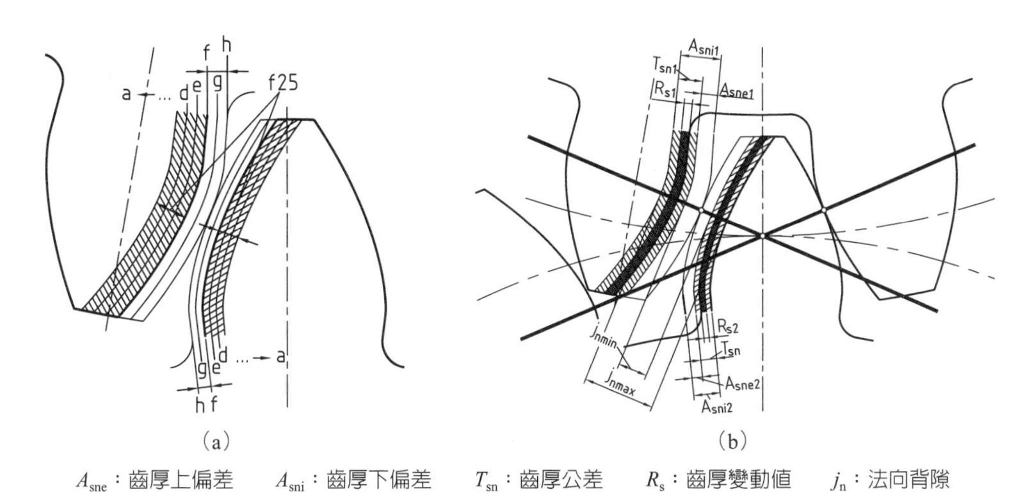

A_{sne}：齒厚上偏差　A_{sni}：齒厚下偏差　T_{sn}：齒厚公差　R_s：齒厚變動值　j_n：法向背隙

圖 4-22　齒輪齒厚公差與背隙之定義

表 4-24　齒厚基礎偏差 A_{sne}

節圓直徑 [mm]		允差系列 [μm]										
>	≤	a	ab	b	bc	c	cd	d	e	f	g	h
–	10	−100	−85	−70	−58	−48	−40	−33	−22	−10	−5	0
10	50	−135	−110	−95	−75	−65	−54	−44	−30	−14	−7	0
50	125	−180	−150	−125	−105	−85	−70	−60	−40	−19	−9	0
125	280	−250	−200	−170	−140	−115	−95	−80	−56	−26	−12	0
280	560	−330	−280	−230	−190	−155	−130	−110	−75	−35	−17	0

而齒輪機構在不同的應用場合中，所需要的背隙值也就不同，大型或重型設備、高溫應用場合多要求較大的背隙，而對有精密傳動要求的應用，要求的

背隙則會較小。表 **4-26** 列出常用齒輪傳動之應用場合與所對應的齒厚公差參考值。

表 4-25　齒厚標準公差 T_{sn}

節圓直徑 [mm]		公差系列 [μm]									
>	≤	21	22	23	24	25	26	27	28	29	30
—	10	3	5	8	12	20	30	50	80	130	200
10	50	5	8	12	20	30	50	80	130	200	300
50	125	6	10	16	25	40	60	100	160	250	400
125	280	8	12	20	30	50	80	130	200	300	500
280	560	10	16	25	40	60	100	160	250	400	600

表 4-26　齒厚公差應用場合之參考值

應用場合	參考齒厚公差
環形鑄造齒輪	a29、a30
大型環形齒輪（一般背隙）	a28
大型環形齒輪（小背隙）	bc26
渦輪齒輪（高溫）	ab25
塑膠機器	c25、cd25
軌道車輛機關車驅動齒輪	cd25
一般機械、重型機械（無反覆運轉）	b26
一般機械、重型機械（具反覆運轉）	c25、c24、cd25、cd24、d25、d24、e25、e24
交通工具	d26
農用機械	e27、e28
工具機	f24、f25
印刷機械	f24、g24
量測儀器	g22

2. 齒厚量測方法

圓柱齒輪一般常用的齒厚量測方法有如**圖 4-23** 所示兩種不同方法，此兩種方法皆利用漸開線齒輪之幾何特性，因此可以得到可靠性佳的量測結果，說明如下：

（1）**跨齒厚**：量測方法如圖 4-23（a）所示，其係利用量具之兩平行圓盤面與漸開線齒廓接觸時，兩切點會落在與基圓相切的直線上，由圖中之幾何關係可以很清楚見到，以此方法所得到的間距 W_k 為固定值，即為

$$W_k = \left[(k-1)\cdot p_{\mathrm{et}} + s_{\mathrm{bt}}\right]\cdot \cos\beta_{\mathrm{b}} \;; \tag{4-8}$$

$$W_k = m_{\mathrm{n}} \cos\alpha_{\mathrm{n}} \left[\left(k-\frac{1}{2}\right)\cdot \pi + z\cdot \mathrm{inv}\,\alpha_{\mathrm{t}}\right] + 2\cdot x\cdot m_{\mathrm{n}} \sin\alpha_n \;。 \tag{4-9}$$

其中所跨之齒數必須使圓盤面與漸開線齒廓互相接觸，可應用以下計算式決定：

$$k = \mathrm{Int}\left[\frac{z}{\pi}\left(\frac{\tan\alpha_{\mathrm{v}}}{\cos^2\beta_{\mathrm{b}}} - \mathrm{inv}\alpha_{\mathrm{t}} - \frac{2x}{z}\tan\alpha_{\mathrm{n}}\right) + 1\right] \;。 \tag{4-10}$$

（a）跨齒厚 W_k *Base tangent length* 以有圓盤面之專用分釐卡量測特定齒數之間距，量測面需接觸到漸開線部位，跨齒數可查表或計算得到。 適用於正齒輪或大齒面寬的螺旋外齒輪，為應用最廣的齒厚檢驗方法。	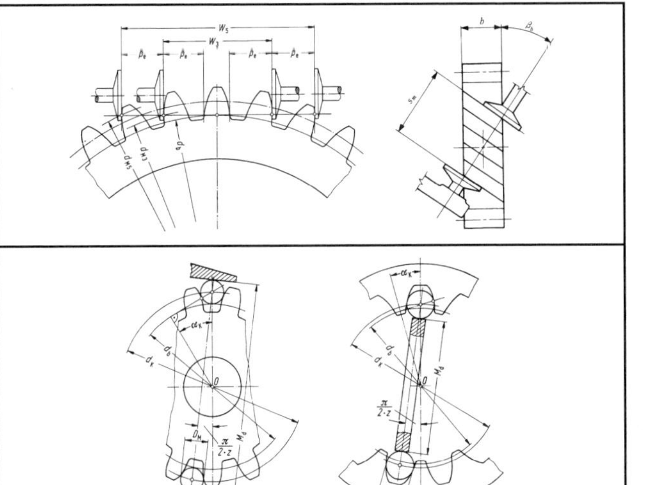
（b）量銷（球）距 M_d 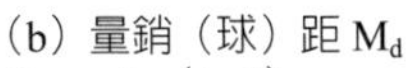 *Over pin（ball）* 以具精度之兩圓銷或球（D_M）放於齒輪之直徑上兩齒空（偶數齒）或直徑兩側之齒空，以長度量具量測兩圓銷（球）之距離。量測需接觸到漸開線部位，量銷或球可查表或計算得到。 適用於內齒輪或小齒面寬的螺旋外齒輪、小模數齒輪。	

圖 4-23　齒厚量測原理

（2）**量銷（球）距**：量測方法如**圖 4-23**（b）所示，其係利用量銷（球）置於輪齒齒空部，使與漸開線齒廓接觸，兩量銷（球)之中心距 d_k 為固定值，此值與齒空（齒厚)、齒數（奇、偶數）以及量銷（球）直徑 D_M 相關，計算關係式如下：

偶數齒：
$$M_d = d_K + D_M \text{，} \quad (4\text{-}11)$$

奇數齒：
$$M_d = d_K \cdot \cos\frac{\pi}{2\cdot z} + D_M \text{，} \quad (4\text{-}12)$$

其中中心距 d_K 為
$$d_K = \frac{d\cdot\cos\alpha_t}{\cos\alpha_{Kt}} \text{，} \quad (4\text{-}13)$$

壓力角 α_K 為
$$\text{inv}\alpha_{Kt} = \frac{D_M}{z\cdot m_n\cdot\cos\alpha_n} - \eta + \text{inv}\alpha_t \text{。} \quad (4\text{-}14)$$

其中量銷（球）直徑 D_M 亦必須與漸開線齒廓接觸。

4.4.4　齒輪對背隙

齒輪對必須具有一定之背隙，以避免因加工誤差、傳動過程中因溫升所致的熱膨脹而造成傳動干涉，同時齒輪亦因潤滑需要，嚙合齒腹也必須留有一定的側隙以容納潤滑油膜。平行軸齒輪對背隙的設計參數主要是由兩個尺寸決定：齒輪中心距與齒厚，因此在設計時必須根據需要的背隙訂定對應的中心距與齒厚公差。

而齒輪背隙根據量測方式可分爲三種背隙的定義，**圖 4-24**（a）～（c）中列出對應的計算關係，表（d）爲幾何關係，相關定義說明如下：

（1）**橫向背隙** j_t：為背隙在齒輪節圓上的弧長，在量測時需將其中一齒輪固定，轉動另一齒輪，量測在兩轉動極限位置之角度或弧長。由於橫向背隙係定義在齒輪橫切面，因此由中心距與齒厚公差進行計算，**圖 4-24**（a）列舉相關計算式，其幾何關係見**圖 4-24**（e)。

（2）**法向背隙 j_n**：在兩工作齒腹接觸下，輪齒非工作側之最短間距；一般係以厚薄規直接進行量測，此背隙值可由**圖 4-24**（b）之算式換算。

（3）**徑向背隙 j_r**：為齒輪對之工作中心距與零背隙下中心距之差值；在實務上通常應用於中心距可調整之傳動機構，由零背隙之位置調整中心距，使滿足徑向背隙值而做為齒輪工作中心位置。

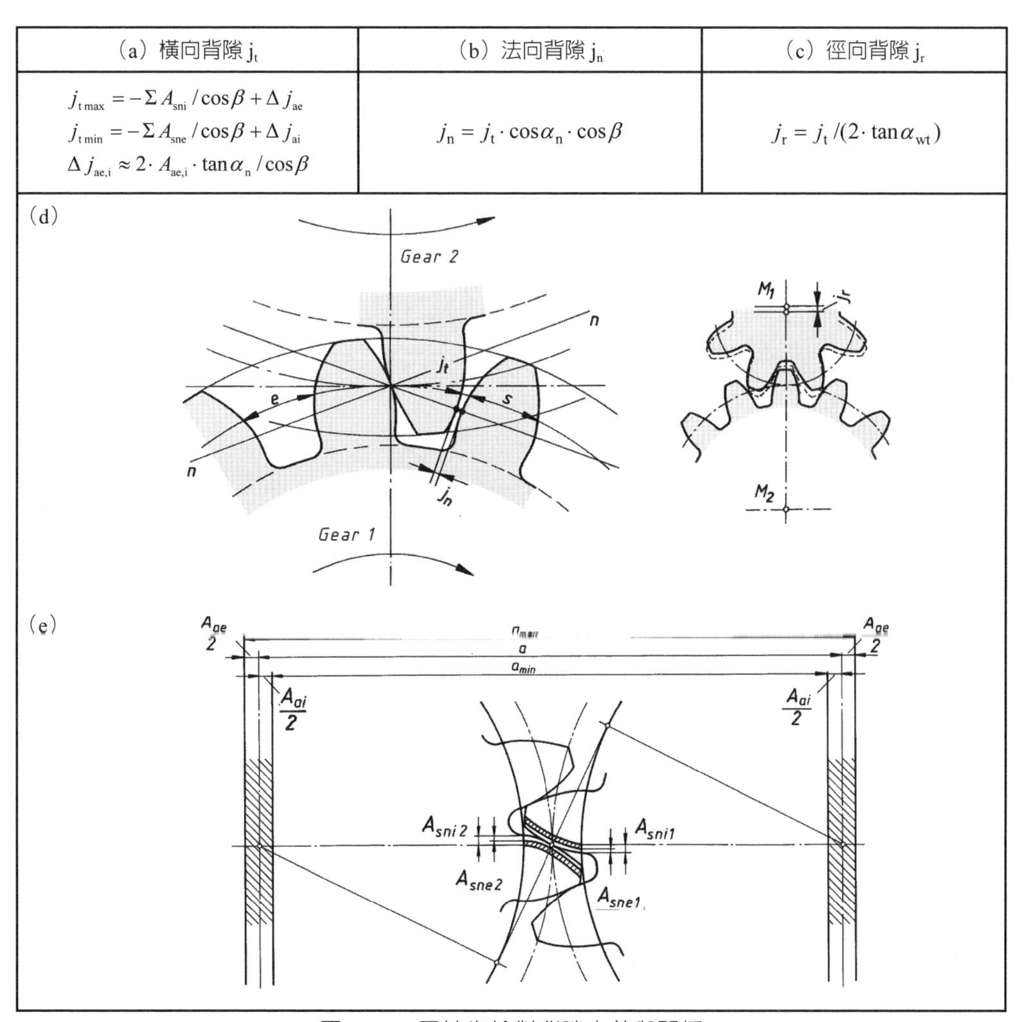

（a）橫向背隙 j_t	（b）法向背隙 j_n	（c）徑向背隙 j_r
$j_{t\,max} = -\Sigma A_{sni} / \cos\beta + \Delta j_{ae}$ $j_{t\,min} = -\Sigma A_{sne} / \cos\beta + \Delta j_{ai}$ $\Delta j_{ae,i} \approx 2 \cdot A_{ae,i} \cdot \tan\alpha_n / \cos\beta$	$j_n = j_t \cdot \cos\alpha_n \cdot \cos\beta$	$j_r = j_t / (2 \cdot \tan\alpha_{wt})$

圖 4-24　圓柱齒輪對背隙定義與關係

4.4.5 齒輪對平行度

平行軸圓柱齒輪對除必須控制必要的背隙外，尚要能確保兩齒輪軸之平行度。由於空間中決定兩軸的相對位置在中心位置已確定下，尚有兩個參數可決定，因此 DIN 3960[4-8] 定義兩個誤差。如**圖 4-25** 所示，軸 2-2 相對於基準軸 1-1 爲歪斜配置；軸 1'-1' 係與軸 2-2 相交於點 O_2，並與基準軸 1-1 平行，爲軸 2-2 之理想軸線。軸 2-2 與軸 1'-1' 之關係在實務上以長度誤差做爲評量基準，並根據軸配置關係所形成的兩個平面：中間面 I 以及與其互垂的垂直面 II，以兩項誤差定義軸 2-2 平行度：

（1）**軸傾斜度** $f_{\Sigma\delta}$（Shaft inclination）：軸 2-2 在中間面 I 之投影軸 2'-2' 在軸長度 L_G 下，所形成之誤差值。

（2）**軸歪斜度** $f_{\Sigma\beta}$（Shaft skew）：軸 2-2 在垂直面 II 之投影軸 2"-2" 在軸長度 L_G 下，所形成之誤差值。

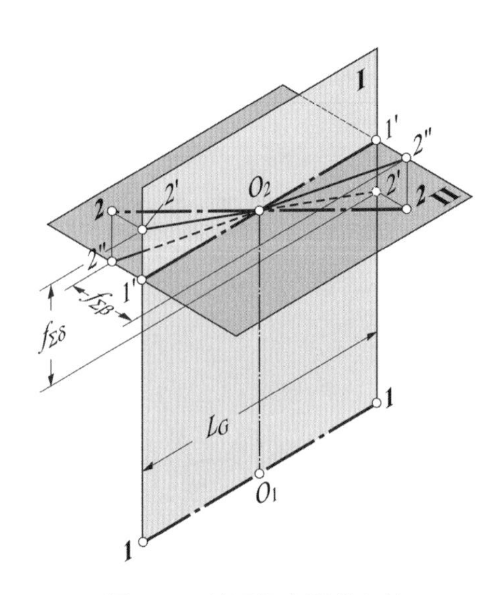

圖 4-25　軸平行度誤差定義

表 **4-27** 爲軸傾斜度 $f_{\Sigma\delta}$、歪斜度 $f_{\Sigma\beta}$ 在不同精度等級之建議公差值，可做爲箱體標註之參考[4-9]。

漸開線齒輪的中心距誤差不會影響到齒輪的傳精度，但是兩軸線若是不平行，則易造成齒面形成邊緣接觸，而造成傳動誤差；而在負載傳動下，易產生接觸應力不均、應力集中等問題，造成齒面破壞。解決方式除嚴格管制箱體軸承孔之平行度外，亦多以齒面修整方式來降低傳動誤差以及負載不均的影響。

表 4-27　軸傾斜度 $f_{\Sigma\delta}$、歪斜度 $f_{\Sigma\beta}$ 公差 [mm]

軸承中心跨距 L_G	[mm]		軸位置精度等級											
	起 >	迄 ≤	1	2	3	4	5	6	7	8	9	10	11	12
		50	5	6	8	10	12	16	20	25	32	40	50	63
	50	125	6	8	10	12	16	20	25	32	40	50	63	80
	125	280	8	10	12	16	20	25	32	40	50	63	80	100
	280	560	10	12	16	20	25	32	40	50	63	80	100	125
	560	1000	12	16	20	25	32	40	50	63	80	100	125	160

4.4.6　背隙控制方法

齒輪因加工技術成熟，較易控制精度，因此可以滿足一定程度的準確傳動要求。但齒輪傳動會因必要背隙的存在，極易在反轉時造成傳動角度之失步狀況。若有高精度要求，則必須要採取相應的設計。

表 4-28 共彙整三大類型的零背隙或背隙可控制之齒輪機構設計原理。其中除中心距調整法爲透過移動齒輪中心進行背隙之調整外，另兩種的設計原理都是應用於齒輪中心皆固定無法移動的場合。而不論雙齒腹接觸法或變齒厚法，皆是要使齒輪同時可以兩齒腹相接觸，以避免反轉失步之問題。若在設計上要達成零背隙，並能滿足齒輪誤差以及運轉時熱漲、潤滑等要求，則多採用彈簧提供調整機構必要的作用力，以在達成零背隙要求同時，又能吸收因溫升所產生的熱膨脹量以及確保潤滑所須的油膜空間。

表 4-28　零背隙或背隙可控制之齒輪機構設計原理

序次	背隙控制方法	說明	設計圖例
1	中心距調整法	利用兩齒輪中之一齒輪中心設計成可調整，可利用不同的機構設計，使齒輪機構之背隙可調整或一直保持零背隙。圖例為汽車用於轉向之方向機之齒輪－齒條機構，其中齒條係以彈簧加載，使得齒輪－齒條之中心距可變動，並隨時維持零背隙。	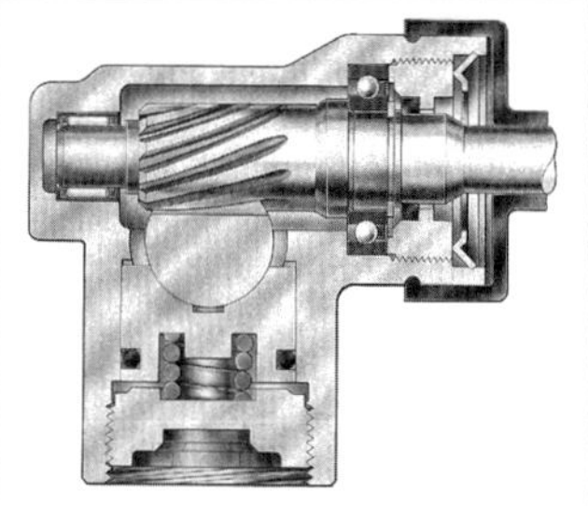
2	雙齒腹接觸法（中心距固定）	橫向調整：使用兩正齒輪合組為一齒輪與小齒輪嚙合；兩正齒輪中一齒輪以彈簧與另一與軸結合之齒輪連結。由於彈簧力之作用，使兩齒輪各以不同齒腹側與小齒輪左右齒腹相接觸。	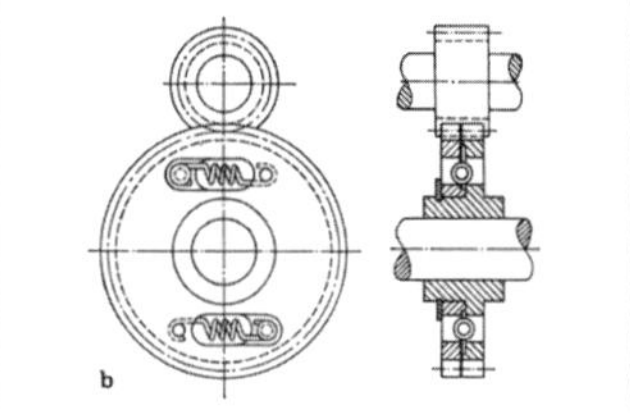 b
		縱向調整：使用兩螺旋齒輪合組為一齒輪，其中齒輪 1 為軸向可移動（可使用栓槽連結），透過調整齒輪 1 之軸向位置可使兩齒輪分別以不同齒腹側與相嚙合齒輪接觸形成所需要的背隙。	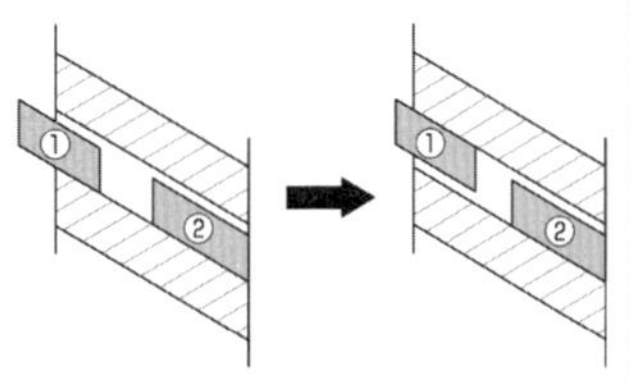 ① ② → ① ②
3	變齒厚法	錐形齒輪：利用錐形齒輪齒厚沿齒面寬方向為可變的特性，使用兩相同錐角，以錐頂呈相反方向形成平行軸的配置，調整其中齒面寬較小齒輪的軸向位置，直到滿足所要求的背隙。	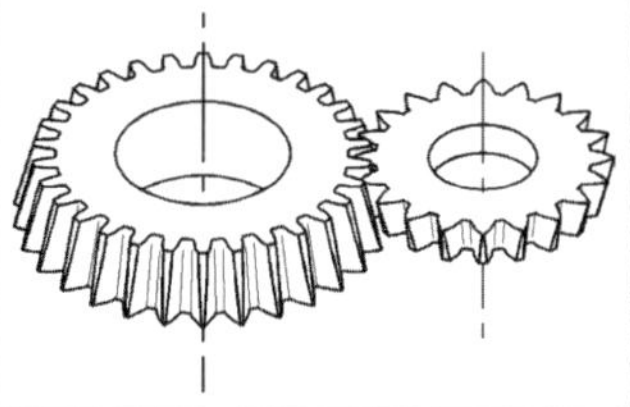
		雙導程螺桿：用於蝸輪機構，其中蝸桿之左、右齒腹之節距有些微不同，因此螺桿之齒厚即沿軸向產生連續變化。在應用時即可調整螺桿之軸向位置，直到滿足所要求的背隙。	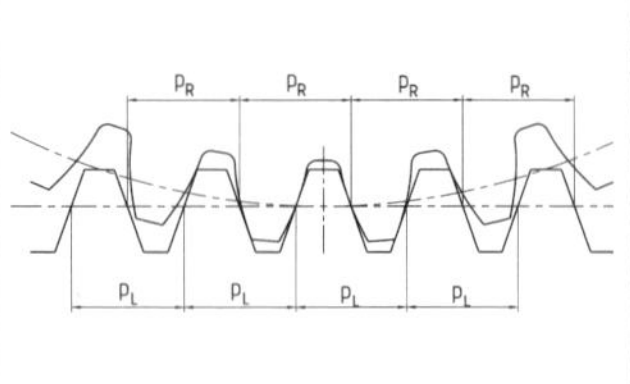 p_R p_R p_R p_R p_L p_L p_L p_L

4.5 傳動軸

4.5.1 軸的剛性設計考量

在傳統機械設計多以強度觀點設計軸之外形，並計算其必要的尺寸，但眞正影響到機器整體運轉精度卻是傳動軸的剛性表現。**圖 4-26** 爲常見之傳動方式，以皮帶輪輸入扭矩，帶動齒輪對以達減速之目的。但由於軸承配置之特點，使得軸會產生特定的變形型式，而對整體傳動機構有以下之影響：

（1）若軸變形過大，易造成軸承內部邊緣接觸應力過大，產生額外拘束應力，其結果將使軸承磨損加快，使內部間隙增加，而造成精度快速下降。

（2）若因軸彎曲變形過大，會使齒輪對軸線不平行而有傾斜，使得嚙合齒面產生非共軛接觸甚至干涉，如此除會產生傳動誤差，進而造成振動、噪音，更會因負載分布極度不均，而使齒面承載能力降低，而降低壽命。

（3）若因軸扭轉剛性不足，會造成傳動時因扭力值變動，而使轉角在動態振幅值過大，而影響角度傳動。

（4）對高速運轉之渦輪機、泵、或壓縮機，更會因軸變形而使渦輪、葉片有撞擊危險。

對於軸在受載下的變形，必須考慮到的變形指標量，包括彎曲變形量 f、變形傾斜角 β、以及扭轉角 δ，表 **4-29** 為實務應用之建議值，可供一般設計參考。

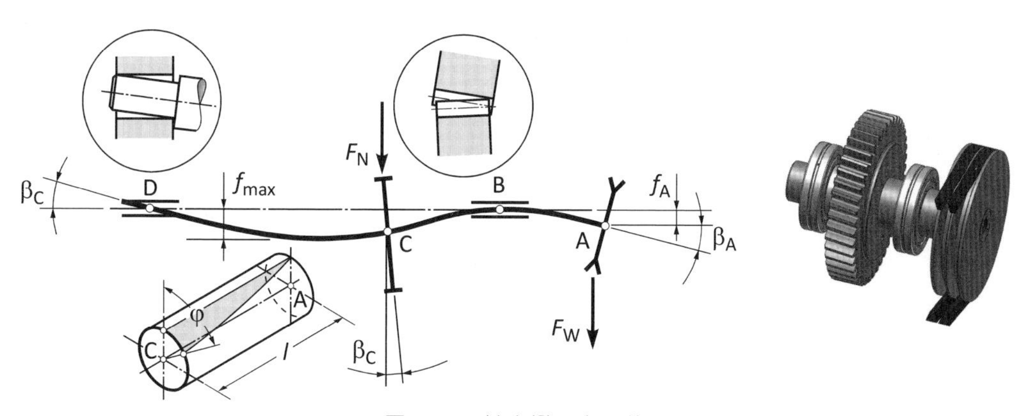

圖 4-26　軸之變形與影響

表 4-29　軸變形建議值

區　分		變形項目	建議值	備註
一般傳動軸		f_{max}	0.33 mm/m	以支撐跨距為基準
		d_{max}	0.25° /m	以扭轉長度為基準
具齒輪之傳動軸	在接觸位置	f_{max}	0.005 m_n	m_n 法向模數
		$tan\beta_{max}$	2×10^{-4}	非硬化齒輪
		$\tan\beta_{max}$	10^{-4}	硬化齒輪
	無導引功能之軸、農機	f_{all} //	0.5×10^{-3}	
	一般機器	f_{all} //	0.3×10^{-3}	
	工具機	f_{all} //	0.2×10^{-3}	
	電動馬達	$f_{all,\ max}$	（0.2～0.3）· s	s：轉子與定子間隙
	中等功率以下之交流馬達	f_{all}	0.3～0.5 mm	
	起重機、裝卸橋	軸承最大跨距	（300～400）· $d^{1/2}$	d：直徑 [mm]
蝸桿軸		$f_{all,\ max}$	0.001 · d_m	d_m：蝸桿平均直徑 [mm]
滑動軸承部位		$\tan\beta_{max}$	10×10^{-4}	可調心式
		$\tan\beta_{max}$	3×10^{-4}	不可調心式
滾動軸承	深溝滾珠軸承	$\tan\beta_{max}$	10×10^{-4}	
	圓柱滾子軸承	$\tan\beta_{max}$	2×10^{-4}	
	球面滾子軸承	β_{max}	2°	
電動馬達軸（轉子部位）		$f_{all,\ max}$	0.25 · s	s：轉子與定子間隙

4.5.2　軸的動平衡考量

1. 平衡校正方式

要達到精密要求除必須考慮傳軸剛性外，也必須留意在轉動下的平衡問題。當轉動平衡不佳，則會因偏心所產生的離心力作用，而造成轉軸、機架等預期外之振動，進而使要求功能之精度無法滿足。此狀況與軸之剛性無關，而與質量中心偏離轉動軸線偏差值、轉速與質量有關。而不佳動平衡多來自材料、加工狀況與磨耗、結構運動變形等，但嚴格要求加工精度並不符合成本效益，因此多在加工、甚至組合後，進行平衡校正。通常轉速 $n \geq 1000$ rpm 皆必須進行校正，但較小轉速之轉軸仍必須視應用場合與質量來做最後決定。平衡校正的目標在使轉動件重心距轉軸中心偏差量 e 調整到最小，以使離心力可以最小。以校正方式可區分成兩種：

（1）**靜平衡校正，圖** 4-27（a）：應用在較轉速或低長度－直徑比，多以配重方式達到平衡穩定狀態，即以加掛額外質量 m' 來平衡殘留不平衡偏心量與質量乘積（偏心力矩），$m \cdot e - m' \cdot e' = 0$。

（2）**動平衡校正，圖** 4-27（a）：係針對多個質量、高運轉速度之狀況，尤其轉動軸為高長度－直徑比。動平衡校正多會在主軸部份不具有功能之端面或表面以去除材料方式來達成平衡等級要求。

圖 4-28 爲提供使用何種平衡校正方式之判斷參考，共考慮軸之工作轉速與長度－直徑比，兩者越大者須使用動平衡校正，在圖中兩曲線中間區域，則自行決定採取何種校正方式。

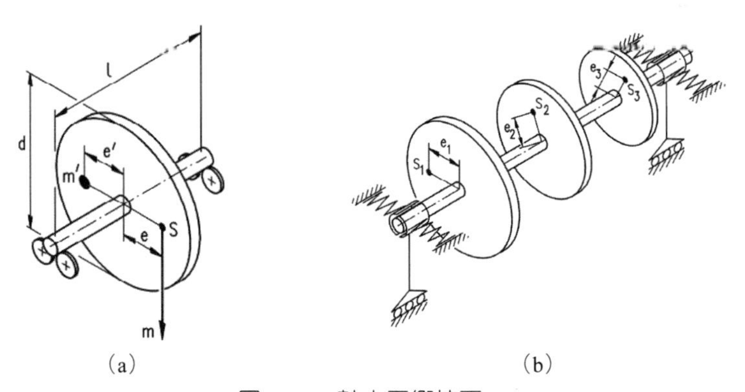

圖 4-27　軸之平衡校正

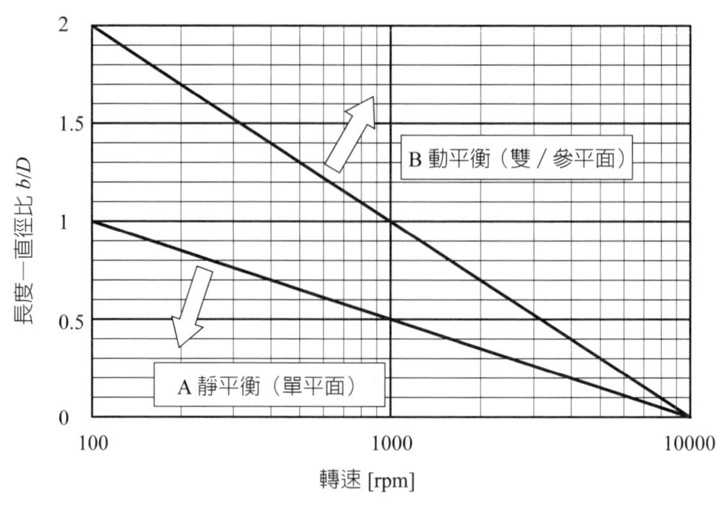

圖 4-28 軸之動／靜平衡校正選擇

2. ISO 平衡等級

ISO 1940[4-11] 規範了轉子平衡等級，其定義之基礎在任一轉子具有相同之動平衡等級時，其支撐軸承的承受壓力應該相同；即對兩相同之動平衡等級、形狀相似之轉子，其比例係數若為 s，軸承承壓面積為 A，轉子質量為 m，轉速為 ω，則以下關係應滿足

$$\frac{F_1}{A_1}=\frac{m_1e_1\omega_1^2}{A_1}=\frac{m_2e_2\omega_2^2}{A_2}=\frac{F_2}{A_2} \quad 。 \tag{4-15}$$

由相似性關係（即 $m_1=s^3m_2$ 、 $A_1=s^2A_2$ ），以及相同轉子線速度（ $\omega_1=s\omega_2$ ）等關係可以得到

$$e_1\omega_2=e_2\omega_2 \quad 。 \tag{4-16}$$

因此 ISO 1940[4-11] 即以質心之線速度 v_s 做為平衡等級 G；換言之，平衡等級 G [mm/sec] 即為殘留不平衡偏心量 e [mm] 與轉速 ω [rad/sec] 之乘積。即

$$G = v_s[\text{mm/sec}] = e[\text{mm}] \cdot \omega[\text{rad/sec}] = \frac{e[\text{mm}] \cdot n[\text{rpm}]}{9.55} \text{。} \tag{4-17}$$

在標準中，平衡等級 G 以標準數列 $\sqrt[5]{100} = 2.5$ 做為級別區分，即在 100 中共分 5 級：G1、G2.5、G6.3、G16、G40、G100，大於 100 再以此數列乘以 100，共計 G0.16 ～ G4000 等 12 等級。例如由定義即可知 G6.3 級要求之許可殘留不平衡偏心量為 6.3ω，或以 rpm 為單位之轉速計算：$6.3 \times 9.55/n$。

圖 4-29 爲不同平衡等級與工作轉速 n [rpm] 下之允許殘餘不平衡量 e [mm]。此曲線圖即依據等式所繪製。在圖中白色底非網點區域，即爲工作轉速下所建議之合適之平衡等級，換言之，100rpm 之轉子最高僅需要求到 G6.3 即可，要求更高等級之意義不高。不同平衡等級所對應之使用場合請參考表 **4-30**。

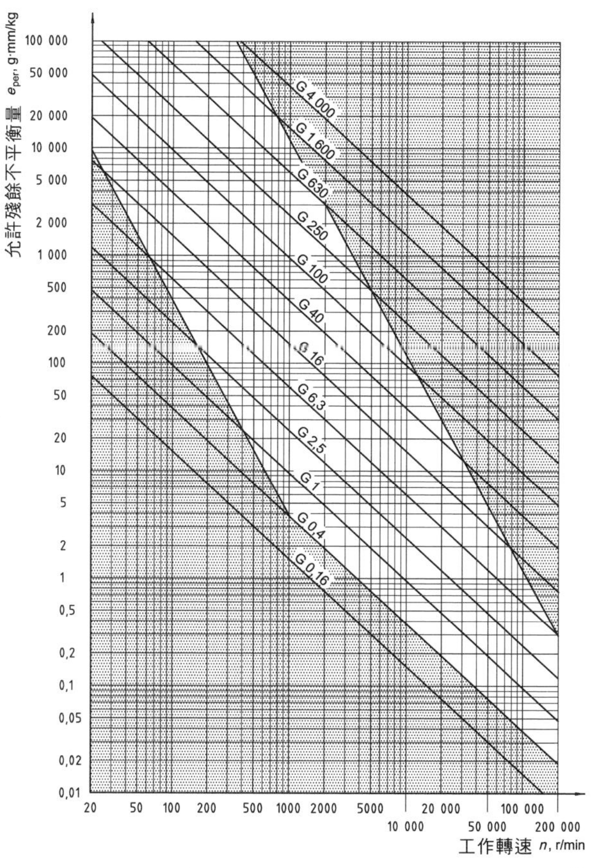

圖 4-29　不同平衡等級與工作轉速下之允許殘餘不平衡量 [4-11]

表 4-30　ISO 1940 動平衡等級與建議回轉機械的種類

動平衡等級G	（$e\omega$/1000）mm/sec [1)2)]	回轉機械的種類
G 4000	4000	安裝於剛性支撐之低轉速奇數汽缸[4)]，柴油引擎之曲柄軸系[3)]。
G 1600	1600	安裝於剛性支撐之大型二行程引擎之曲柄軸系。
G 630	630	安裝於剛性支撐之大型四行程引擎之曲柄軸系，安裝於軟性支撐之船用柴油引擎之曲柄軸系。
G 250	250	安裝於剛性支撐之高轉速四汽缸柴油引擎之曲柄軸系[4)]。
G 100	100	六汽缸以上之高轉速柴油引擎之曲柄軸系[4)]，汽車、卡車、火車等之汽油或柴油引擎整體部件[5)]。
G 40	40	汽車車輪、輪圈、傳動軸，安裝於軟性支撐之高轉速六汽缸[4)]以上之四行程汽油或柴油引擎之曲柄軸系，汽車、卡車、火車等之之曲柄軸系。
G 16	16	特別要求之傳動軸（螺旋槳軸、十字接頭軸），壓碎機、農業機械之零件，汽車、卡車、火車等之汽油或柴油引擎零件，特別要求之六汽缸以上引擎傳動件。
G 6.3	6.3	工程機械零件、商船之渦輪引擎齒輪、離心鼓、風扇，組立後之飛機噴射機引擎轉子、飛輪。增壓機、泵之葉片、工具機及一般機械之零件、一般之電機轉子、特別要求之引擎零件。
G 2.5	2.5	燃氣及蒸氣輪機，包括商船用渦輪機、渦輪發電機之剛性轉軸、渦輪壓縮機、工具機之主軸及傳動馬達、特別要求之中大型電機轉軸、小型電機轉軸、渦輪泵。
G 1.0	1.0	錄音機及電唱機之致動器、磨床主軸及傳動馬達、特別要求之小型電動機轉軸。
G 0.4	0.4	超精密磨削主軸、硬碟機轉軸、陀螺儀。

1）$\omega = 2\pi n/60 \doteqdot n/10$，$n$ 為轉子最高轉速，ω 單位 rad/sec。
2）一般而言，有兩個修正面的剛性轉子，其建議殘留之不平衡均分在兩個任意的平面上；但為改善平衡效果，修正面宜選在軸承上為佳，對碟型轉子（單平面）建議殘留之不平衡均分布在此平面上。
3）曲柄軸傳動系包括曲柄軸、飛輪、離合器、帶輪及減振器、連桿之轉動部件。
4）在 ISO 1940 規範中，汽缸速度小於 9 m/s 為低速柴油引擎，汽缸速度大於 9 m/s 為高速柴油引擎。
5）引擎整體部件之轉子質量包括所有曲柄軸系之總質量。

3. 實例

在此以一實例說明如何計算一轉軸許可殘留不平衡偏心量。轉速 n = 6000 rpm 之轉軸，其重量爲 500 kg，動平衡等級爲 G2.5，即偏心速度：

$$v_s = e\omega/1000 = e \cdot 2\pi \cdot n/60{,}000 = 2.5\ \text{mm/s}。$$

由轉速 n = 6000 rpm 可得到：

許可偏心量 $e_{\text{per}} = v_s / \omega = \dfrac{2500 \cdot 60}{2\pi \cdot 6000} = 3.98\ \mu\text{m}$，

許可殘留不平衡（力矩） $m \cdot e_{per} = 500 \cdot 10^3 \cdot 3.98 = 1990\ \text{gmm}$，

此一數值可做為進一步動態分析以及動平衡校正之用。

習題

1. 圖（a）爲以錐狀滾子軸承來支撐一高速輸入軸，軸承之相關配置位置尺寸亦如圖所示，兩軸承型號在圖（a）中左側爲 32218，右側爲 32219。

（1）因負載關係，此傳動機構在正常工作狀況下，兩軸承之內、外環會有 15℃的溫差，軸與箱體會有 20℃的溫差。請決定在此一軸承配置的以錐狀滾子軸承。

（2）此軸外形尺寸如圖（b）所示，請據此完成該根軸之尺寸、公差與表面符號標註。

（3）若此軸質量爲 25.5 kg，轉速爲 3500rpm，動平衡要求等級爲 G6.3 級，請計算轉軸許可殘留不平衡偏心量與力矩。

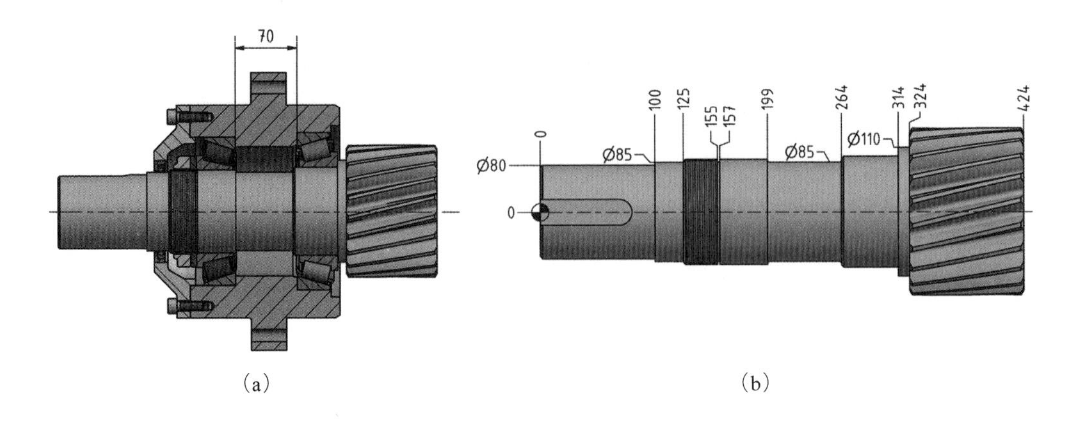

(a)　　　　(b)

2. 一正齒輪對模數爲 2mm，壓力角 20°，齒數分別爲 19 與 41，中心距 60±0.05mm，齒厚公差選擇爲 f25。請計算此齒輪對之橫向背隙、法向背隙、徑向背隙分別爲若干。

3. 一平台長 60mm、寬 80mm、厚 20mm，以兩線性滑軌支撐進行導引，以滾珠螺桿驅動，運轉行程 300mm，整體配置如圖所示。平台要求之定位精度爲 0.025mm，頂面與側面跳動偏差皆不得超過 0.02mm。請根據此要求，自行從供應廠商型錄中，挑選合適的線性滑軌、滾珠螺桿與支撐滾動軸承之規格，完成此平台驅動組合設計。

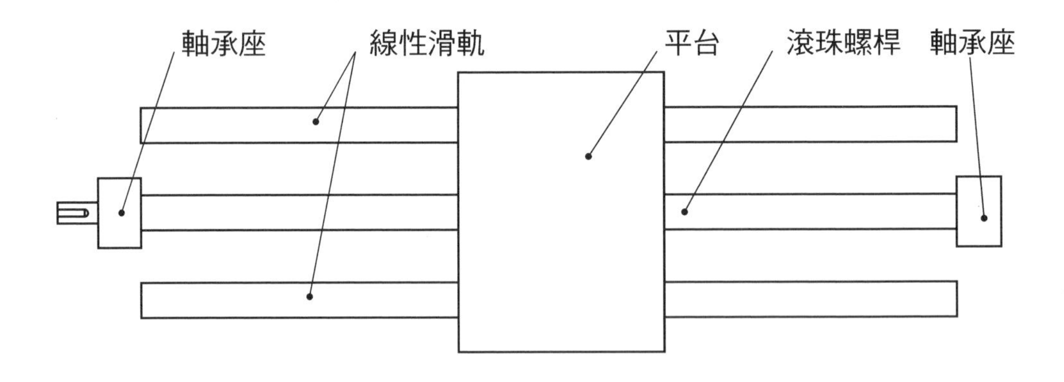

第五章 精密致動器

5.1 前言

5.2 致動器的原理與分類

5.3 致動器設計

5.4 結語

習題

5.1 前言

致動器（Actuator）與感測器（Sensor）這兩個名詞常被連結及一起出現。因此在討論這章節之時，我們必須先知道**致動器**與**感測器**的定義。從維基百科的網站[5-1]以及原文的教科書[5-2]，對致動器的定義都說明致動器是一種將各式能量（例如電能、熱能、液壓與氣壓等）轉換為機械能／動能（例如移動與轉動等）的一種機械裝置。最常見的致動器就屬我們日常生活中最常見的馬達。馬達是將電能轉換成動能並使元件產生動作的機械裝置。

而從維基百科的網站[5-3]與原文的教科書[5-4]中，對感測器的定義都說明感測器是一種可以將環境中的物理量（例如溫度、壓力、重量與位移量等）或化學量（例如物質濃度、組成等）轉換成有用數據信號（例如電子訊號與指針刻度等）的元件／裝置。舉例來說，水銀溫度計、光學編碼器、電子血壓計等都是感測器。水銀溫度計將環境中的溫度變化以液體刻度位置來呈現；光學編碼器將物體的移動量或轉動量轉換成電子 0101 的數位訊號；電子血壓計則是將人體的血壓情況以螢幕數字呈現。

因此，致動器與感測器都可說是某一種裝置／元件。致動器也可以說幾乎是感測器的反義詞。他們的表現方式是相輔而成，只不過對於訊號、行爲的轉換是相反的處理方式。若以人來比喻，致動器如同我們的軀體，感測器如同我們的感官，機器可藉由感測器的判斷，經由電腦（如同我們的大腦）傳遞訊號給致動器做出適宜的動作出來。因此致動器與感測器的結合時常出現在我們的工作與生活環境之中。例如，機械加工廠中最常見的 CNC 加工機，它有各式各樣的致動器來讓加工機的刀具或床台運動；亦有各式各樣的感測器來監控判斷刀具或床台的運動情形，以做精確的定位。

微致動器（Microactuator）也是致動器的一種，必須滿足下列兩種條件之一：

（1）驅動裝置／元件能達到微米（μm）之運動精度。

（2）驅動裝置／元件之尺寸在微米級（1 ～ 1000 μm）。

微致動器的最大特性是擁有微米級的致動行程與精度或者其元件尺寸爲微米級。另外，能滿足驅動裝置／元件達到微米（μm）之運動精度，但不限元件本身的尺寸，則被稱爲微動致動器（Micromotion actuator）。近年來，由於微機電技術的發展與成熟，微機電系統（MEMS: Micro-Electro-Mechanical system）在人類的科技發展與生活中，扮演非常重要的角色，而微致動器在整個微機電系統中，具有關鍵性的地位，因爲其提供整個微機電系統中的致動或驅動功能，可說是整個系統的樞紐。

5.2 致動器的原理與分類

一般來說，致動器是根據其驅動方式或作動原理來作區分與分類。目前常見的致動原理有電磁式、靜電式、壓電式、電熱式、形狀記憶合金式、氣液壓式、磁致伸縮與化學式等。其中電磁式、靜電式與壓電式致動器是利用電能；電熱式與形狀記憶合金式致動器是利用熱能；氣液壓式致動器是利用流體能；化學式致動器是利用化學能。每種原理各有其製程、設計與功能上的優缺點，可依不同的應用需求而個別設計與使用。

5.2.1 電磁式致動器

電磁式致動器（Electromagnetic actuator）利用電與磁之間的交互作用，以及磁極之間的異極相吸同極相斥的原理，所產生的電磁力來致動。電磁式致動器的優點是生產技術成熟，可在惡劣環境中使用；缺點是電能損耗較大，且不易與 IC 製程整合。設計電磁式致動器時，常用到下面三個基本電磁學公式：

（1）Lorentz law:

$$e = -\frac{d\varphi}{dt} \text{。} \qquad (5\text{-}1)$$

（2）Faraday law:

$$F = i \cdot L \cdot B \text{ 。} \tag{5-2}$$

（3）Biot-Savart law:

$$B = \frac{\mu_r \mu_0}{2\pi r} i \text{ 。} \tag{5-3}$$

電磁式致動器是發展最成熟、應用最廣泛的一種致動器。常見的電磁式致動器（**圖 5-1**）有手機自動對焦致動器、光碟機主軸馬達、硬碟機讀寫頭馬達、步進馬達、吸塵器與幫浦等。

（a）手機自動對焦致動器

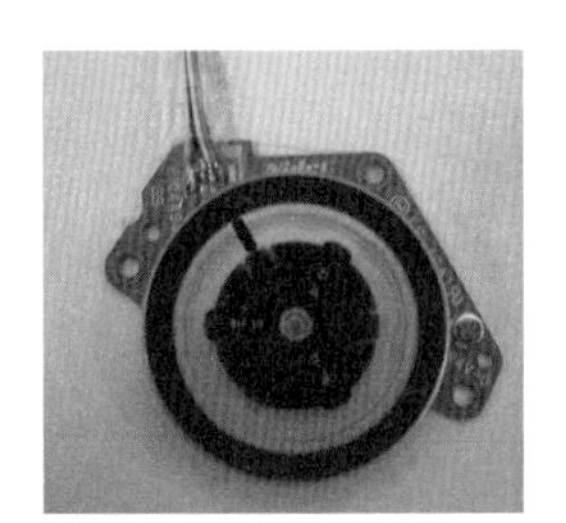

（b）光碟機主軸馬達

（c）硬碟機讀寫頭馬達

圖 5-1　常見電磁式致動器

5.2.2　靜電式致動器

靜電式致動器（Electrostatic actuator）利用靜電荷之間的異極相吸同極相斥的原理，所產生的吸引力／排斥力來致動電極，以產生平移或旋轉。靜電式致動器的優點是與 IC 製程相合，採電壓輸入，控制性佳；缺點是需高電壓，且位移量小。在微機電系統的發展最為普遍，如大家熟知的梳狀致動器（Comb driver）、德州儀器的數位微鏡裝置（Digital micromirror device, DMD）、微幫浦與微閥等，**圖 5-2**。

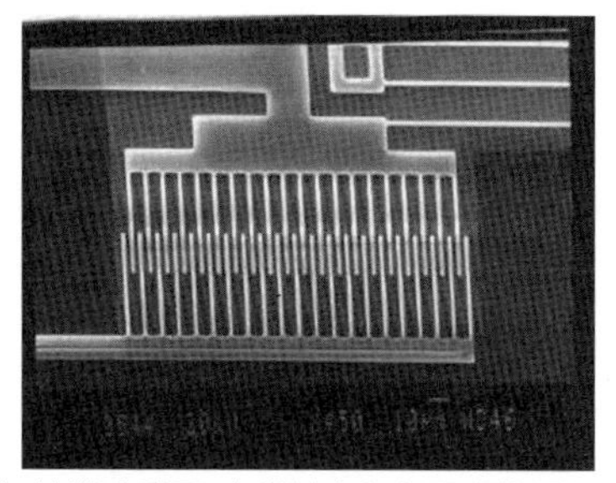

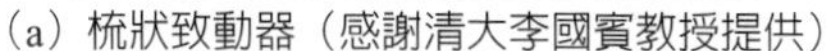

（a）梳狀致動器（感謝清大李國賓教授提供）　（b）0.55" SVGA 解析度的 DMD（TI 提供）

圖 5-2　靜電式致動器

5.2.3 壓電式致動器

壓電式致動器（Piezoelectric actuator）利用壓電材料的逆壓電效應，以電壓施加在壓電材料上，壓電材料會產生應變的特性來致動，以產生平移或旋轉。最常見的壓電材料爲鋯鈦酸鉛壓電陶瓷（PZT）。壓電式致動器的優點是反應速度佳，穩定的極小位移輸出；缺點是與 IC 製程不合，不易製作成微米尺寸，且有遲滯現象。壓電式致動器最常應用在奈米定位平台與原子力顯微鏡探針，主要原因爲運用其穩定的極小位移輸出特性。**圖 5-3** 所示爲壓電式三軸定位平台的實體照片。

圖 5-3　壓電式三軸定位平台（Newport 公司提供）

5.2.4　電熱式致動器

電熱式致動器（Electrothermal actuator）利用材料電阻（液體、固體或氣體）加熱的熱膨脹效應，以產生形變的特性來致動。電熱式致動器的優點是加熱電阻容易製作，與 IC 製程相合；缺點是易受環境溫度影響，溫度太高會產生永久形變，且反應速度慢。電熱式致動器最有名的應用例子爲熱氣泡式噴墨印表頭（Thermal bubble inkjet head）與雙層膜（Bimorph）結構微致動器。雙層膜結構微致動器的特色在於雙層膜材料的熱膨脹係數不同，**圖 5-4** 所示爲雙層膜結構微致動器的示意圖與實體照片 [5-5]。

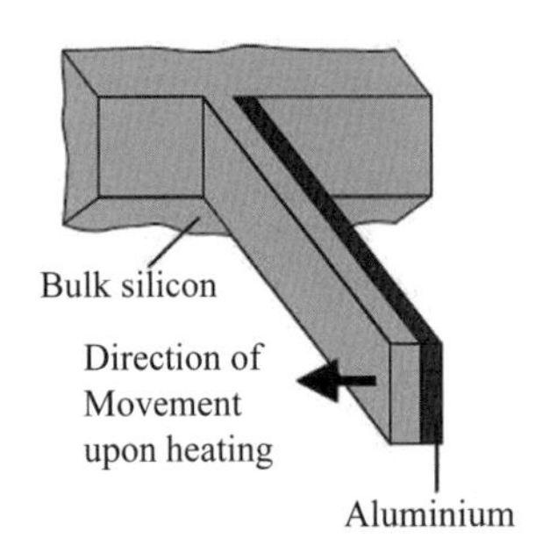

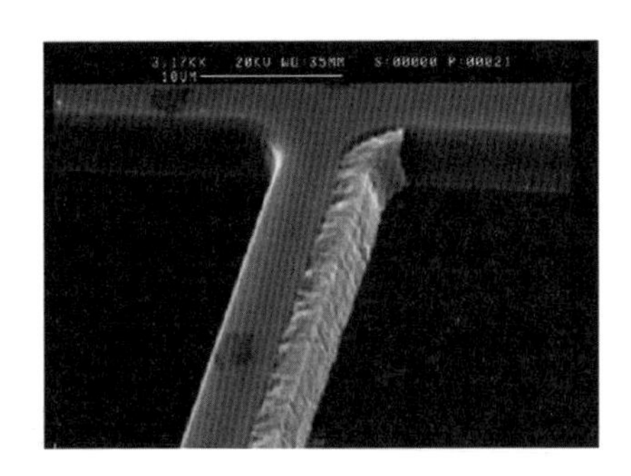

圖 5-4　雙層膜結構微致動器 [6]

5.2.5　形狀記憶合金致動器

形狀記憶合金致動器（Shape memory alloy actuator）利用形狀記憶合金在不同溫度會呈現不同的結晶微結構，以產生形變的特性，來產生位移與致動。當溫度回到原本的溫度時，形狀記憶合金的結構會回復原狀。形狀記憶合金的此種「記憶」特性是 1932 年被 A. Ölander 在金鎘合金中發現。形狀記憶合金致動器的優點是出力大，容易小型化，且結構具彈性；缺點是與 IC 製程不相合，精度差且反應速度慢。形狀記憶合金最有名的應用例子爲鈦合金眼鏡框與鈦合金心導管支架。**圖 5-5** 所示爲形狀記憶合金致動器的實體照片與其動態特性 [5-6]。

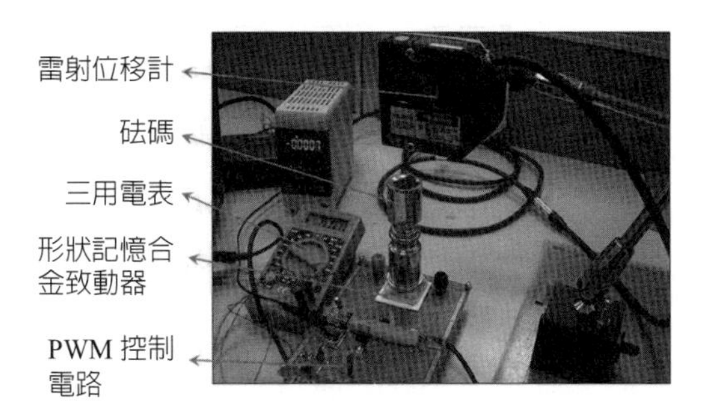

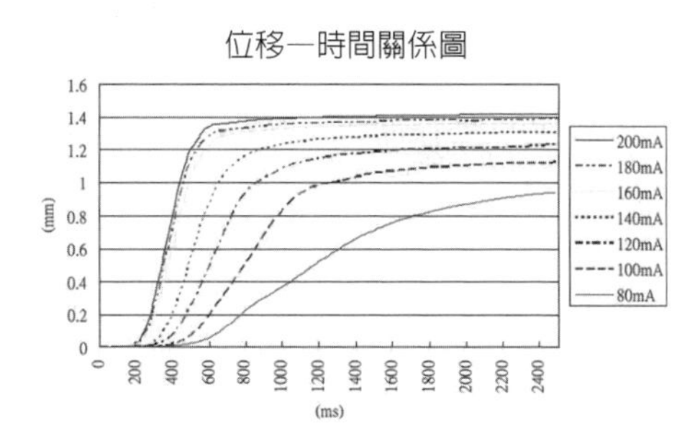

圖 5-5　形狀記憶合金致動器與其動態特性 [7]

5.2.6　氣液壓式致動器

氣液壓式致動器（Pneumatic and hydraulic actuators）可分成兩種，一種是氣壓式致動器，另一種是液壓式致動器。氣壓式致動器利用外加氣壓來源（通常是可壓縮氣體）來產生壓力差以致動；而液壓式致動器利用外加液壓來源（通常是不可壓縮油）來產生壓力差以致動。兩者皆利用壓力差 P，作用在一個表面 S 上，以產生作用力 F 來致動：

$$F = P \times S。 \tag{5-4}$$

氣液壓式致動器的優點是出力／位移大，容易控制；缺點是有因為高壓所產生的安全性問題，亦有洩漏的問題。比起液壓式致動器，氣壓式致動器可在較高溫度環境中工作，但反應速度較慢、系統剛性與效率較差。氣液壓式致動器最常應用的例子是氣／油壓缸，可用來移動重物。**圖 5-6** 所示為機械工廠中的手壓式油壓缸手推車的實體照片。**圖 5-7** 所示則為氣壓式變焦透鏡的結構示意圖 [5-7]。

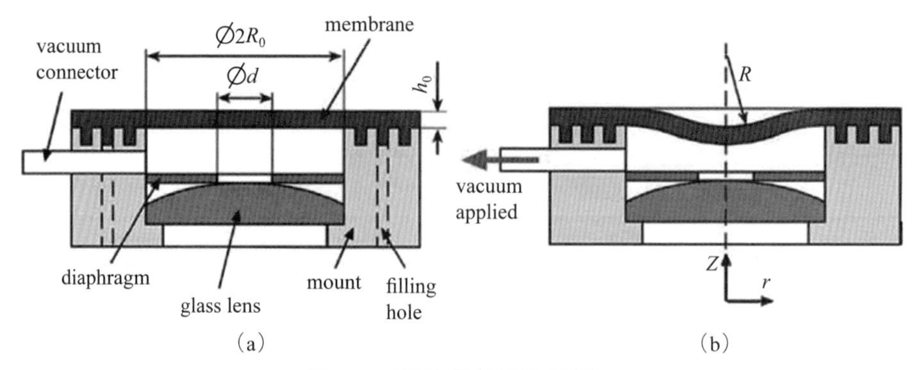

圖 5-6　手壓式油壓缸手推車

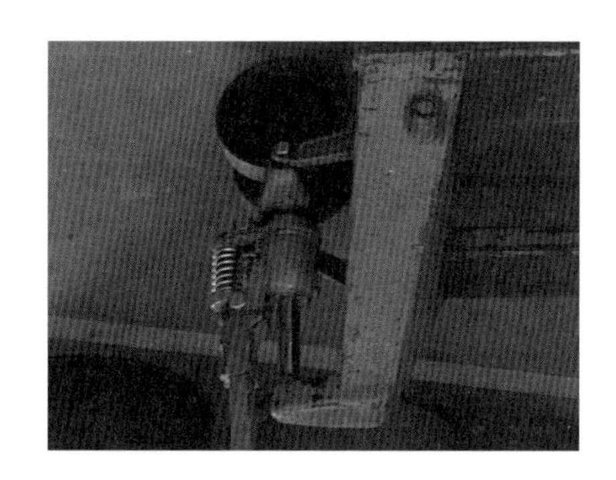

圖 5-7　氣壓式變焦透鏡 [5-7]

5.2.7　磁致伸縮式致動器

磁致伸縮式致動器（Magnetostrictive actuator）是利用磁致伸縮材料置於一外加磁場中，所產生的磁致伸縮（Magnetostriction）效應，以產生形變的特性來致動。磁致伸縮效應可分成正磁致伸縮與負磁致伸縮。正磁致伸縮是指磁致伸縮材料置於一外加磁場中，會產生伸長的現象；負磁致伸縮是指磁致伸縮材料置於一外加磁場中，會產生伸長壓縮的現象。常見的磁致伸縮材料如表 **5-1** 所示 [5-8]。磁致伸縮式致動器的優點是比壓電式致動器有更大的應變與更小的遲滯現象，可用在與壓電式致動器相同的應用中；缺點是價格昂貴，且需外加一裝置以產生磁場。**圖 5-8** 所示爲磁致伸縮式致動器的實體照片。

表 5-1　常見的磁致伸縮材料 [5-8]

材料	最大應變（PPM）
$Tb_{0.5}Zn_{0.5}$	5500
$Tb_{0.5}Dy_xZn$	5000
Terfenol-D	2000
Fe_3O_4	60
Fe	−14
Ni	−50

圖 5-8　磁致伸縮式致動器（ETREMA Products 提供）

5.2.8　其它致動器

除了上述的致動器外，尚有其他的致動器，例如化學式致動器、介電式致動器等。化學式致動器是利用化學反應以產生驅動力來致動。介電式致動器是利用電濕潤（Electrowetting）或介電泳動（dielectrophoresis）的方式以產生驅動力來致動。**圖 5-9** 所示為介電式液態鏡頭模組（屬於介電式致動器）的實體照片。

圖 5-9　介電式液態鏡頭模組（感謝清大 葉哲良教授提供）

5.3 致動器設計

進行致動器的設計時，必須考慮兩個部份。第一個部份是設計的流程。第二個部份是工程實務。設計的流程部份必須包含設計輸入（例如各式標準規範，尺寸、驅動電壓與啓動電流等產品規格等）、文獻資料蒐集分析（SCI 資料庫、各國專利資料庫、市售產品功能分析、未來市場潛力、專利分析佈局）、理論分析與設計（例如磁路設計與模擬、力學分析、機構設計、尺寸鏈公差分析、電路設計等）、實驗驗證（機械特性、電器特性等）等。工程實務部份必須包含量產組裝技術、成本、上下游供應鏈、電磁波干擾、摔擊測試、環境測試、專利侵權控告等。**圖 5-10** 所示爲致動器的設計流程圖。本小節將以手機照相模組用的自動對焦致動器設計爲範例，來加以說明。

自動對焦致動器在相機系統中是基本配備，主要功能在於拍照時調整焦距，改善成像品質；應用在手機相機中則要求微型、高性能的自動對焦致動器。因此，本節介紹筆者研發團隊所發展的用於手機相機之音圈馬達式自動對焦致動器，它包含一音圈馬達及一閉迴路定位控制系統。此閉迴路控制系統是藉由一霍爾元件的輸出訊號（電壓）當回饋訊號，來調整移動件的位置，以達到自動對焦的功能。此音圈馬達藉由導磁片的設計來維持其鏡頭模組於對焦時的位置，因而不需保持電流。實驗結果顯示，跟已知的開迴路音圈馬達自動對焦致動器比較起來，本節介紹之音圈馬達自動對焦致動器的體積較小、定位重複精度較高且能耗較低。

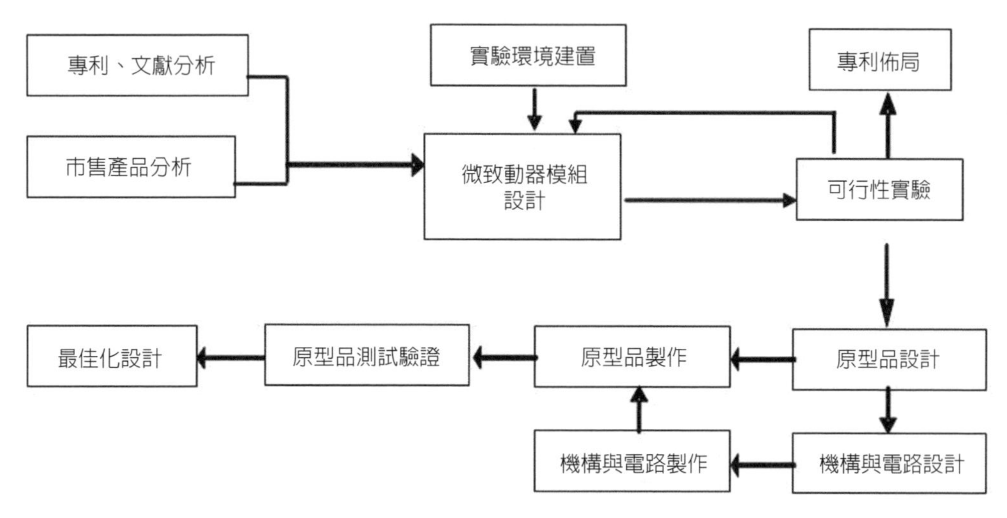

圖 5-10　致動器的設計流程圖

5.3.1　手機照相模組用自動對焦致動器之背景簡介

在影像系統中，對焦是其中最重要功能之一，通常需要機械式移動系統中一個或多個透鏡／鏡子。隨著科技的進步，近年來將具有對焦或變焦功能的數位相機整合到手機中，相機手機的產品已經躍升爲市場的主流，各種廠牌的手機相機如雨後春筍般出現在市場上。根據市場調查資料顯示，在 2016 年，全球預估有 13 億支配備有 3 百萬畫素以上高解析度鏡頭的相機手機，可見相機手機市場的未來潛力。

自動對焦致動器是相機手機最重要的關鍵零組件之一，具有自動對焦致動器的手機相機模組，猶如人類的靈魂之窗——眼睛，如**圖 5-11** 所示[5-9]。近年來，針對手機相機模組，已發展出各式各樣的自動對焦致動器，例如步進馬達（Stepping motor）、音圈馬達（Voice coil motor）、壓電馬達（Piezoelectric motor）、液體透鏡（Liquid lens）、液晶透鏡（Enhanced crystal lens）與可變形高分子膜（Polymer deformable membrane）等。在這些自動對焦致動器中，音圈馬達是最受歡迎的，主要是其具備成本低、體積小、能耗低、定位重複精度高與反應快等特點，如表 **5-2** 所示 [5-12]。

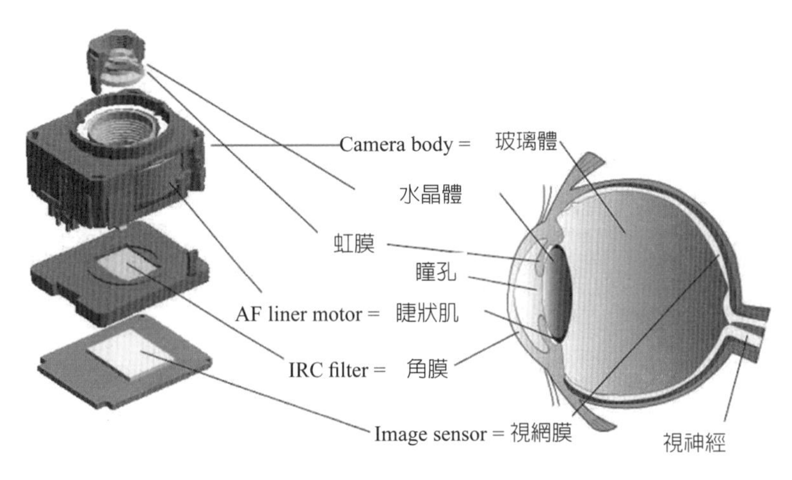

圖 5-11　手機相機模組與眼睛結構之比較 [5-9]

然而，就我們所知，音圈馬達式的自動對焦致動器，除了少數的設計外 [5-13][5-14]，幾乎都是採用開迴路控制（有彈片結構）的設計，如圖 **5-12** 所示，因此其能耗與定位重複精度受到先天上結構的限制。但隨著產品附加價值的提高以及消費者的消費型態驅使下，手機相機朝著高畫質、省能源、低成本、小型化的產品特性設計與製造已是共識。因此設計手機照相模組用的自動對焦致動器時，必須考慮降低其尺寸、增進其定位精度以及減少其能源消耗，以符合消費性電子產品的趨勢。因此，本節介紹工研院南分院研發團隊所著重發展的高性能（體積較小、定位重複精度較高且能耗較低）音圈馬達式自動對焦致動器 [5-15][5-16]。它包含一音圈馬達及一閉迴路定位控制系統。此閉迴路控制系統是藉由一霍爾元件的輸出訊號（電壓）當回饋訊號，來調整移動件的位置，以達到自動對焦的功能。此音圈馬達的最大特色在於藉由導磁片的設計來維持其鏡頭模組於對焦時的位置，因而不需保持電流。

表 5-2　手機相機模組用音圈馬達、壓電馬達與步進馬達的比較

種類	音圈馬達	壓電馬達	步進馬達
尺寸	小	小	大
成本	低	中	高
反應速度	高	高	中
能耗	中	低	高
定位精度	高	低	中
保持電流	需要	不需要	不需要
齒輪組	不需要	不需要	需要
噪音	—	—	高

圖 5-12　音圈馬達式的自動對焦致動器與彈片

5.3.2　音圈馬達自動對焦致動器的結構

在本節中，將介紹根據工研院研發團隊曾發表的一款微型音圈馬達自動對焦致動器 [5-10] 以增加一導磁片方式的改良設計，如此可藉著永久磁鐵與導磁片之間的磁吸引力以維持其鏡頭模組於對焦位置時，不需保持電流。**圖 5-13** 爲改良之音圈馬達自動對焦致動器基本結構。此音圈馬達自動對焦致動器可分爲移動件（Moving part）與固定件（Fixed part）兩大部分。移動件包括鏡頭模組（Lens module）、鏡頭夾持座（Lens-holder）以及兩個永久磁鐵（Permanent magnet）；而固定件包括一個導磁片（Magnetoconductive plate）、一個霍爾元

件（Hall element）、一個軟性電路版（PCB）、兩個線圈（Coil）、兩根與固定座連接的垂直導引桿（Guide rod）。

爲確認技術的發展趨勢並取得有利的專利佈局位置，進行相關專利的檢索與分析則爲不可或缺的動作。首先以多組專利檢索的關鍵字及檢索策略，針對不同的專利資料庫（中華民國專利資訊檢索系統、日本專利資料庫、USPTO與歐洲專利資料庫）做檢索（如**圖 5-14**），檢索完後再將所得專利閱讀整理，可得符合之有效相關專利。根據相關專利文獻的關鍵技術，及相關專利閱讀結果，製作出音圈馬達自動對焦致動器的專利技術功效矩陣圖與技術深耕重點。本例技術深耕重點在於一可小型化之音圈馬達，藉由裝置內創新磁路結構的設計，來縮減音圈馬達的尺寸並降低生產成本；此外，藉由一位置感測元件及一定位控制器，以提升音圈馬達在定位時的精度以及降低保持電流。因此，此音圈馬達可達到小型化、高定位精度、低成本與低耗能的目的。在不同的專利資料庫上，並未發現有任何文獻與本技術相牴觸，所以本技術除了可以解決工程上之問題，也具創新之想法，並已取得台灣、美國的發明專利，如**圖 5-15** 所示 [5-17][5-18]。本專利的最主要特色在於電磁結構的創新，如**圖 5-16** 所示。

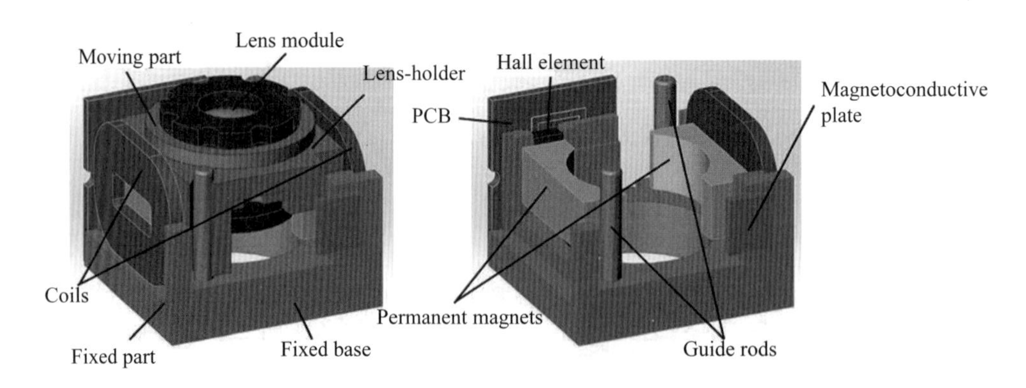

圖 5-13　具有導磁片之音圈馬達自動對焦致動器基本結構

•美國專利資料庫 網址：

http://www.uspto.gov/patft/index.html

•台灣專利資料庫 網址：

http://twp.apipa.org.tw/twplogin.htm

•日本專利資料庫 網址：

http://www19.ipdl.ncipi.go.jp/PA1/cgi-bin/PA1INIT?

•歐洲專利資料庫 網址：

http://ep.espacenet.com/search97cgi/s97_cgi.exe?Action=FormGen&Template=ep/EN/home.hts

關鍵字

美、歐、日：G02B, G03B, H01H, H02K, magnet, coil, lens

中：致動器, 音圈, 馬達

美國專利相關 ~ ex：US6856469

台灣專利相關 ~ ex：TW94109129

日本專利相關 ~ ex：JP2005-128392A

歐洲專利相關~ ex：WO2005060242A

圖 5-14　專利資料庫之檢索策略

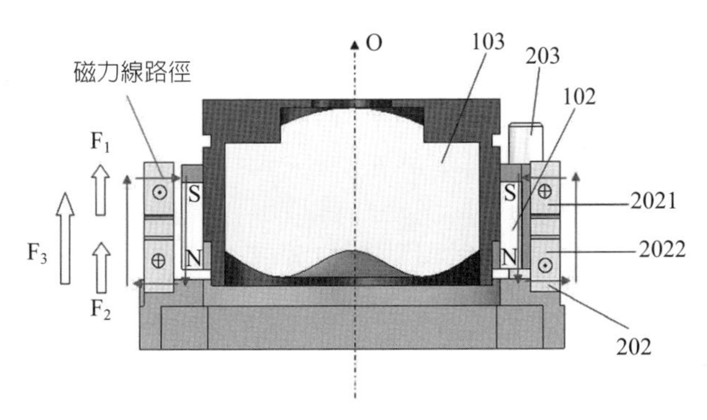

圖 5-15　技術代表圖示

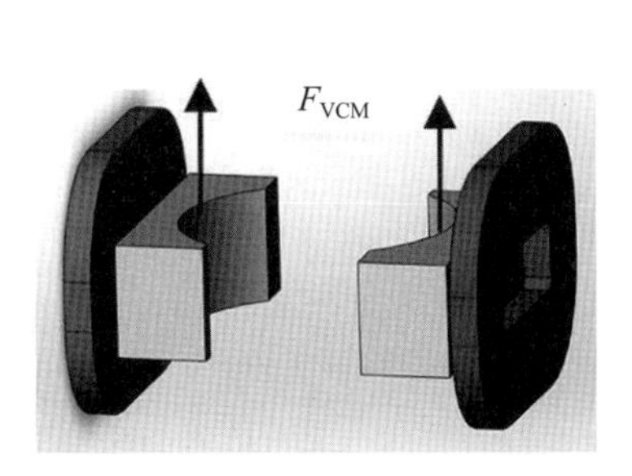

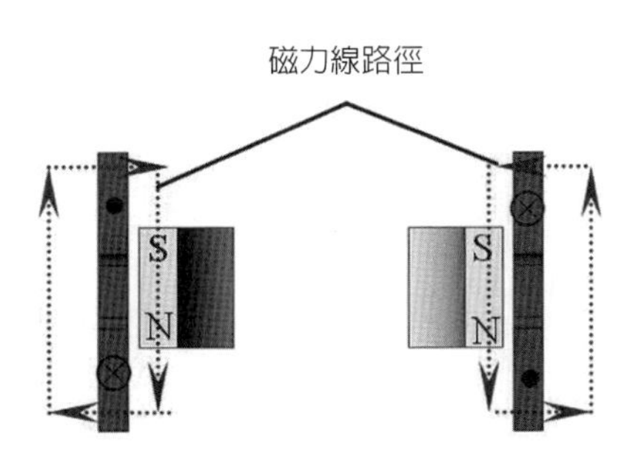

圖 5-16　創新電磁結構

5.3.3　音圈馬達自動對焦致動器的細部電磁設計

本音圈馬達自動對焦致動器的電磁設計為了滿足自動對焦與零保持電流的目的，必須根據下面兩個基本的原則：

（1）當本音圈馬達自動對焦致動器在垂直的姿態下操作時，此時的操作負載最大〔見**圖 5-17**（a）〕。此時，最大的羅倫茲力（Lorentz force）F_{VCM} 必須滿足下列公式：

$$F_{VCM} \geq F_W + \mu \cdot F_{MA} \text{ 。} \qquad (5\text{-}5)$$

（2）在永久磁鐵與導磁片之間的磁吸引力 F_{MA} 會作用在導引桿的垂直方向，因而引發一在鏡頭夾持座與導引桿之間的摩擦力 F_F。此摩擦力 F_F 必須在沒有任何外加作用力的情況下，能維持移動件在固定的位置〔見**圖 5-17**（b）〕。換言之，摩擦力 F_F 必須滿足下列公式：

$$F_F = \mu \cdot F_{MA} \geq F_W \text{ 。} \qquad (5\text{-}6)$$

其中，μ 為摩擦係數，F_W 為移動件的重量。

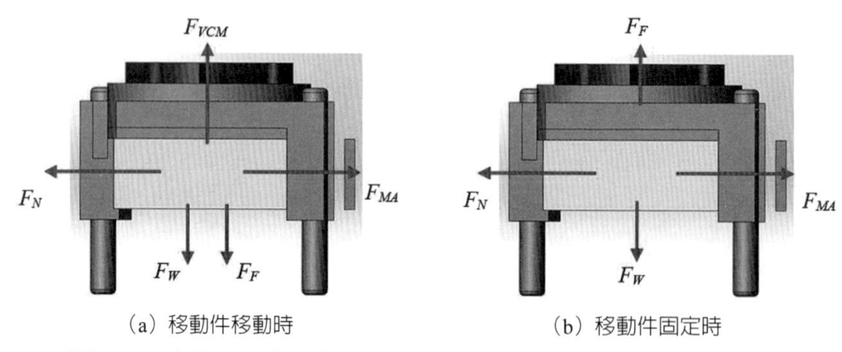

（a）移動件移動時　　（b）移動件固定時

圖 5-17　本音圈馬達自動對焦致動器在垂直姿態下操作時的力分析圖

我們用有限元素法作最佳化設計，決定理想的設計參數值，以滿足上述自動對焦與不需保持電流的兩個基本的原則。**圖 5-18** 所示為本音圈馬達自動對焦致動器在模擬過程中所使用的 3D 網格模型，表 **5-3** 所示為假設移動件的總重量爲 1.96 mN（根據設計條件所估算），經模擬後所決定之本音圈馬達自動對焦致動器的細部設計參數。

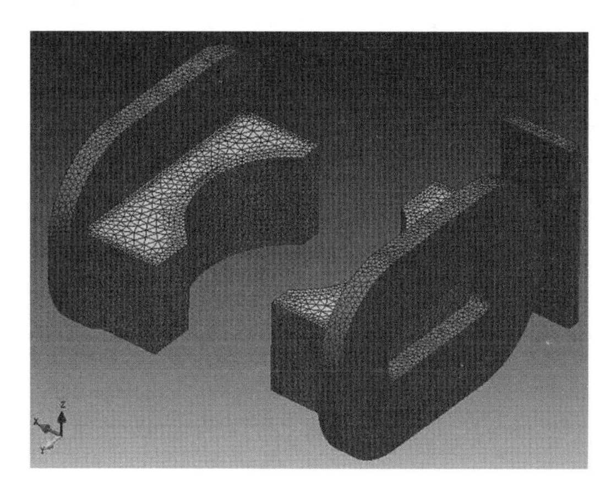

圖 5-18　本音圈馬達自動對焦致動器的 3D 網格模型

表 5-3　自動對焦致動器設計參數

<table>
<tr><th colspan="2">參數</th><th>對應值</th></tr>
<tr><td colspan="2">工作電壓（V）</td><td>3.3</td></tr>
<tr><td colspan="2">尺寸（mm）</td><td>6.5×6.5×4</td></tr>
<tr><td rowspan="3">導磁片</td><td>高度（mm）</td><td>1.6</td></tr>
<tr><td>長度（mm）</td><td>1.3</td></tr>
<tr><td>厚度（mm）</td><td>0.2</td></tr>
<tr><td rowspan="3">永久磁鐵</td><td>高度（mm）</td><td>1.6</td></tr>
<tr><td>長度（mm）</td><td>4.1</td></tr>
<tr><td>厚度（mm）</td><td>0.5</td></tr>
<tr><td rowspan="5">線圈</td><td>高度（mm）</td><td>3.7</td></tr>
<tr><td>長度（mm）</td><td>5.3</td></tr>
<tr><td>厚度（mm）</td><td>0.4</td></tr>
<tr><td>匝數（turns）</td><td>148</td></tr>
<tr><td>最大電流（mA）</td><td>95</td></tr>
<tr><td colspan="2">摩擦係數</td><td>0.3</td></tr>
<tr><td colspan="2">磁吸引力（mN）</td><td>16.27</td></tr>
<tr><td colspan="2">羅倫茲力（mN）</td><td>19.60</td></tr>
<tr><td colspan="2">軸孔配間隙（mm）</td><td>0.05</td></tr>
</table>

本音圈馬達自動對焦致動器的閉迴路控制系統是藉由一霍爾元件的輸出訊號（電壓）當回饋訊號，來調整移動件的位置，以達到自動對焦的功能。爲了確認此閉迴路控制系統能夠精確的順利運作，垂直通過霍爾元件感測面的磁場強度（如**圖 5-19** 所示）必須與移動件的位置呈現線性的變化。磁路模擬結果如**圖 5-20** 所示，垂直通過霍爾元件感測面的磁場強度與移動件的位置呈現線性的變化。

根據霍爾元件（HG-0113）的技術規格，霍爾元件的輸出訊號（電壓）爲：

$$V_{\text{out}} = K \cdot B_{\text{y}}(x, y, z) \cdot V_{\text{in}} \text{。} \tag{5-6}$$

其中 K 為比例常數，$B_{\text{y}}(x,y,z)$ 為垂直通過霍爾元件感測面的磁場強度，V_{in} 為霍爾元件的輸入電壓（6V）。從公式（5-6），我們可以推導出霍爾元件的輸出訊號解析度為：

$$\frac{V_{\text{out}}}{\Delta\delta} = K \cdot \left[\frac{B_{\text{y}}(x, y, z)}{\Delta\delta}\right] \cdot V_{\text{in}} \text{。} \tag{5-7}$$

其中 $\Delta V_{\text{out}}/\Delta\delta$（Voltage/Displacement）爲霍爾元件的輸出訊號解析度。從公式（5-7）與磁路模擬資料，我們可以推算出 $\Delta V_{\text{out}}/\Delta\delta$ 爲 2.0mV/0.01mm，此輸出訊號解析度比環境雜訊大，是可以處理的，此說明本音圈馬達自動對焦致動器的閉迴路控制系統是可順利運作的。

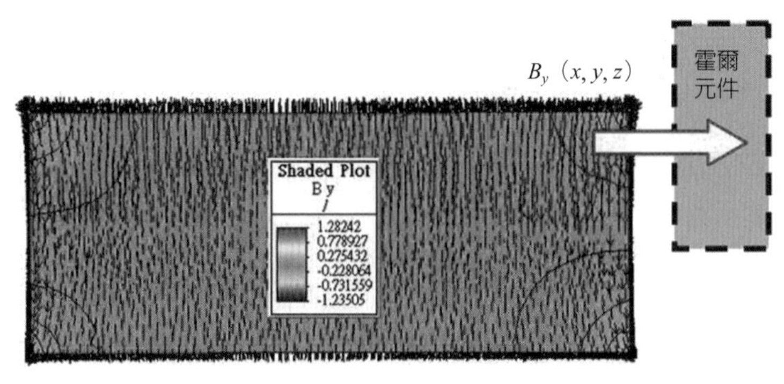

圖 5-19　通過霍爾元件的垂直磁場強度示意圖

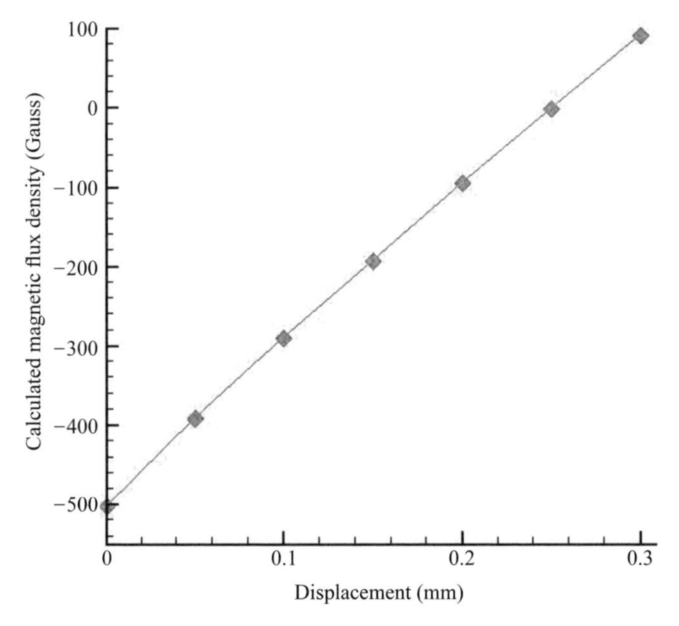

圖 5-20　垂直通過霍爾元件感測面的磁場強度與移動件位置的關係圖

5.3.4　音圈馬達自動對焦致動器的電路設計

本音圈馬達自動對焦致動器的電路設計方塊圖，如**圖 5-21** 所示。其共分成 5 部分，分別爲電壓命令輸出單元、PID 控制器、VCM 驅動器、VCM 致動器與霍爾訊號處理單元。有關電路設計的部分，非本書的重點，若讀者有興趣，請自行參閱相關參考資料 [5-11]。

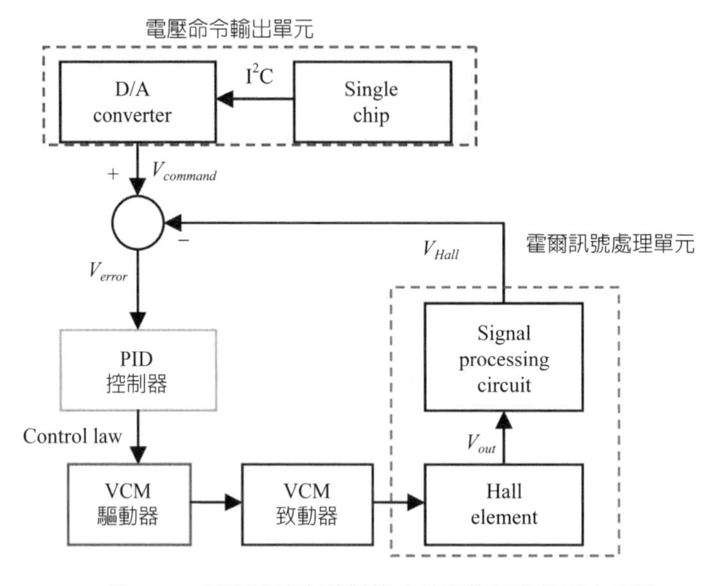

圖 5-21　音圈馬達自動對焦致動器的電路設計方塊圖

5.3.5　音圈馬達自動對焦致動器雛型品製作與實驗驗證

本小節介紹之音圈馬達自動對焦致動器的特性，藉由雛型品製造與實驗加以驗證。**圖 5-22** 所示爲整個實驗裝置的方塊示意圖，藉由雷射位移計來量測本音圈馬達自動對焦致動器的位移、示波器來量測本音圈馬達自動對焦致動器的反應時間（**圖 5-23**）以及光準直儀來量測本音圈馬達自動對焦致動器的光學傾斜度（**圖 5-24**）。**圖 5-25** 所示爲本音圈馬達自動對焦致動器的雛型品。在實驗的過程中，本音圈馬達自動對焦致動器的移動件之輸出位移是由輸入位移的命令來加以控制。當本音圈馬達自動對焦致動器的移動件到達所需之位移時，就把電源關掉（此時保持電流爲零），並量測此時的最後輸出位移。**圖 5-26** 所示爲本音圈馬達自動對焦致動器在 3 個不同測試姿態下（分別爲垂直、水平與傾斜 45°），輸入位移命令與輸出位移的關係圖。我們發現在三個不同測試姿態下，輸入位移命令與輸出位移有良好的一致性，而且定位重複精度小於 2μm。對比之下，筆者研發團隊之前發表的微型音圈馬達自動對焦致動器的定位重複精度小於 5μm [5-10]。其定位重複精度改善原因在於本小節介紹的音圈馬達自動對焦致動器，其永久磁鐵與導磁片之間的磁吸引力將會在鏡頭夾持座與導引桿之間施加一預壓力，此預壓力會使得移動件的移動更平順，導致定位重複精度提升。又由於當本音圈馬達自動對焦致動器的移動件到達所需之位移時，就把電源關掉，此時並不需額外的電流，亦即所需的保持電流是零，因此能大幅降低耗能。

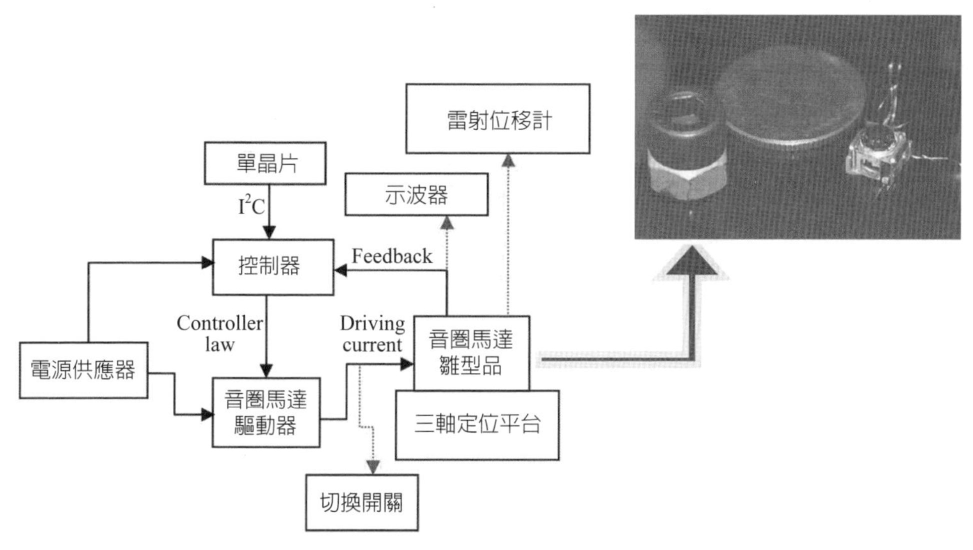

圖 5-22　實驗裝置的方塊示意圖

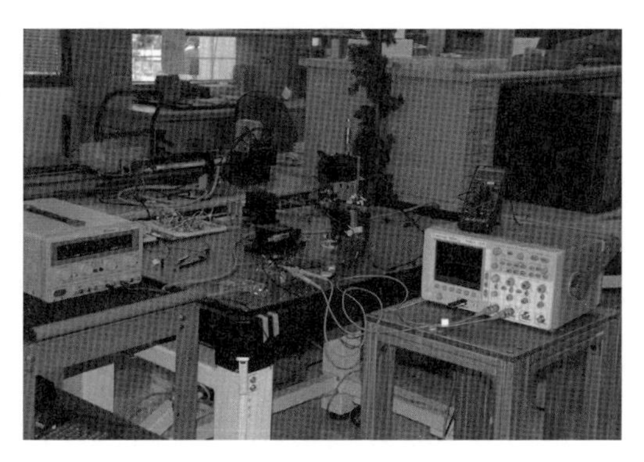

圖 5-23　實驗裝置實體照片

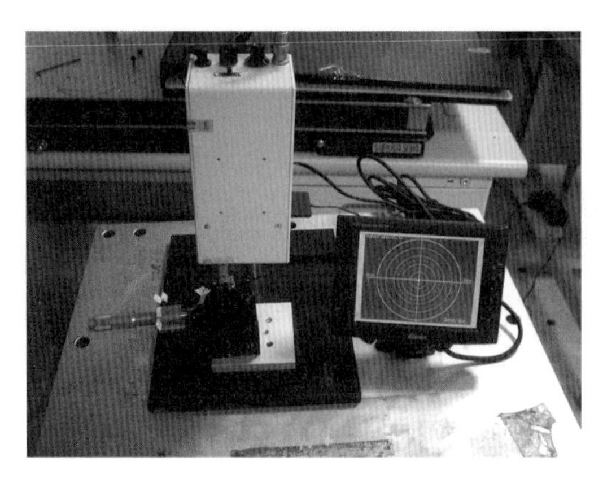

圖 5-24　音圈馬達自動對焦致動器的光學傾斜度量測

圖 5-25　音圈馬達自動對焦致動器的雛型品

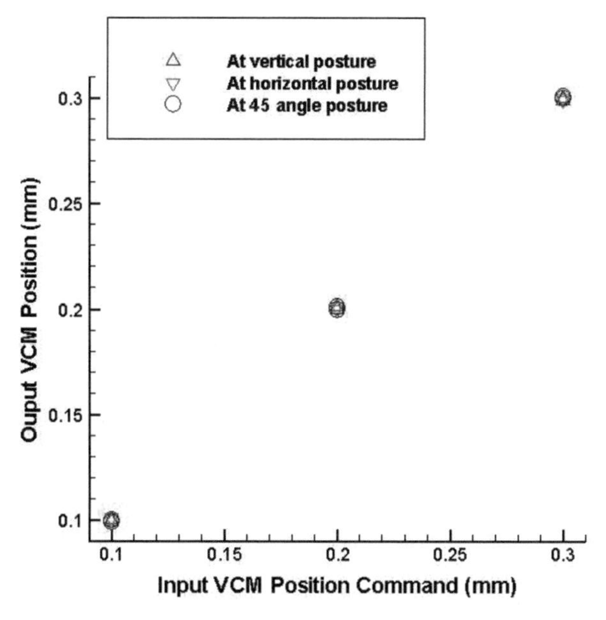

圖 5-26　在三個不同測試姿態下，音圈馬達自動對焦致動器的輸入位移與輸出位移的關係圖（從位置 = 0.1mm 到位置 = 0.3mm）

圖 5-27（a）與（b）分別表示音圈馬達自動對焦致動器在 2 個不同位移情況下（從位置 = 0.0mm 到位置 = 0.3mm 以及從位置 = 0.3mm 到位置 = 0.0mm）所量測的反應時間。我們發現其反應時間很快，可滿足業界的需求（反應時間須小於 20ms）。**圖 5-28**（a）與（b）分別表示本音圈馬達自動對焦致動器在 2 個不同位移情況下（從位置 = 0.0mm 到位置 = 0.3mm 以及從位置 = 0.3mm 到位置 = 0.0mm）所量測的光學傾斜度（Title angle）。我們發現其光學傾斜度很小，可滿足業界的需求（光學傾斜度須小於 10arc-min.）。另外，由其它未揭露的實驗結果發現，本音圈馬達自動對焦致動器的動態特性（包含保持電流、定位重複精度、反應時間與光學傾斜度等）不受到移動件與固定件之間軸孔配（Shaft-hole pairs）間隙的影響，其原因亦是永久磁鐵與導磁片之間的磁吸引力會在鏡頭夾持座與導引桿之間施加一預壓力，此預壓力會消除軸孔配間隙變化的影響，如**圖 5-29** 所示。這表示此種設計可放寬軸孔配間隙，因而可降低生產製造成本。**表 5-4** 所示爲本音圈馬達自動對焦致動器雛型品的性能規格。

表 5-4　音圈馬達自動對焦致動器雛型品的性能規格

尺寸	6.5mm×6.5mm×4.0mm
軸孔配間隙	0.05mm
最大定位重複精度	2μm
最大保持電流	0mA
最大反應時間	15ms
最大光學傾斜度	3arc-min.

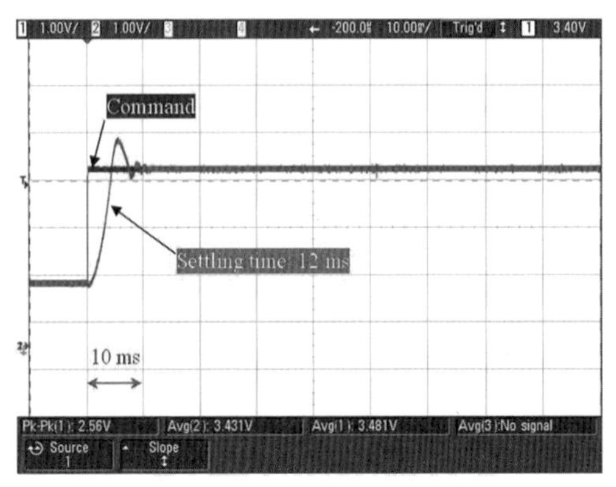

（a）從位置 = 0.0mm 到位置 = 0.3mm

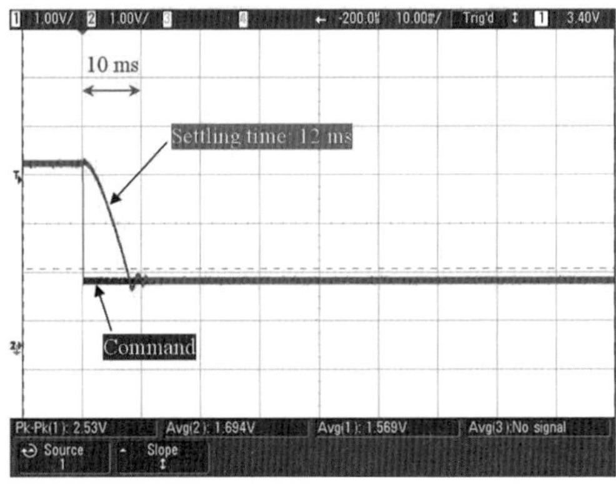

（b）從位置 = 0.3mm 到位置 = 0.0mm

圖 5-27　音圈馬達自動對焦致動器的反應時間量測結果

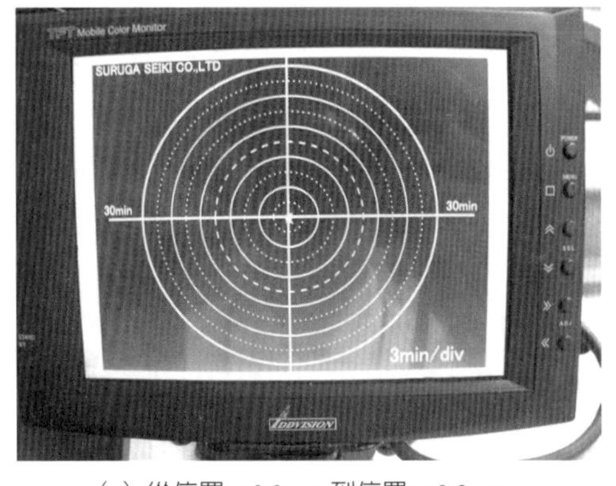

（a）從位置 = 0.0mm 到位置 = 0.3mm

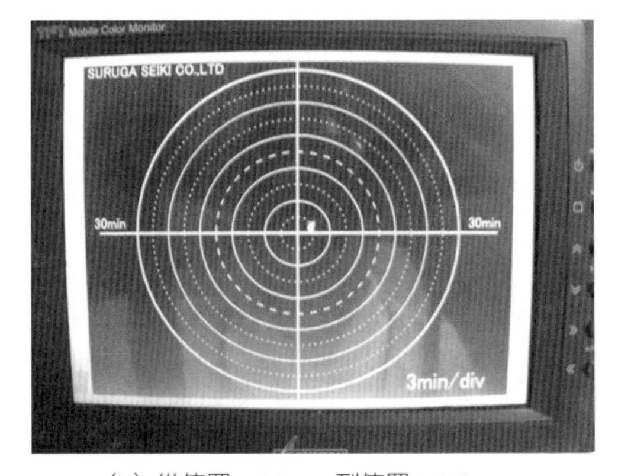

（b）從位置 = 0.3mm 到位置 = 0.0mm

圖 5-28　音圈馬達自動對焦致動器的光學傾斜度量測結果

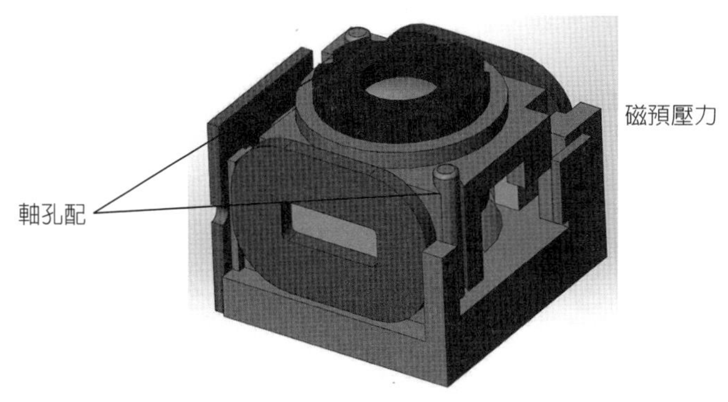

圖 5-29　音圈馬達自動對焦致動器的軸孔配與磁預壓力位置

爲了驗證音圈馬達自動對焦致動器的自動對焦功能，我們將音圈馬達自動對焦致動器、影像感測器與市售控制電路板整合成一照相模組雛型品，如**圖 5-30** 所示。**圖 5-31**（a）與（b）爲本照相模組雛型品在有無對焦的情況下，所拍攝的物體影像。很明顯的，對焦的影像較清晰，驗證了音圈馬達自動對焦致動器的自動對焦功能。

圖 5-30　照相模組雛型品

(a) 無對焦

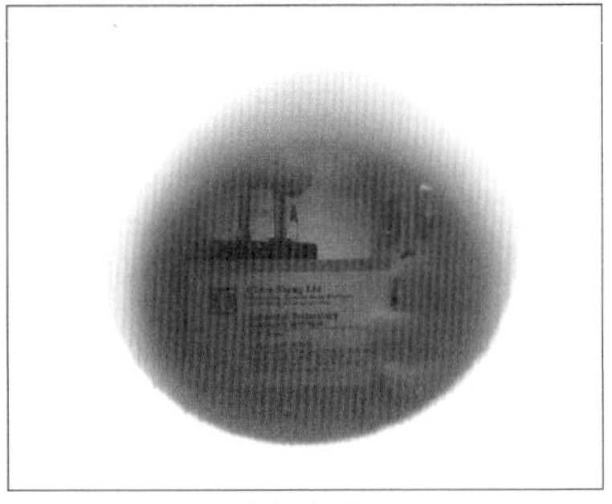

(b) 對焦

圖 5-31 照相模組雛型品所拍攝的物體影像

5.3.6 結論與展望

本節介紹一款可應用於手機照相模組的高性能音圈馬達自動對焦致動器。本音圈馬達自動對焦致動器的移動件是用閉迴路控制系統的回饋機制，由霍爾元件的輸出訊號，來調整移動件的位置，以達到自動對焦的功能。本音圈馬達自動對焦致動器的移動件到達所需的位置時，其鏡頭模組由永久磁鐵與導磁片之間的磁吸引力固定住，因此不需保持電流。實驗結果顯示，跟已知的開迴路音圈馬達自動對焦致動器比較起來，本小節介紹之音圈馬達自動對焦致動器的體積較小、定位重複精度較高且能耗較低。筆者認爲應用於手機照相模組的高性能音圈馬達自動對焦致動器未來有 2 個主要的發展趨勢：一個是在有限的尺寸內，能搭載 8 百萬畫素以上高解析度鏡頭；另一個是發展自動變焦致動器。而技術的發展重點在於改良音圈馬達的機電結構與製程技術。

5.4 結語

本章介紹了致動器的定義，並說明其原理與分類，再以手機照相模組所用的自動對焦致動器設計經驗爲範例，來加以說明精密致動器的設計流程。然而，針對不同的致動器設計重點與工程實務，彼此亦存在著差異性。但相信經驗的累積與專業知識的成長是設計創意的最佳來源，亦是精密機械設計的精神糧食，有賴社會大衆互勉。

習題

1. 請說明致動器與感應器的定義？
2. 請舉出 3 種致動器原理，並說明其特性？
3. 請比較手機相機模組用之音圈馬達、壓電馬達與步進馬達的異同。
4. 請列舉哪些致動器與 IC 製程相合？
5. 請說明音圈馬達的主要組成，及其優點與缺點各爲何？
6. 請說明如何確認閉迴路控制系統能夠精確的順利運作？
7. 請說明手機照相模組之發展趨勢？

第六章

機械傳動精度控制

6.1 基本自動控制系統

6.2 微控制器軟硬體架構

6.3 精密感測技術

6.4 伺服馬達及驅動器介紹

習題

6.1 基本自動控制系統

自工業革命以來，機器的發明及運用大幅地取代了人力的生產，自動控制系統開始在各種生產工作中扮演重要的角色，控制系統一般可分爲開迴路控制系統（Open-loop control system）及閉迴路控制系統（Closed-loop control system）。當系統受到外界干擾時，開迴路控制無法修正系統輸出，使系統輸出值產生誤差或失控。而閉迴路控制系統的特點是會將系統的輸出值，以感測器加以量測，迴授至系統的輸入，藉以調整控制器的輸出，如**圖 6-1** 所示。利用各種控制理論，可以大幅提升系統的各種性能與效率。在工程上使用自動控制系統的實例很多，例如 CNC 工具機、機器人、全自動洗衣機、自動化倉儲系統、電動車等。

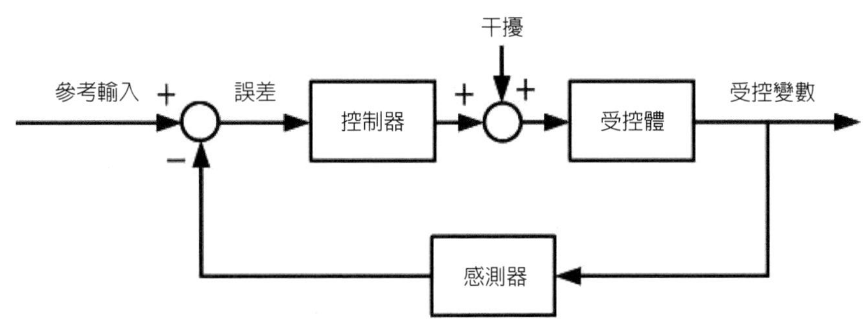

圖 6-1　閉迴路控制系統方塊圖

典型的閉迴路控制系統包括控制器、受控體（或受控系統）、感測器。控制器（Controller）是用來產生控制受控體狀態的輸入訊號。感測器（Sensor）可以量測出系統的受控變數狀態，藉由將量測值負迴授至輸入端後與參考輸入值比較，產生誤差訊號來調整控制器的輸入。常見的例子有汽車的定速巡航系統（Cruise control system），定速系統利用車速感測器量測汽車的車速（受控變數），再將此量測值回授到控制器調整引擎節流閥的位置，使汽車（受控體）維持在固定的參考輸入值。當汽車行駛在上坡路段速度變慢時，控制器可以加大油門，使車速再上升至參考輸入值，反之在下坡路段時，控制器可以減小油門降低車速，如圖 **6-2** 所示。

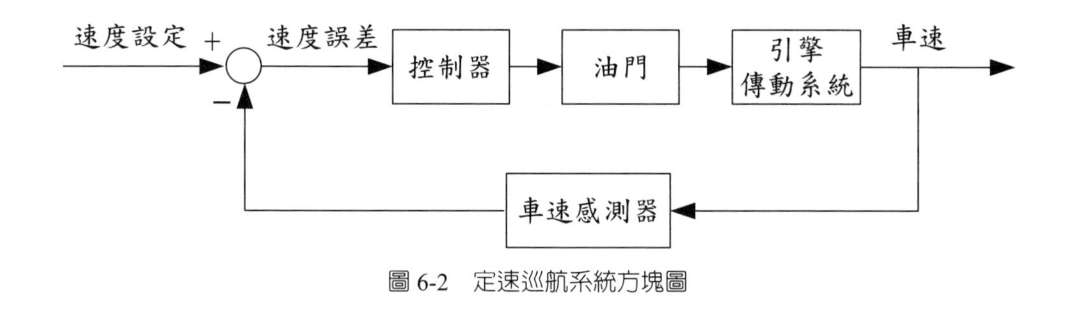

圖 6-2　定速巡航系統方塊圖

6.1.1　系統動態特性

系統的動態特性一般可從時域與頻域響應來討論。對於線性系統而言，常用時域響應來研究系統的動態特性。通常可使用單位步階函數作爲系統的輸入訊號，量測系統在動態過程中的輸出響應，然後根據輸出對於輸入的函數關係，建立該系統之數學模型，此種方法稱爲單位步階響應（Unit step response），如圖 **6-3** 所示。

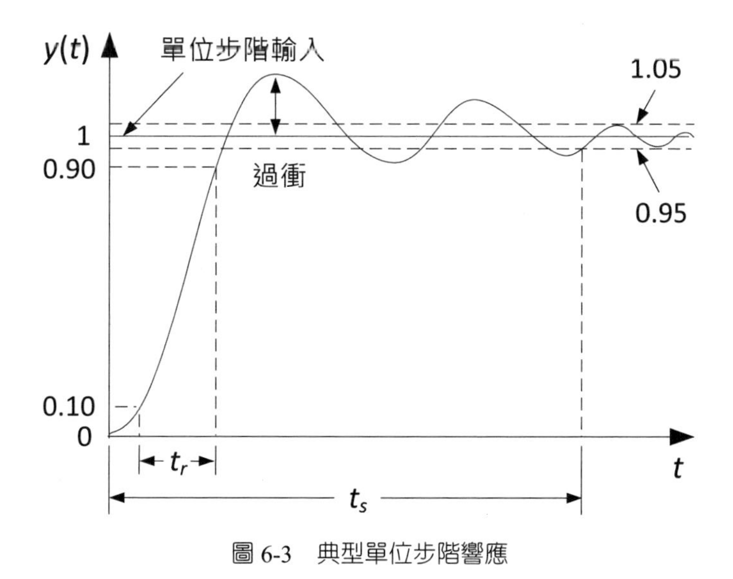

圖 6-3　典型單位步階響應

在設計動態系統時，除了必須降低系統的誤差，提高響應速度與穩定性外，也應根據實際應用考慮其他的動態特性，例如頻率響應及系統阻尼（Damping）等。一般系統的動態特性可用下列參數來表示：

（1）**上升時間**（Rise time, t_r）：受控變數從最終值的 10% 上升到 90% 所需的時間。

（2）**過衝百分比**（Percentage overshoot, *PO*）：受控變數的最大值減去最終值再除以最終值的比值。

（3）**安定時間**（Settling time, t_s）：受控變數上升到最終值的 2 ～ 5% 誤差內所需的時間。

（4）**穩態誤差**（Steady state error, e_{ss}）：受控變數到達穩態時（即時間無窮遠處），輸出與參考輸入間之誤差。

6.1.2　PID 控制器

在自動控制中，常常使用各種控制器調整系統特性，其中有數十年歷史的 PID 控制器（Proportional-Integral-Derivative controller），如**圖 6-4** 所示，由於結構穩定，是工業界最常用之控制器。PID 控制器是由比例控制器、積分控制器、微分控制器所組成，主要使用在線性非時變（Linear time-invariant , LTI）系統，可以根據系統過去輸出的數值與經驗調整受控體的輸入值，使系統輸出更加準確，詳述如下。

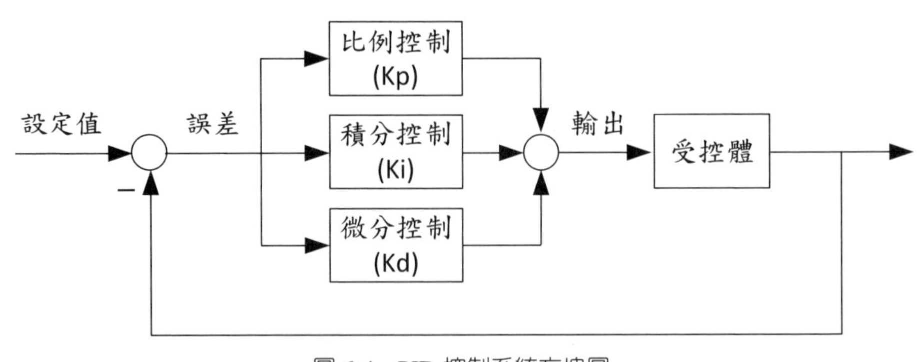

圖 6-4　PID 控制系統方塊圖

（1）**比例控制**（Proportional control）：是一種最基本的控制方式，控制器的輸出與誤差值成正比關係。比例控制的優點是可以使系統的暫態響應（Transient response）變快，但是使用此種控制，無法完全消除穩態誤差。

（2）**積分控制**（Integral control）：控制器的輸出與過去誤差值的積分成正比關係。積分控制可以完全消除穩態誤差，但是若積分常數（Ki）很大，則會有過衝（Overshoot）的問題。

（3）**微分控制**（Derivative control）：控制器的輸出與誤差值的微分成正比關係。微分控制器相當於一個高通濾波器，對步階輸入的瞬間會產生很大的輸出，之後輸出會隨時間增加而減少，因此微分控制可以改善暫態響應。

個別 PID 常數的調整效果如表 **6-1** 所示，爲了增加系統的穩定度及降低穩態誤差，比例、積分、微分控制器都會互相搭配使用，一般在設計時會先透過設計比例積分控制器（PI controller）消除穩態誤差，再透過比例微分控制器（PD controller）改善暫態響應。因此 PID 控制器結合了 PI 及 PD 兩種控制器的優點。

表 6-1　個別 PID 常數控制效果 [6-1]

增加的數値	上升時間	過衝	安定時間	穩態誤差	穩定性
比例常數（Kp）	減少	增加	增加（小量）	減少	變差
積分常數（Ki）	減少（小量）	增加	增加	減少（大量）	變差
微分常數（Kd）	減少（小量）	減少	減少	微小變化	變佳

6.2 微控制器軟硬體架構

微控制器（Micro controller unit, MCU），有時簡稱爲 μC，是一種單晶片微型電腦，其中包含中央處理器（CPU）、記憶體（RAM 及 ROM）、定時／計數器、輸入／輸出埠及各種周邊介面。與個人電腦（PC）中的微處理器相比，雖然微控制器的記憶體容量較小，運算速度較低，無法進行一些較複雜的應用，但是由於具有體積小、成本低與介面簡單的優點，目前仍然是嵌入式系統的主流，很容易整合在各種工業控制裝置、汽車工業及消費性電子產品中。

微控制器在市面上可以找到許多的種類與製造商，一般可以分成 8 位元、16 位元及 32 位元等規格，較具代表性的有 Intel 的 8051 系列、ARM 系列、Microchip 的 PIC 系列、Freescale 的 68HC 系列等。早期的微控制器軟體多使用組合語言，目前的微控制器則支援高階程式語言，如 BASIC、C 語言等，部分整合式開發環境支援 C++。常見的微控制器開發環境有 ARM 公司的 μVision 整合開發環境。軟體完成後可以透過 RS-232 或其他介面將程式燒錄到單晶片內。

微控制器的硬體一般包括以下三個單元：中央處理器、記憶體、周邊元件，如**圖 6-5** 所示。中央處理器負責執行指令，資訊及程式參數儲存在記憶體中。藉由周邊介面，可將輸入裝置（如鍵盤、開關和感測器）的資訊傳送到中央處理器，經由中央處理器處理後，再將資訊傳送到輸出裝置（如螢幕、馬達和七段顯示器）。

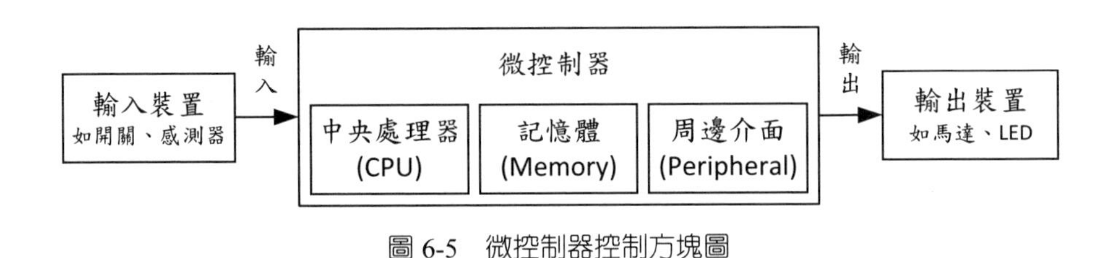

圖 6-5　微控制器控制方塊圖

6.2.1　8051 單晶片

最早的微控制器是 1976 年由英特爾公司所研發出的 Intel 8048，在當時市場上反應熱烈，吸引了全球各大公司投入 μC 的發展。1980 年 Intel 8051 的推出，與 8048 單晶片相比，增加了乘法、除法與比較等指令，及布林代數運算能力。後來的版本更進一步採用半導體 CMOS 技術製造，大幅降低了耗電量，因此成爲了目前爲止最流行的微控制器，在日常生活中隨處可見。

8051 是一顆 8 位元的 μC，硬體規格如**圖 6-6** 所示，包括以下：

（1）8 位元的中央處理器（CPU）。

（2）4Kbytes 程式記憶體（ROM），外部可擴充至 64KB。

（3）128bytes 資料記憶體（RAM），外部可擴充至 64KB。

（4）四個 8 位元的雙向輸出／輸入埠（P0、P1、P2、P3），可經由這四個輸出／輸入埠進行資訊交換。

（5）兩個 16 位元計時／計數器（T0、T1）。

（6）五個中斷源（INT0、INT1、T0、T1、RXD、TXD），可選擇中斷優先權。

（7）一個全雙工串列通訊埠（UART）。

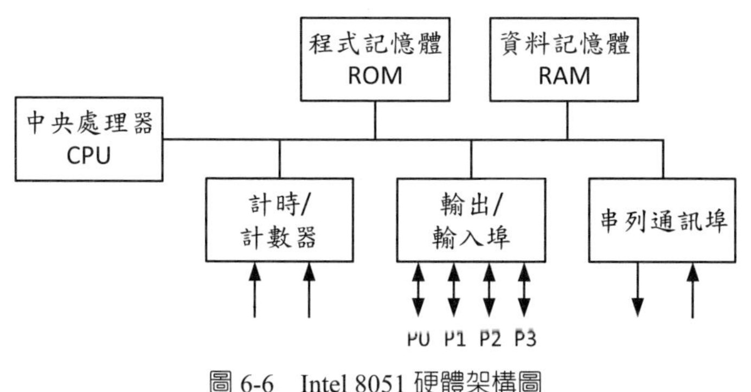

圖 6-6　Intel 8051 硬體架構圖

Intel 8051 爲一個具有 40 支接腳的積體電路，可參見**圖 6-7**，其中包含 4 個 8 位元的雙向輸出／輸入埠（IO port），及 VCC、VSS、RST、XTAL1、XTAL2 等接腳，其中 PORT 3 除了當作 I/O 外，也具有第二種功能。在圖中各接腳代表意義如下：

（1）VCC：正電壓接腳（+5V），在第 40 支 pin。

（2）PORT 0（P0.0 ～ P0.7）：可當作 I/O 接腳，需在外部接提升電阻（Pull-up resistor）。外部記憶體擴充時，當作資料匯流排（D0 ～ D7）及位址匯流排（A0 ～ A7）。

（3）PORT 1（P1.0 ～ P1.7）：I/O 接腳。

（4）PORT 2（P2.0 ～ P2.7）：I/O 接腳。外部記憶體擴充時，可當作位址匯流排（A8 ～ 15）使用。

（5）PORT 3（P3.0 ～ P3.7）：I/O 接腳。有些應用中，PORT 3 每一支接腳有特定的功能（這時不能當作一般 I/O 使用）。

（6）RST：重設信號輸入接腳。

（7）$\overline{\text{EA}}$ /VPP：外部存取功能或 12 伏特燒錄電壓輸入接腳。$\overline{\text{EA}}$ 接高電位時，選擇讀取內部程式記憶體；$\overline{\text{EA}}$ 接低電位時，選擇讀取外部程式記憶體。

（8）ALE/ $\overline{\text{PROG}}$（Address latch enable）：位址閂鎖或燒錄脈波接腳，平時利用此信號將位址匯流排栓鎖住。燒錄程式時當燒錄脈波輸入接腳。

（9）$\overline{\text{PSEN}}$（Program store enable）：程式儲存致能接腳。讀取外部 ROM 的程式時，將 $\overline{\text{PSEN}}$ 接到外部 ROM 的 $\overline{\text{OE}}$。

（10）XTAL1、XTAL2：時脈接腳，接石英振盪器。

（11）VSS：地接腳（GND）。

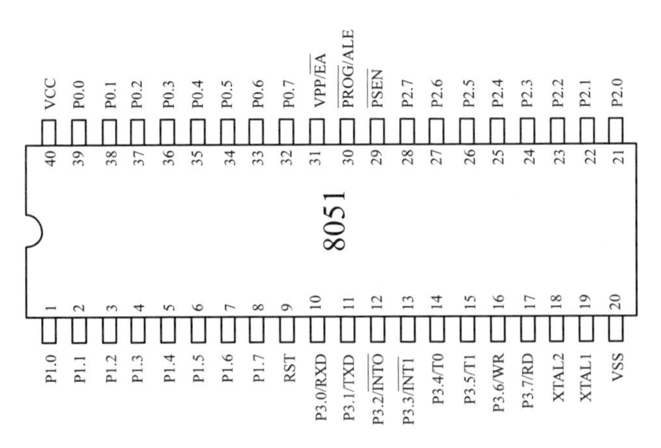

圖 6-7　Intel 8051 接腳圖

6.2.2 可程式邏輯控制器

可程式邏輯控制器（Programmable logic controller, PLC）也是一種具有微處理器的控制系統，廣泛地使用在工廠自動化生產中。PLC 早期是美國通用汽車公司於 1960 年代，爲了加速工廠的生產線調整所開發出來的控制器。在 PLC 出現之前，一般工廠所使用的邏輯與時序控制必須依靠許多的繼電器，但是繼電器時序控制的電路修改不易，必須耗費大量的人力與時間維護，因此目前已被 PLC 所取代。PLC 採用可程式的記憶體，執行邏輯控制、時序控制、通信及內部程式儲存等指令，通過數位或類比介面輸入或輸出各種電子訊號，藉由輸出元件連接外部機械裝置進行實體控制，並具有快速調整的彈性。。

可程式控制器所用的編輯程式語言不同於一般的電腦語言，IEC 61131-3 的國際標準提供了 PLC 相關之五種程式語言，包含：指令表（Instruction list，IL）、結構式文件編程語言（Structured text，ST）、階梯圖（Ladder diagram，LD）、順序功能流程圖（Sequential function chart，SFC）或功能方塊圖（Function block diagram，FBD）方式等。雖然在階梯圖程式中常會用到繼電器、計數器與計時器等元件，但實際上 PLC 是以記憶體與程式編程方式做邏輯控制編輯；再經由 RS-232 或其他方式寫入控制器中，讀入中央處理器中執行。

目前市面上的 PLC 廠牌與種類繁多，包括歐系的 Siemens™、Rockwell™ 及日系的 MITSUBISHI™、OMRON™、Fuji™ 及台系的 DELTA™，如**圖 6-8** 所示。因此在各種工廠自動化生產，包含一般工廠使用的小型 PLC，及半導體廠自動化設備所使用的大型 PLC，PLC 都扮演著重要的角色。目前整合個人電腦與可程式邏輯控制器的 PC-based programmable controller，其開放架構更是早已運用於許多應用與系統中。

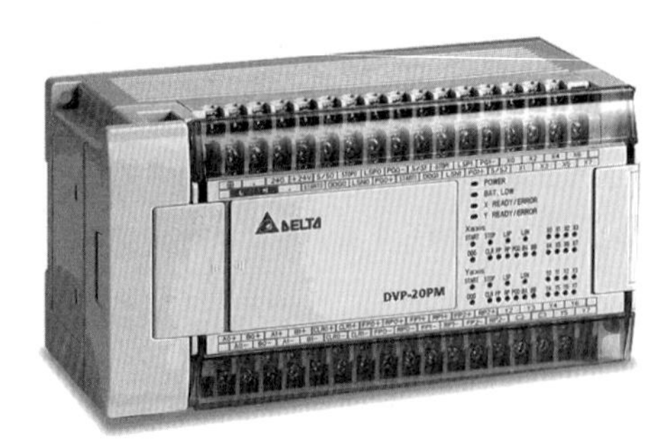

圖 6-8　PLC 實體照片（由 DELTA™ 提供）[6-3]

6.2.3 人機介面與裝置

人機介面（Human machine interface, HMI）是指在操作者和系統間進行溝通與互動的介面，其中包括輸入介面與輸出介面。輸入介面是指由操作者下達系統指令的介面，而輸出介面是指傳送系統資訊給操作者的介面，如各種操作提示等。目前一般工業的自動化設備廠，皆利用 PLC 搭配人機介面達到操控機台與系統的目的。在大部分系統的人機介面中，操作者可透過視窗面板上的觸控圖像或按鍵完成設定，以簡易的方式去操作硬體以完成人機雙向之互動。

6.3 精密感測技術

感測器（Sensor）是一種接收外界的信號並反應的元件，能夠將所感測的物理量或化學量轉換成電訊號的方式輸出。感測器依轉換原理可分爲光電、熱電及機電轉換器等。光電感測器可將感測的光能轉換成電能，如光電晶體（Phototransistor），當光線照射到感測器時，感測器會產生與光強度成比例的電流或電壓變化。熱電感測器可將感測的熱能轉換成電能，如使用席貝克效應（Seebeck effect）的感測器。機電感測器可將感測的機械能轉換成電能，其中包括：

（1）**電阻式**：將感測的機械能轉換為電阻值的變化，如應變計。

（2）**電容式**：將感測的機械能轉換為電容值的變化，如線性變化差動變壓器。

（3）**電感式**：將感測的機械能轉換為電感值的變化，如加速度計。

評估感測器最重要的指標是感測器的靈敏度（Sensitivity），如**圖 6-9** 所示，靈敏度可由感測器特性曲線的斜率所決定，靈敏度越大，在單位物理量（或化學量）輸入所能產生的輸出就越大。例如一個應變計的靈敏度可以定義爲單位應變所能產生的電阻變化率，假如應變計的靈敏度爲 2，每當應變爲 1 時，應變計的電阻值會變化 2 %。

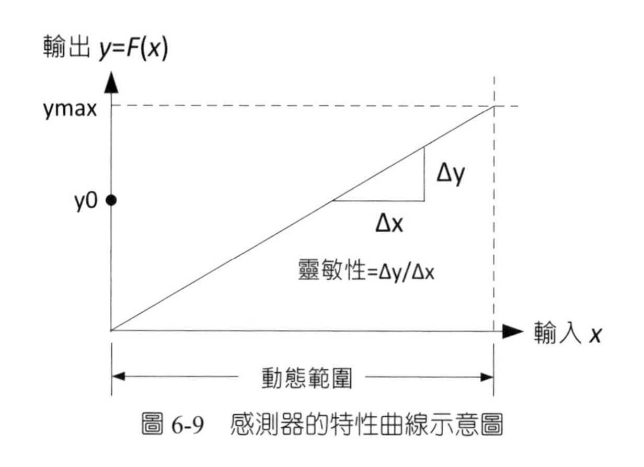

圖 6-9　感測器的特性曲線示意圖

在實際應用中，感測器存有非理想的結果，導致輸出的數值與眞正的量測值之間有所偏差，稱爲誤差（Error）。引起誤差的因素有很多種，其中包含非線性、遲滯現象、不重現率、零點移位等。因此爲了確保感測器的精確度，一般在使用感測器前會先進行校正工作，在動態範圍內預先量出輸出與輸入的對應關係。

6.3.1　儀表放大電路

儀表放大器（Instrumentation amplifier, INA）的電路，是由三顆運算放大器（Operational amplifier, OPA）所組成的差動電壓放大器，如**圖 6-10** 所示。其中第一級輸入端是由兩個電壓隨耦器（Voltage follower）所組成，主要的目的在於提供高輸入阻抗，而第二級輸出端則是差動運算放大器，用來將兩個輸入端訊號差動放大。因此較運算放大器更適合用於需要高精確性和穩定性的電路。

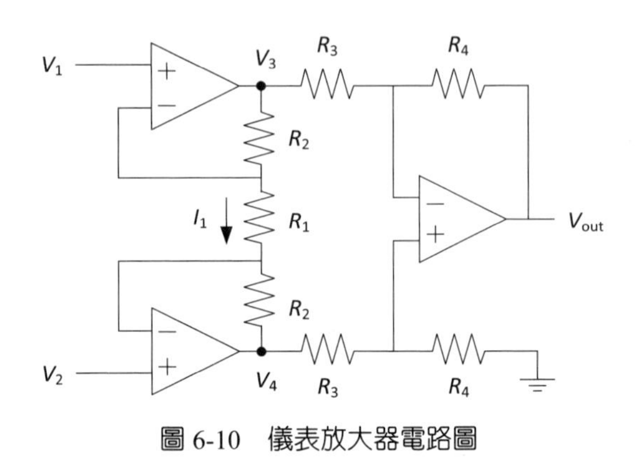

圖 6-10　儀表放大器電路圖

一般而言，使用差動運算放大器就可以在前一級為低輸出阻抗的狀況下放大訊號，但是當前一級為高輸出阻抗時，差動運算放大器就不合適了。儀表放大器由於加入了具有高輸入阻抗的電壓隨耦器，可以將信號來源的電阻與增益相關的電阻互相隔離，輸入電壓在輸入端就不會產生電壓降。

儀表放大器的輸出電壓可以由以下的分析計算出來，首先分析電路的左半邊，利用克希荷夫電流定律（KCL）及歐姆定律可以得到以下的方程式：

$$V_3 - V_1 = I_1 R_2 \text{，} \tag{6-1}$$

$$V_2 - V_4 = I_1 R_2 \text{，} \tag{6-2}$$

$$V_1 - V_2 = I_1 R_1 \text{。} \tag{6-3}$$

將（6-3）式分別帶入（6-1）式及（6-2）式可以得到以下的方程式：

$$V_3 = \left(1 + \frac{R_2}{R_1}\right) V_1 - \frac{R_2}{R_1} V_2 \text{，} \tag{6-4}$$

$$V_4 = -\frac{R_2}{R_1}V_1 + \left(1+\frac{R_2}{R_1}\right)V_2 \text{。} \tag{6-5}$$

接著分析電路右方的差動運算放大器電路可以得到以下的方程式：

$$V_{out} = \frac{R_4}{R_3}\left(V_4 - V_3\right) \text{。} \tag{6-6}$$

將（6-4）式及（6-5）式分別帶入（6-6）式可以得到以下的方程式：

$$V_{out} = \frac{R_4}{R_3}\left(1+2\frac{R_2}{R_1}\right)\left(V_2 - V_1\right) \text{。} \tag{6-7}$$

從（6-7）式來看，儀表放大器只會放大兩個輸入端差模（Differential mode）的部分（V_2-V_1）。通常 R_2 與 R_3 與 R_4 的電阻值會設計成相同，使得輸出端的差動運算放大器增益（R_4/R_3）爲 1，此時儀表放大器的增益就可以只由 R_1 來決定。

儀表放大器一般具有高共模拒斥比（Common mode rejection ratio, CMRR）、高輸入阻抗、低雜訊的特性，當輸出訊號非常小且帶有雜訊的情況下，使用儀表放大器可以得到適當的電壓輸出，因此可用於感測器與電子儀器等需要高精確性與高穩定性的電路中。目前市面上常見的 INA 積體電路（Integrated circuit, IC），如 Analog Devices 的 AD620、Texas Instruments 的 INA128 與 Maxim Integrated Products 的 MAX4194 等。

6.3.2 編碼器

編碼器（Encoder）是一種以特定的編碼方式，將受控體的狀態轉換成電訊號輸出的感測器。其中線性編碼器（Linear encoder）可使用來量測移動物體的線性位置，而旋轉式編碼器（Rotary encoder）可裝在旋轉物體（如馬達轉軸）上，進行旋轉角度的量測，如**圖 6-11** 所示。編碼器所產生的數位脈波訊號，可進一步經由解碼器、計數器、計頻器等邏輯電路轉變成各種控制信號，控制受控體的狀態（如位置、角度等），因此在許多需要精確定位及控制速度的系統中都可以找到編碼器的存在，如機器人的關節、相機鏡頭及滑鼠裡等。

編碼器包含絕對型編碼器與增量型編碼器，兩者在解析度上的規格相近。絕對型編碼器（Absolute rotary encoder），由具有透光與不透光區域的編碼圓盤加上光遮斷器（包含發光二極體及光電晶體）所組成，如**圖 6-12** 所示，其中光發射器及光接收器分別裝在圓盤的兩側，由於圓盤上每一個位置都有對應的編碼信號，因此絕對型編碼器可直接決定待測物的角度（或位置），而不需知道過去的資訊。

增量型編碼器（Incremental rotary encoder），如**圖 6-13** 所示，也是由透光與不透光區域的編碼圓盤加上光遮斷器所組成的。不同於絕對型編碼器的地方在於，圓盤的外圈由透光與不透光區域輪流排列，內圈有一個透光區域，當編碼圓盤由轉軸帶動旋轉時，會輸出三組脈波（A、B 與 C）；其中 A 與 B 脈波相位相差 90°，可用來辨別旋轉方向。增量型編碼器的 A、B 兩相編碼訊號是週期性的脈波，只能提供相對的角度（或位置）資訊，因此必需使用 C 相脈波用於基準定位，並持續的對訊號計數才能量測絕對角度（或位置）。

圖 6-11　旋轉式編碼器實體照片（由 HEIDENHAIN™ 提供）[6-4]

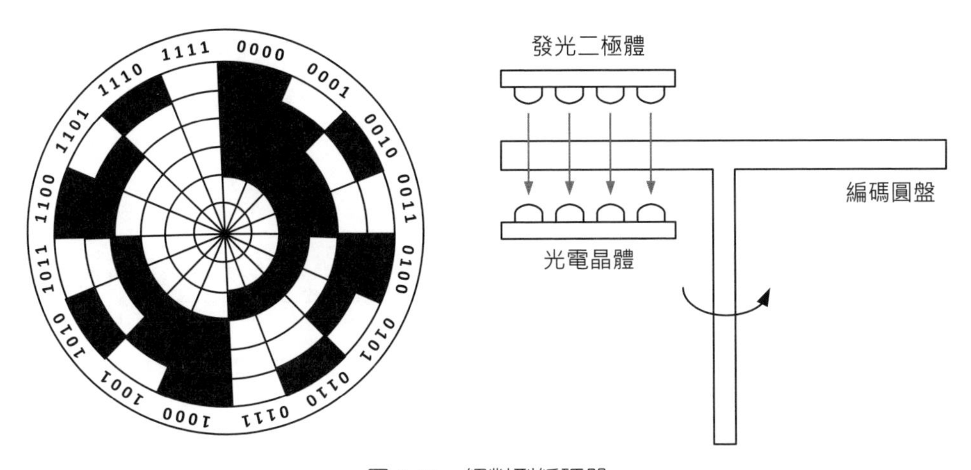

圖 6-12　絕對型編碼器

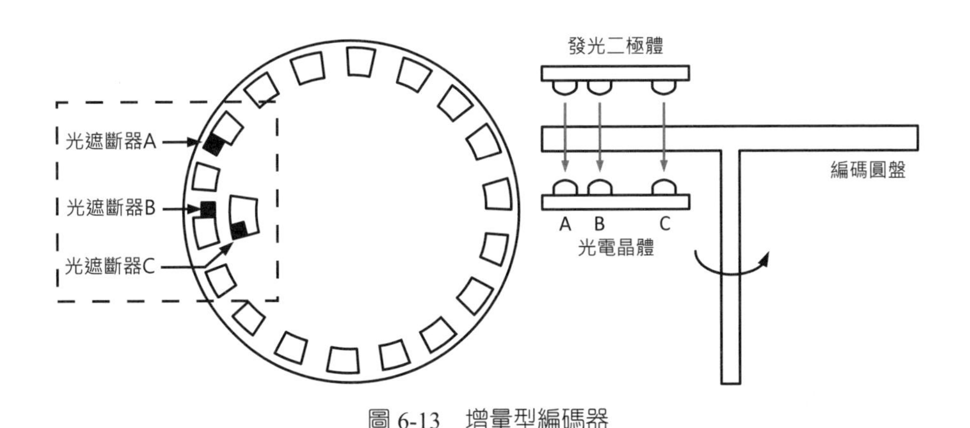

圖 6-13　增量型編碼器

6.4 伺服馬達及驅動器介紹

在機械傳動精度控制中，伺服馬達（Servo motor）由於具有高精密度與高穩定性，被廣泛應用在自動化生產、半導體設備、機器人與 CNC 工具機中。所謂伺服系統是指系統利用閉迴路控制系統的位置、速度或加速度，以達成輸出值能正確地追蹤設定值之系統。伺服馬達系統由馬達、驅動器及編碼器等三部份組成，其中驅動器包括功率放大器與控制器，其作用是接受脈波輸入，以控制器進行馬達的扭矩、速度與位置控制。編碼器（Encoder）的作用是量測馬達的位置和速度，並將信號迴授給驅動器，達成精確的位置和速度控制，如**圖 6-14** 所示。

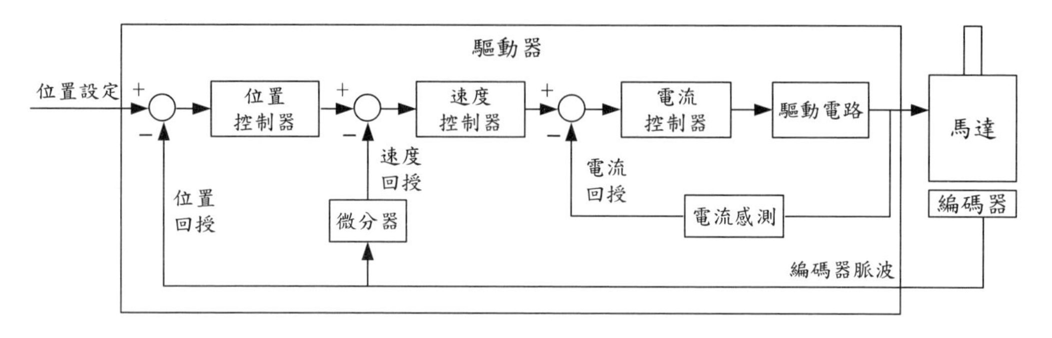

圖 6-14　伺服馬達系統方塊圖

伺服馬達可分爲直流（DC）和交流（AC）伺服馬達。傳統直流伺服馬達，是利用電壓控制轉子轉速，速度控制上較爲容易，但缺點是需使用碳刷與換向器（Commutator）進行電樞電流方向的變換，碳刷使用一段時間會產生磨耗，需要定期清理與更換，因此漸漸被交流馬達取代。交流伺服馬達是利用交流電的頻率來控制轉子轉速，速度控制上較爲困難，但是由於沒有碳刷、沒有馬達內部粉塵的問題，所以目前以永磁交流伺服馬達較爲常見。

近年來，由於微處理器及積體電路的快速發展，大幅帶動了伺服驅動產業的發展，一種使用數位信號處理器（DSP）的數位伺服控制技術，目前漸漸成爲伺服驅動的主流。

6.4.1　功率放大器

功率放大器是一種放大電路，可產生大功率和大電流以驅動高瓦數的負載，又稱爲大信號放大器。功率放大器基本的工作原理與小信號放大器大致相同，不同的地方只是在輸出到負載的能量不同。其中小信號放大器可以將微小的電壓信號加以放大，通常放在感測器的下一級電路上，需要維持信號的不失眞。而功率放大器一般放在馬達（或致動器）的前一級電路上，如**圖 6-15** 所示。

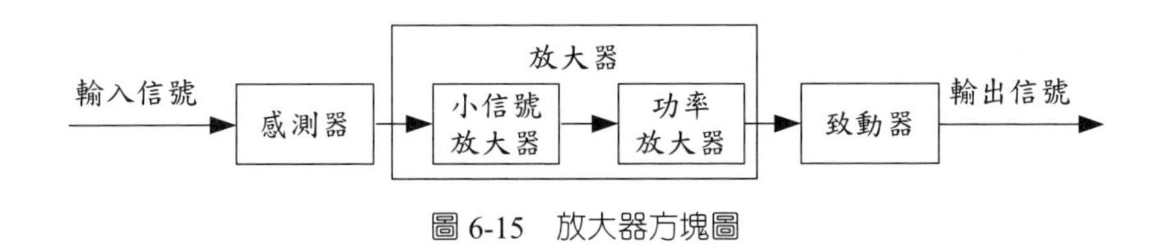

圖 6-15　放大器方塊圖

功率放大器由功率電晶體所組成，常用於電力電子系統與高功率開關上，爲了避免高功率造成的高溫，電晶體及高功率的路徑上都需要裝上散熱裝置，同時與負載間的阻抗也需匹配。功率放大器依電晶體輸出特性曲線與負載線的交點（靜態工作點）的位置不同，可分爲三類，如**圖 6-16** 所示：

（1）**A 類放大器**：靜態工作點設計在負載線的中點，因此不易失真，缺點是會消耗較多直流功率，電能利用率不高，故常用在小信號放大器或低功率（如耳機）的用途，輸出級的導通角度為 360 度。

（2）**AB 類放大器**：靜態工作點設計在負載線的中點和截止點間，同時兼顧線性度和效率，常用在音頻放大器。

（3）**B 類放大器**：靜態工作點設計在負載線的截止點，非線性失真較為嚴重，導通角度為 180 度，通常使用推挽式放大器以得到全週期的輸出。

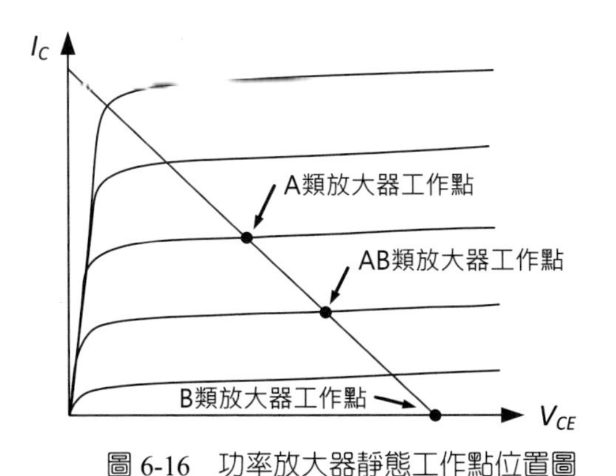

圖 6-16　功率放大器靜態工作點位置圖

6.4.2　變頻器簡介

變頻器（Variable frequency drive，VFD）是一種運用近代電力電子與微電腦控制技術的電子設備，可將頻率固定不變的交流電源，透過功率元件的控制，轉換爲可變頻率的交流電源，藉以控制馬達轉速，如**圖 6-17** 所示。由於目前國際上市供電電源頻率大多爲 50 或 60Hz，爲了控制馬達產生適當的轉矩及轉速，必須使用變頻器進行各種交流電源頻率的轉換，此外利用變頻器也可提昇用電的能源效率，實際的應用包括出現在工廠空調、排氣及冷卻系統的大型壓縮機馬達或是家電用品如變頻式洗衣機、變頻式冷氣機等。

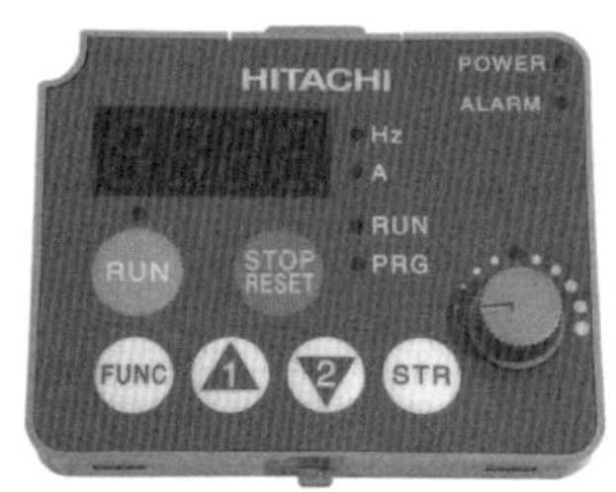

圖 6-17　變頻器實體照片（HITACHI™ 提供）[6-5]

變頻器透過功率元件的控制，可將交流電轉換成直流電，直流電再轉換成交流電，藉以調變交流電的頻率與電壓，其硬體架構包括整流器、濾波穩壓電路、逆變器及控制電路，如**圖 6-18** 所示。其中濾波穩壓電路可將雜訊過濾，避免雜訊傳至馬達。變頻器中會有一個以微處理器或數位信號處理器（DSP）爲核心的嵌入式系統，控制整流器、中間電路和逆變器的運作：

（1）**整流器**：由三組二極體橋接整流三相電源，交流電整流成直流電。

（2）**濾波穩壓電路**：位於整流器和逆變器之間，利用電容器及電感器的特性，將整流器後的直流電進一步消除漣波，並過濾雜訊。

（3）**逆變器**：利用三組功率電晶體（如 Insulated gate bipolar transistor，

IGBT），可將直流電再轉換成可變電壓和頻率近似弦波的交流電輸出。

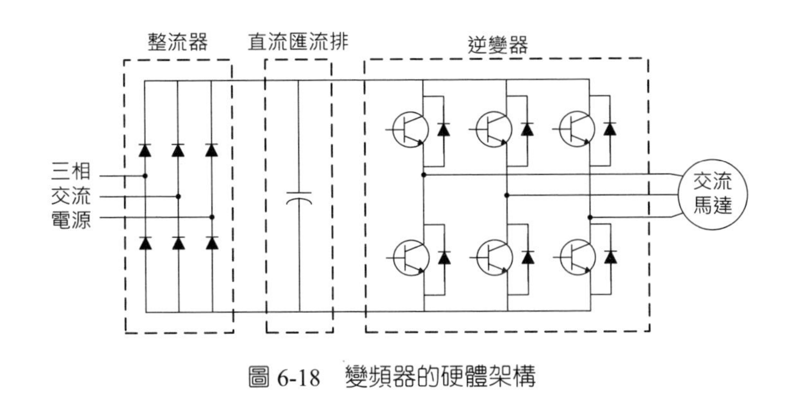

圖 6-18　變頻器的硬體架構

變頻器雖然具有提昇能源效率的優點，但是會因爲功率開關高速切換產生噪音，同時對馬達也會造成電磁干擾。變頻器很容易因爲溫度升高而故障，由於變頻器運作時流過的電流非常大，加上電晶體開關的頻率很高，因此運作時會產生很多的熱量。一般而言運作溫度每上升 10 度，壽命約減少一半。所以使用時要搭配適當的冷卻風量。

習題

1. PID 控制器由於結構穩定，是工業界最常見之控制器，請問 PID 控制器由哪三部份組成？
2. 評估感測器最重要的指標是感測器的靈敏度（Sensitivity），請問何謂靈敏度？
3. 微控制器的硬體一般包括有哪三個單元？
4. 8051 單晶片有幾個 8 位元雙向輸出 / 輸入埠（IO port）？
5. 8051 單晶片內部有多少資料記憶體（RAM）？
6. 試簡述儀表放大器輸入端和輸出端的功能？
7. 功率放大器中，失眞最小、效率最低的放大器是那類放大器？
8. 哪類功率放大器在輸入訊號的整個週期（360 度）都有集極電流流動？

9. 請問伺服馬達系統由哪三部份組成？

10. 請問變頻器的硬體架構包括哪些部分？

第七章

精密光學機構設計原理

7.1 光機材料特性
7.2 透鏡固緊方法
7.3 光機介面與接觸應力
7.4 彈性膠安裝
7.5 撓性安裝
7.6 運動學裝配
7.7 調整機構
7.8 對準方法
7.9 消熱設計
7.10 反射鏡、稜鏡與濾光片裝配
習題

光學機構設計為精密機械設計於光機電產品（如**圖 7-1** 光學鏡頭）的應用，光機設計需具備機械設計、精密製造、光學元件加工程序、材料科學與表面處理等基本知識。在本章將以實例與圖片介紹光學機構設計方法與基本原則，內文說明主要著重在玻璃透鏡與金屬鏡筒材料的組裝、對準的方法與原則。

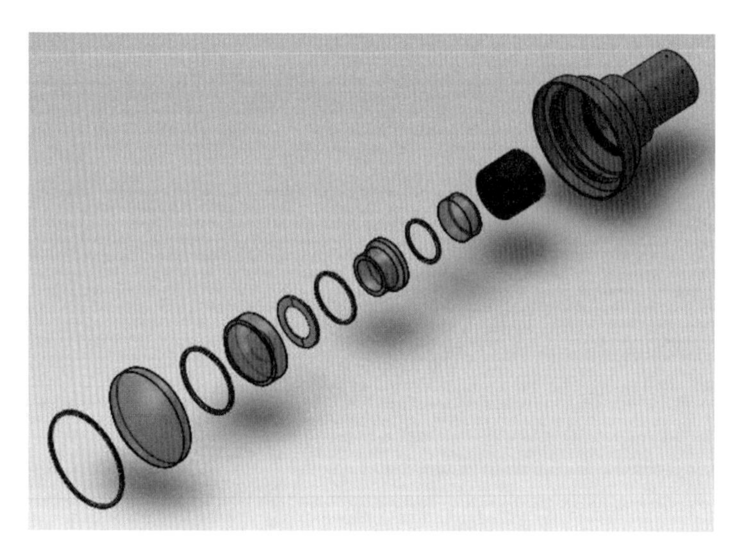

圖 7-1 光學鏡頭立體分解組合圖

7.1 光機材料特性

常用的光學機構金屬材料主要有鋁合金、鈦合金、不鏽鋼、銦鋼（Invar）等，在本節將簡述其材料機械性質、特性與選用方法。**表 7-1** 為常用的光學機構材料之重要機械性質，其中密度與質量成正比、楊氏係數代表剛性、熱膨脹係數（Coefficient of thermal expansion，簡稱 CTE，代號 α）則為熱膨脹變形的指標。

表 7-1 中最後兩欄的材料選用指標，楊氏係數與密度的比值 E/ρ 為比剛性（Specific stiffness），比剛性越高的材質，代表在相同的形狀（體積）結構設

計中，其因重力所造成的自重變形（Self-deflection）越小，且第一自然頻率（First natural frequency）越高，爲考慮材料輕量化的重要指標。第二個指標 α/K 爲熱膨脹係數 α 與熱傳導係數 K 的比值，此比值越小代表穩態的熱穩定性（steady-state thermal stability）越好，即熱膨脹係數越小或 / 且熱傳導係數越大，爲考量熱變形影響最小時的材料選用指標。

表 7-1　常用光學機構金屬材料機械性質

材料	CTE（μm/m°C）	密度（g/cm^3）	楊氏係數（GPa）	降伏強度（MPa）	熱傳導係數（W/m°C）	E/ρ	α/K
Al 6061 T6	23.6	2.68	68.2	276	167	25.45	0.14
Al 7075 T6	21.6	2.81	71.7	103	173	25.52	0.12
SUS 304	17.3	8.0	193	215	16.2	24.13	1.07
SUS 416	9.9	7.8	200	600	24.9	25.64	0.40
Invar 36	1.26	8.05	147	276	10.15	18.26	0.12
Super Invar	0.31	8.14	148	303	10.4	18.18	0.03
Ti6Al4V	8.6	4.43	114	880	6.7	25.73	1.28

以下分別說明常用之材料特性：

（1）**鋁合金**：為最廣泛使用的光學機構材料，特性為密度低、質輕、易加工、價格便宜。鋁合金表面易形成緻密的氧化鋁之氧化層，並能避免內部材料繼續氧化，故較鋼鐵材料不易腐蝕、氧化。但通常鋁合金加工後還會進行表面陽極染黑處理（Black anodizing），使表面形成更厚的氧化層，並具有耐刮、耐腐蝕、耐磨耗、不導電的特性；且染黑使得反射率降低，可以減少雜散光（Stray light），為光學機構材料常見的表面處理方式，如**圖 7-2**（a）。亦可使用無電解黑鎳（或稱化學黑鎳）處理，達到陽極染黑處理類似效果，如**圖 7-2**（b）。常用的鋁合金材料有鋁 6061 T6、7075 T6、2024 等，其中以鋁 6061 T6 為最泛用的鋁合金結構材料，鋁 7075 T6 的強度較高。但需特別注意鋁合金的熱膨脹係數在本節介紹的幾種機構材料是最大的，若應用場合有極大的溫度變化，或對形狀、長度的熱穩定性有嚴格要求時，需特別注意。

（2）**不鏽鋼**：不鏽鋼通常含有 12% 以上的鉻，與碳鋼相比，其特性為不易腐蝕、氧化（生鏽），適用在戶外或較惡劣的環境，如軍事用途的望遠鏡或水下設備的潛望鏡等。不鏽鋼的延展性佳、硬度高、但不易切削，加工的材料移除率較慢且刀具磨耗較多，因此材料與加工的成本比鋁合金高出許多。常用的不鏽鋼有分不導磁的 300 系列（如 304、316）與導磁的 400 系列（如 416 等），可依使用需求選用。

（3）**鈦合金**：最常使用的鈦合金為 Ti6Al4V（鈦 6 鋁 4 釩），密度在金屬材料屬中等，其熱膨脹係數與冕牌（Crown）光學玻璃（如 BK7）較匹配，故會被選用為應用在較大溫度變化範圍的光學鏡頭材料（如航空偵察測量用的相機），避免光學玻璃與鏡筒材質因熱膨脹係數差異過大可能導致的鏡片應力或間隙變化等問題。

（4）**鎆鋼**：為熱膨脹係數非常低的鎳鐵合金材料，適用於高度要求對溫度變化不敏感的光學鏡頭或關鍵零組件，如衛星遙測鏡頭及機載遙測鏡頭等。常見的有 Invar 36 與 Super Invar 兩種，其中 Invar 36 主要成份為 36% 的鎳，其低熱膨脹係數特性主要是存在於室溫範圍（4℃～38℃），而 Super Invar 主要成份是 31% 的鎳和 5% 的鈷，在室溫下的熱膨脹係數比 Invar 36 更低。使用鎆鋼要注意其低熱膨脹係數的應用溫度區間，且其熱膨脹係數會隨著溫度提高而有所變化。

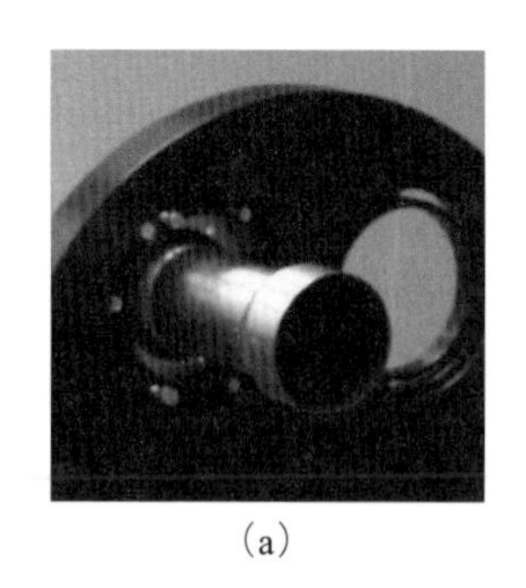
（a）

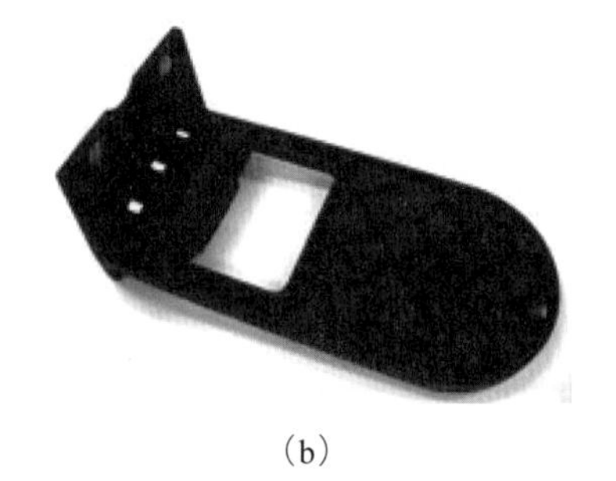
（b）

圖 7-2 （a）鏡筒內部鋁合金陽極染黑處理；（b）化學黑鎳處理（圖片來源：美上鎂公司）

7.2 透鏡固緊方法

本節將介紹單透鏡與多透鏡的固緊方法，主要重點在介紹單透鏡固緊與對準的原則，多透鏡則爲單透鏡固緊方法的應用與綜合，設計上還需要注意各元件間軸向距離的定位與保持，以及次鏡筒（Sub-cell）的應用等。

固緊透鏡目的爲將透鏡定位，並不受環境干擾影響（如振動、溫度變化等）改變定位精度甚至造成元件鬆脫，固緊透鏡時應避免對透鏡施加過多的應力，造成鏡片變形或應力雙折射等現象，造成光學成像品質降低。透鏡的光軸（Optical axis）定義爲其兩曲面的曲率中心連線，如**圖 7-3** 所示的左、右面曲率中心 C_1-C_2 連線，組裝時通常需將各個光學元件的光軸與一理想光軸對齊，實務上而言，是將誤差調整到一可接受的設計範圍之內。如**圖 7-4** 所示，常見的單透鏡光軸與理想光軸之間的誤差包含偏心（Decenter）、傾斜（Tilt）與軸向移位（Despace）等三種，實際狀況則爲 3 種誤差的綜合。

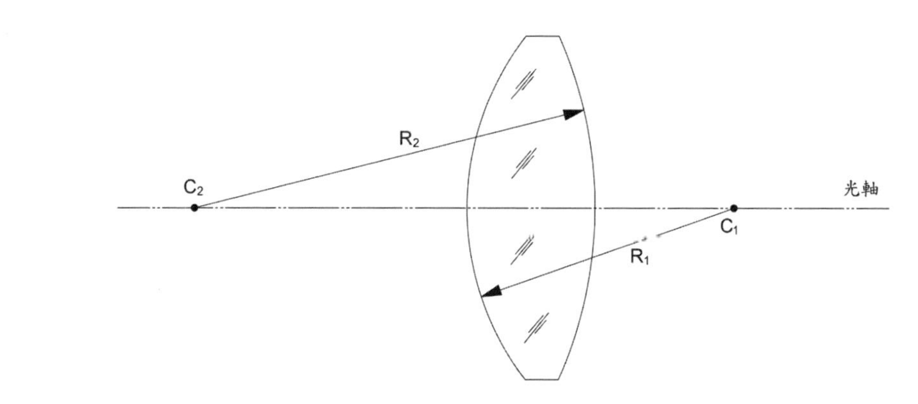

圖 7-3　透鏡光軸定義

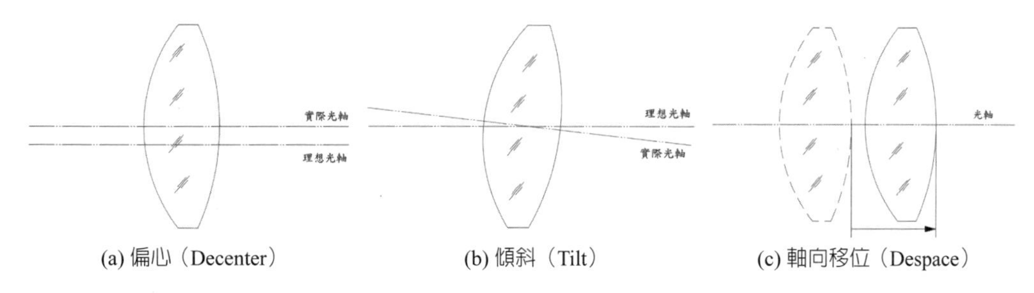

圖 7-4　三種常見偏心（Decenter）、傾斜（Tilt）與軸向移位（Despace）誤差示意圖

7.2.1　單透鏡裝配

單一透鏡的裝配有多種方法，實際應用時可依精度要求、成本、組裝輔助工具與儀器、使用環境、空間與重量限制等考量因素加以變化。光機設計工程師首先依據光學設計的鏡片直徑（即光學有效徑，Clear aperture）延伸加大，以產生讓機構固緊或夾持鏡片所需要的空間與承靠面，且需注意固緊機構與鏡筒機構不可擋住光學設計的光線路徑（見**圖 7-5**）。本章中的光機剖面圖爲使圖面簡潔，減少線條，有些圖面並非以標準的剖面投影畫法表示。

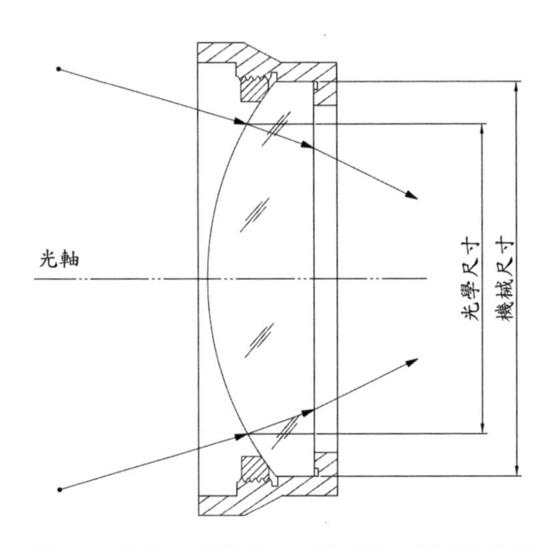

圖 7-5　鏡片之光學尺寸、機械尺寸與固緊機構

單一透鏡常見的裝配主要可分爲以下幾種方法：

（1）**彈簧固緊**（Spring mounting）：為低精度且低成本的組裝方法，目的為僅將鏡片定位，而不考慮其彈力可能造成的應力與變形，適用於需要良好的空氣流動降溫的鏡片，如**圖 7-6**。

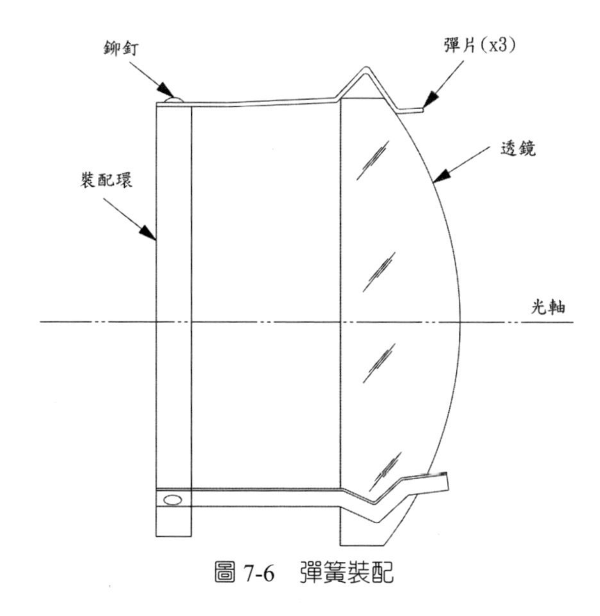

圖 7-6　彈簧裝配

（2）**鉚合固緊**（Burnished cell mounting）：為小尺寸透鏡常用的組裝方式，使用低強度高延展性的鏡筒或次鏡筒材質（如鋁合金），利用滾輪等工具將突出的唇緣下壓產生塑性變形後，包覆且固定透鏡邊緣，如**圖 7-7**。特點為低成本，不需額外的組裝零件，但不可拆卸（會破壞鏡筒），廣泛被業界量產小尺寸鏡頭時所採用。

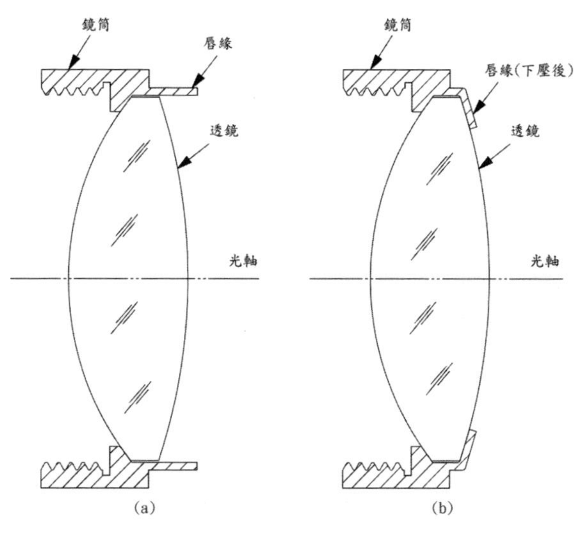

圖 7-7　鉚合裝配

（3）**螺牙固定環固緊**（Threaded retaining ring mounting）：為廣泛使用的玻璃透鏡固定方式之一，如**圖 7-8**，在鏡筒加工出內螺紋，轉入配對的螺牙固定環（具外螺紋）後，施加適當的扭力使鏡片固定，日後有維修或更換需要時並可拆卸螺牙固定環，要注意有效咬合的螺牙一般要在 3 牙以上才會有較佳的固緊效果。為防止振動鬆脫，必要時還可在螺牙上點螺絲膠以避免振動鬆脫，或是使用雙螺牙固定環（類似使用雙螺帽鎖緊螺栓以防止鬆脫的原理）可增加對振動鬆脫的抵抗性。螺牙固定環上可加工出溝槽或圓孔，以利使用配合的板手鎖緊，若對鎖緊扭力值有特定要求，可使用扭力板手鎖固。而鎖固的扭力 T 與所施加在鏡片上的正向預緊力（Preload）P，可由以下公式估算

$$P = 5T/D_P \text{，} \quad (7\text{-}1)$$

其中 D_P 為螺牙的節徑（Pitch diameter），即螺牙的大徑（Major diameter）與小徑（minor diameter）兩值的平均值。通常正向預緊力 P 是防止光學元件在使用中因外來振動加速度造成的慣性力而移動或鬆脫，對手持式裝置而言，通常可設定為預防 5 倍重力加速度（5g，$g = 9.8\ m/s^2$）所導致的慣性力造成的鬆脫。

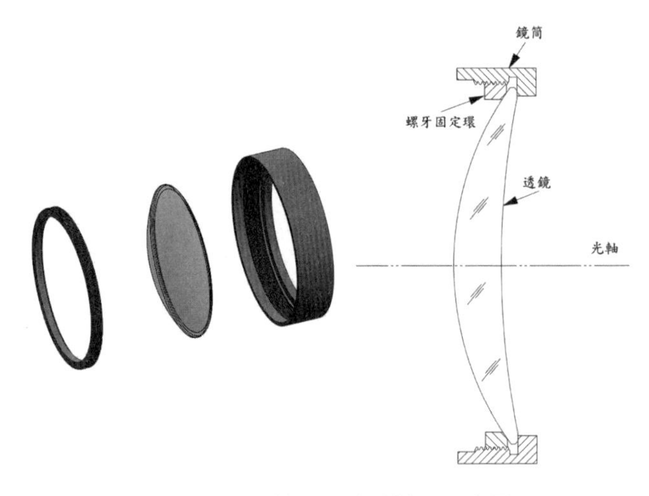

圖 7-8　螺牙固定環裝配示意圖

（4）**彈性膠固緊**（Elastomeric mounting）：在鏡片外緣與鏡筒的環狀間隙灌入具彈性的矽橡膠（Silicon elastomer），如**圖 7-9** 所示。通常使用彈性膠固緊方法的鏡片與鏡筒間的徑向間隙設計值較大（即加工裕度可放寬），在組裝時在徑向先以調整螺絲將透鏡調整對準後（詳見 7-7 節），以針筒透過鏡筒上的數個環狀等角度排列灌膠孔注入彈性膠，待彈性膠固化後即可固定鏡片不會鬆脫，通常是使用 4 個 90 度間距排列灌膠孔。使用彈性膠環狀包覆鏡片外緣具有高度密封性，可防止灰塵、水氣等汙染物進入鏡筒與鏡片之間的氣室，而且彈性膠的環狀包覆也大幅提升鏡片對徑向振動的抵抗性。通常是使用在室溫下固化的彈性膠（Room-temperature vulcanizing, 簡稱 RTV 膠），但須注意 RTV 膠的材質，避免在高溫與真空環境下產生逸氣（Outgassing）現象。所謂逸氣是指在高溫或真空中，揮發性物質由彈性膠揮發出來後，有可能會沉積在鏡片上，造成鏡片汙染、降低光學成像品質。要避免上述問題則須選用通過認證可在真空中使用的低逸氣（Low-outgassing）RTV 膠，如 GE 公司的 RTV 566 等。

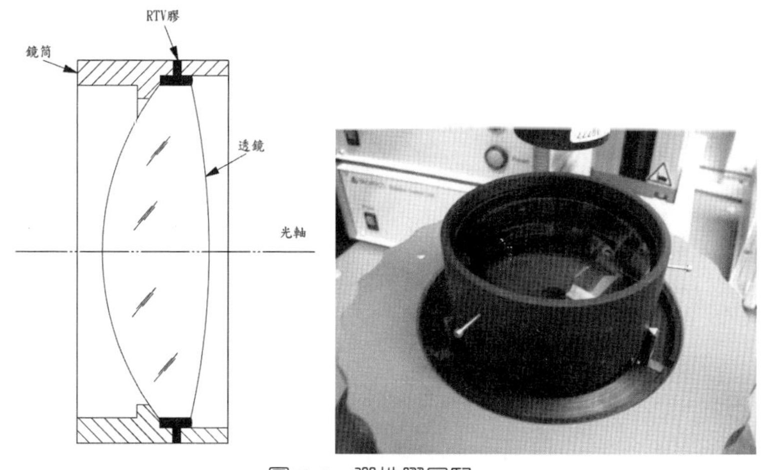

圖 7-9　彈性膠固緊

（5）**多重彈片固緊**（Multiple spring-clip mounting）：以多個金屬彈片固定大口徑鏡片，如**圖 7-10** 所示，利用調整間隔環厚度以控制金屬彈片的彈性變形量，產生適當的預壓力固定鏡片，此法尤其適用於非圓形的光學元件或大口徑鏡片。但多個彈片與鏡片產生的多點局部接觸應力，分別集中在每個彈片與透鏡的接觸點位置附近，應力分布不均勻為其缺點。通常在鏡筒肩部與鏡片的承靠面會再墊上一層密拉（Mylar）材質的塑膠墊片，以保護鏡片並讓鏡片與鏡筒肩部的接觸面更服貼，也能提供密封效果。

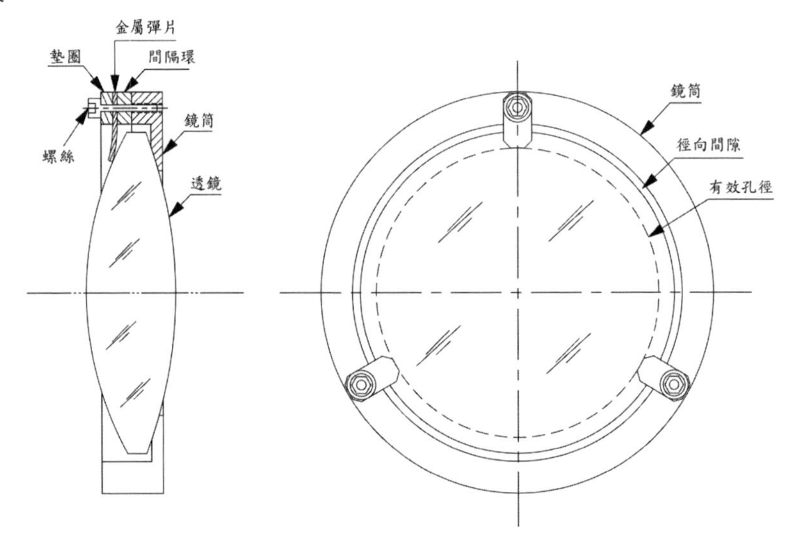

圖 7-10　多重彈片固緊

（6）**連續法蘭環固緊**（Continuous flange mounting）：如**圖 7-11** 所示，以空心環狀的薄金屬片壓在透鏡外緣，利用調整間隔環厚度以控制金屬法蘭環的彈性變形量，產生適當的預壓力固定鏡片，此方法尤其適用於較大口徑的光學元件組裝，因為大口徑的螺牙固定環加工較不易，且容易變形。同樣的，可在鏡筒肩部與鏡片的承靠面墊一層塑膠墊片，達到保護鏡片、讓鏡片與鏡筒肩部的接觸面更服貼，並且提供密封效果。

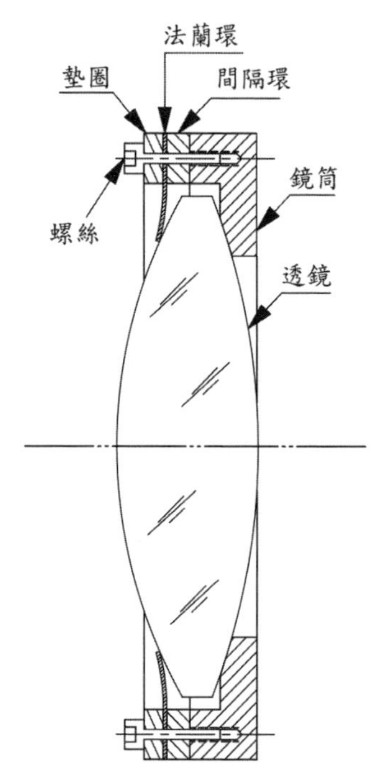

圖 7-11　連續法蘭環固緊

7.2.2　多透鏡裝配

多透鏡的裝配中，個別透鏡的固緊方法可使用如上一小節所介紹的單透鏡裝配方法，常使用螺牙固定環裝配、彈性膠或鉚合裝配等。但多透鏡需要保持各鏡片間在光學設計所需的軸向間距，最簡單的方式爲加上間隔環（Spacer），如**圖 7-12** 所示，間隔環的厚度可利用繪圖軟體由幾何關係計算得到。此外，多透鏡組裝還需考慮組裝順序、組裝方向、干涉與光路遮蔽、調整機構、對準方法等問題，通常還需設計組裝用的輔助機構，以下先介紹常見的多透鏡組裝方法。

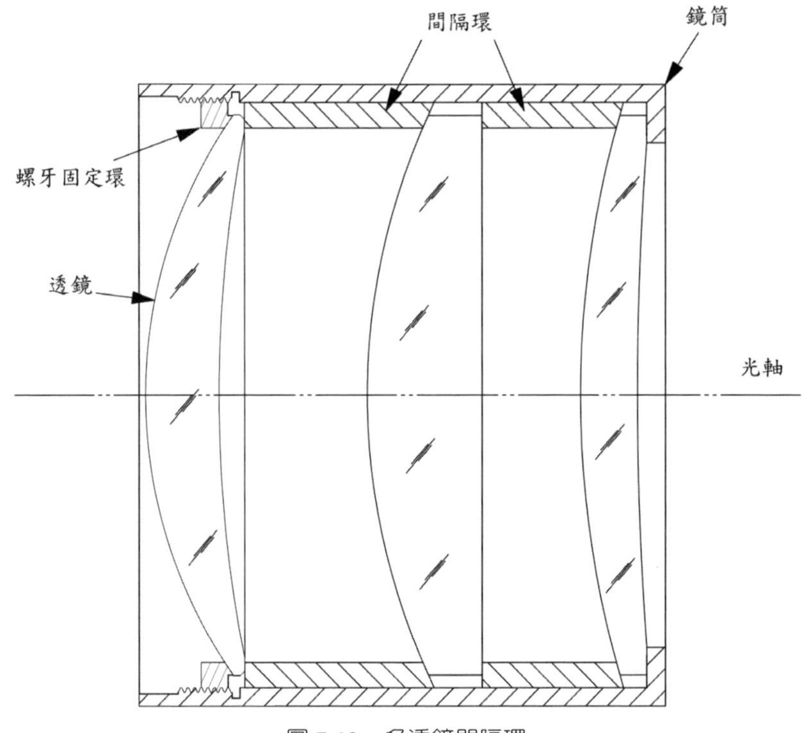

圖 7-12　多透鏡間隔環

（7）**直接置入（Drop-in）組裝**：為商業化大量生產最常用的組裝方式，可利用自動化機器人大量組裝量產。利用合理的公差規定，將鏡片與鏡筒的徑向配合狀況設定為餘隙（Clearance）配合，因此只要是符合公差規定的光學透鏡與鏡筒機構件等皆可快速直接置入後加以固緊、組裝，不需額外的調整或對準機構進行對準，如**圖 7-13**。

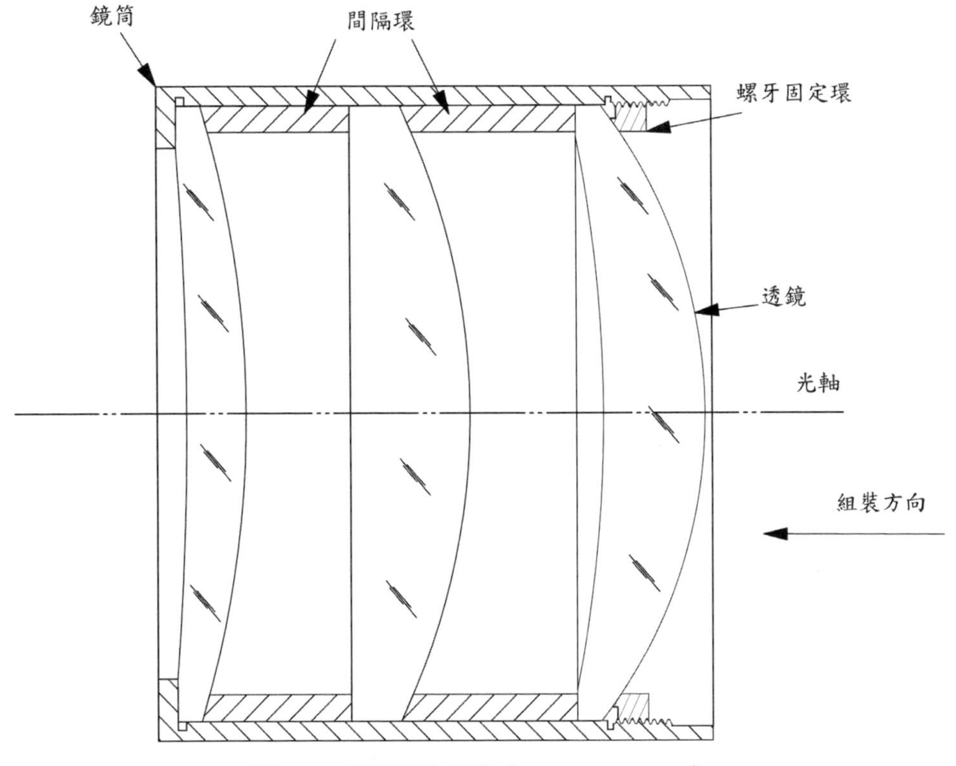

圖 7-13　直接置入組裝（Drop-in assembly）

（8）超精密組裝（Lathe assembly）：使用超精密加工機，首先依序量測所有透鏡加工後的實際尺寸（注意：是加工後的實際尺寸，不是設計尺寸），如中心厚度、外徑、曲率半徑等，然後依據實際的尺寸以超精密加工機（如單點鑽石車削，Sinlge point diamond turning，簡稱 SPDT ）去修整鏡筒內相對應的尺度，使鏡筒能與透鏡精密配合，例如通常徑向間隙只留 5 ～ 10μm。同時也需注意光學曲面的軸向間距值，必要時需要再研磨間隔環的厚度，若是間距不夠可加入薄墊片（Shim）調整元件間的軸向間距，使得整個鏡頭的實際尺寸符合光學設計的容差之內，且為高精度組裝，如**圖 7-14**。

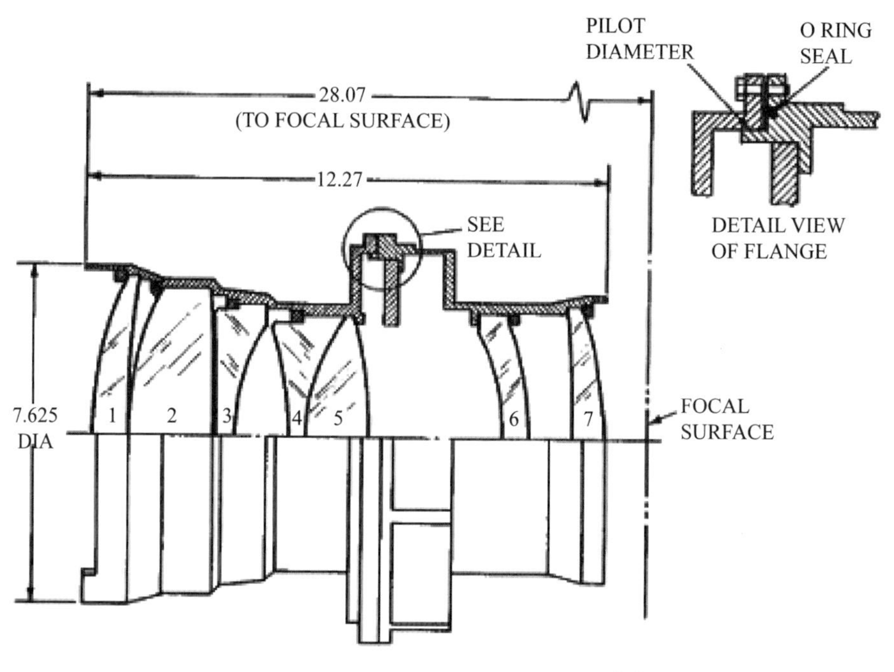

圖 7-14　超精密組裝（Lathe-assembly）[7-3]

（9）**實用小技巧**：當使用精密配合，鏡片或間隔環的外徑與鏡筒的內徑之間的裕度（即徑向間隙）通常很小（如只有 5 ～ 10μm），組裝時很容易因為元件（鏡片或間隔環）傾斜而卡住，尤其是元件厚度較厚的情況，可將透鏡的外緣研磨成弧形（如**圖 7-15**），即可降低此情況發生的機率。此外，較厚的間隔環也可加工成如**圖 7-16** 的形狀，方便組裝、避免卡住，同時還可減輕重量。

（10）**次鏡筒堆疊組裝**（Poker-chip assembly）：此組裝方式將所有次鏡筒堆疊在一起，就像是將玩撲克牌時的籌碼（Poker-chip）疊在一起，故其英文名稱為 Poker-chip assembly。

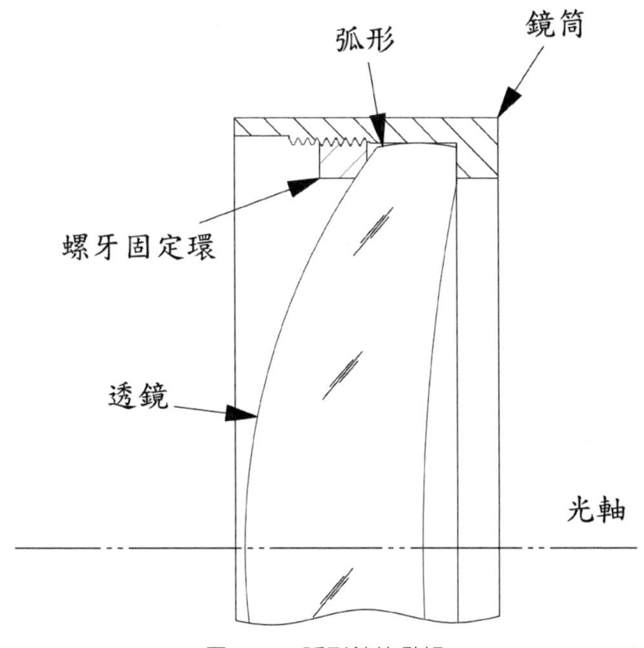

圖 7-15 弧形鏡片外緣

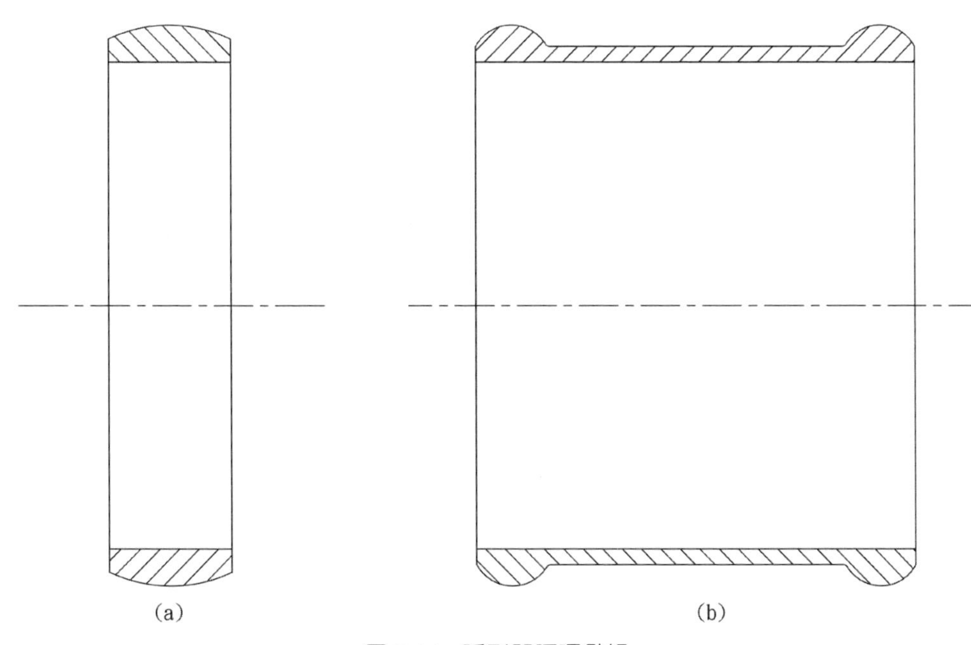

圖 7-16 弧形間隔環外緣

組裝方法是首先將各個元件分別先裝在各自的次鏡筒（Cell）內，依據單一透鏡的調整與對準方法將透鏡光軸與次鏡筒的機械軸對準，使得透鏡的光軸和次鏡筒的外徑為同心，再使用螺牙固定環固定透鏡，亦可使用膠將鏡片黏著在撓性機構上，使鏡片固緊並定位在各自的次鏡筒。次鏡筒的外徑、厚度、同心度、真圓度等都需以超精密加工，且所有次鏡筒的外徑為一致，並和主鏡筒內徑為超精密配合（主鏡筒內徑亦為超精密加工），徑向間隙約為 5 ～ 15μm，如**圖 7-17**（a）。

依序將所有的次鏡筒堆疊串在一起，如此將各個次鏡筒依序堆疊裝入主鏡筒後，不需要再個別調整對準，便能使各鏡片的光軸都有良好對準精度。此組裝方式的各次鏡筒與主鏡筒的固緊方法，可使用如**圖 7-17**（b）的三個徑向等角度排列的金屬棒穿過各個次鏡筒的穿孔後，在最上方以螺帽鎖緊。

圖 7-17（c）的膠合銷（Liquid pinning）的方法可調整次鏡筒之間的組裝對位，先將 3 個環狀等角度排列的定位銷打入基準次鏡筒中，依序套入數個具有較大孔裕度的次鏡筒後，再調整次鏡筒的徑向位置或軸向間距，調整對準完成後用膠灌入孔與銷的間隙，待膠固化後即完成鏡筒的組裝與固緊。

（11）**模組化組裝**：一個複雜的光學系統常包含許多元件，為了日後維修與元件替換方便，可將整個系統拆成數個模組設計、組裝，若有元件損壞即可拆換該模組即可，而不必將整個光學系統丟棄，也不必逐一拆卸數個元件以更換在內部的已損壞元件。但在設計各模組的組裝機構時，需要一併考慮各模組間光學系統的對位機制。

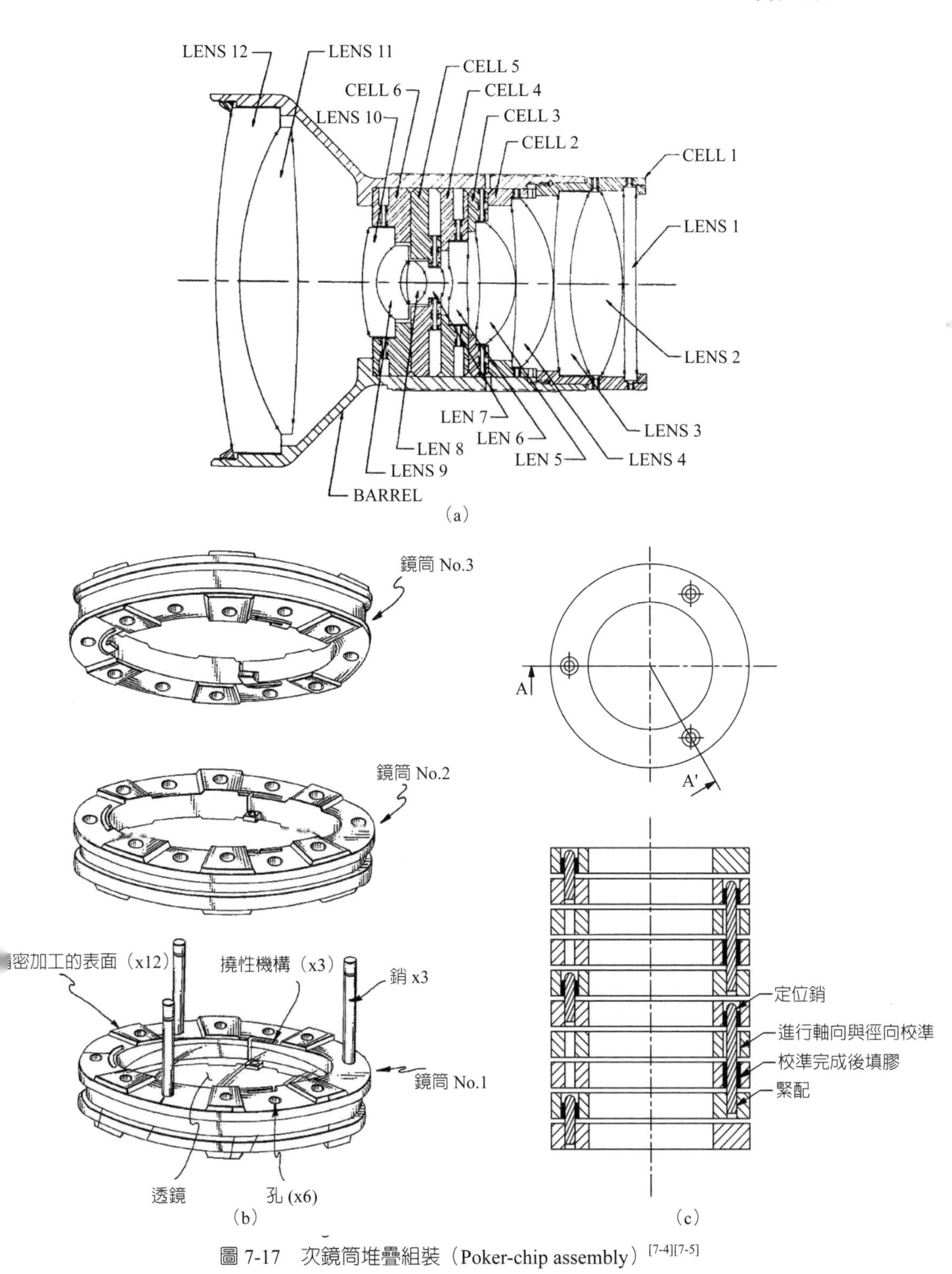

圖 7-17　次鏡筒堆疊組裝（Poker-chip assembly）[7-4][7-5]

7.3 光機介面與接觸應力

透鏡與鏡筒的肩部（Shoulder）、螺牙固定環等固緊機構的光機介面，理想上的接觸面應該是完全重合的球面接觸（**圖 7-18**），可將接觸應力降至最低，然而此法加工成本過高，且實務上常會因爲加工誤差、組裝誤差或變形，造成鏡片和機構件只有局部的數個尖點接觸或者邊緣接觸，導致應力集中且升高的反效果，因此並不是實用的設計。

對凸面而言，常見的光機接觸介面爲 90 度的直角接觸（**圖 7-19**），雖然實務上會將直角端加工些微倒圓角或 45 度去角，但對鏡片而言，接觸應力仍是過大。爲兼顧降低接觸應力與加工成本，凸面的接觸介面以相切面較佳，如**圖 7-20** 所示。

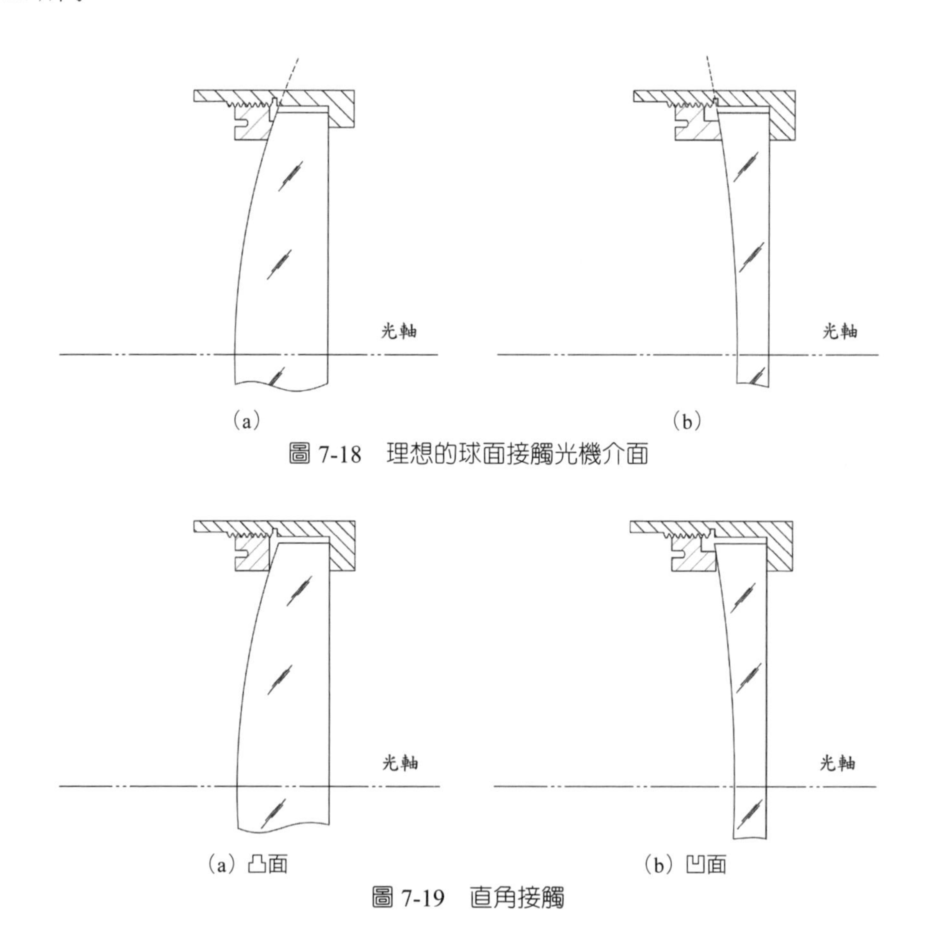

(a)　(b)

圖 7-18　理想的球面接觸光機介面

(a) 凸面　(b) 凹面

圖 7-19　直角接觸

對凹面而言，可使用如甜甜圈剖面的超環面（Toroidal）光機接觸介面（**圖 7-21**），但加工成本過高因此並不實用。最常使用的方式是將鏡片直徑延伸增大後，將其外圍部分磨平產生平面的接觸介面，見**圖 7-22**（a）、（b），較厚的鏡片甚至也可以研磨出階梯狀的平面，順便減輕重量如圖 **7-22**（c）。

此外，爲降低鏡片因受到彎矩而產生變形，建議將鏡片的左、右兩面與機構的接觸點高度設計爲一樣高（即兩面的光機介面接觸點與光軸等距離），讓鏡片兩面承受的作用力與反作用力作用在同一直線上，如**圖 7-23**（a），避免作用力與反作用力產生彎矩造成鏡片的變形，如**圖 7-23**（b）。

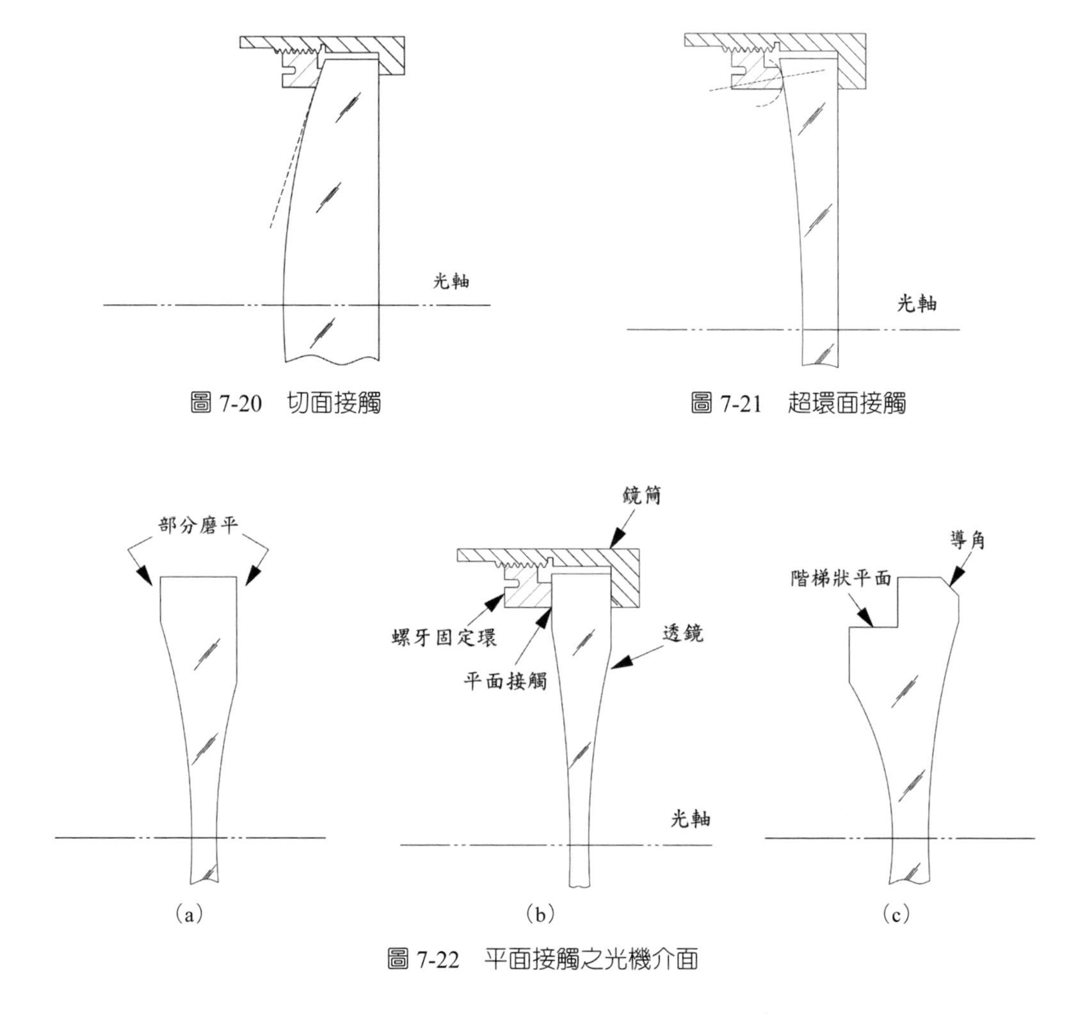

圖 7-20　切面接觸

圖 7-21　超環面接觸

圖 7-22　平面接觸之光機介面

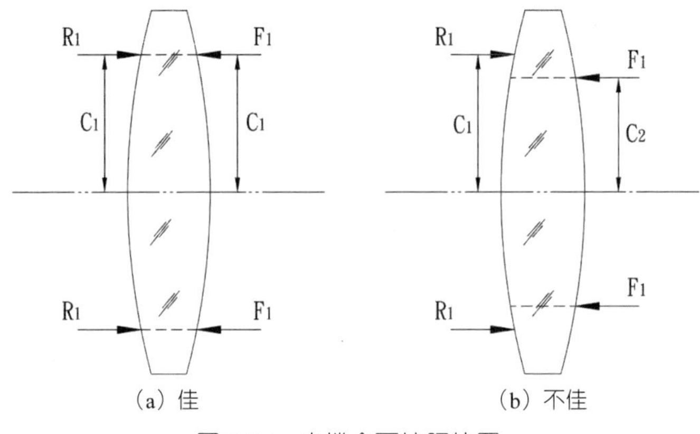

圖 7-23　光機介面接觸位置

為降低光機介面接觸應力、使實際接觸面積更為均勻分布、並提高對鏡片厚度加工誤差的容忍度，還可使用如**圖 7-24** 所列的幾種技巧，使得螺牙固定環與透鏡的接觸應力分布更均勻，例如**圖 7-24**（a）～（c）使用具有撓性的金屬固定環，**圖 7-24**（d）使用 O 型環與透鏡接觸等。

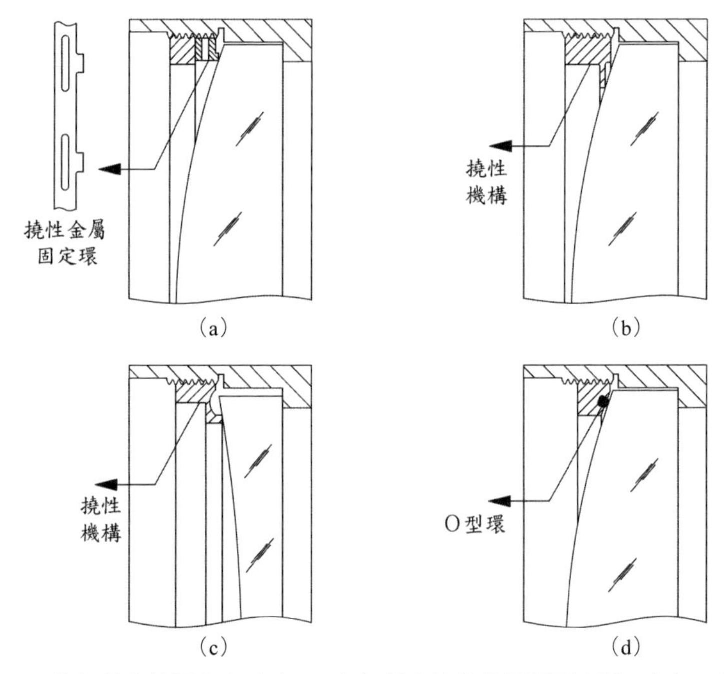

圖 7-24　均勻分布接觸應力（a）～（c）具有撓性的螺牙固定環；（d）O 型環

7.4 彈性膠安裝

使用彈性膠安裝鏡片能提升光機系統對溫度變化與振動等環境擾動的穩定性，也能提供良好的密封效果，阻隔水氣、灰塵等汙染物進入。使用彈性膠封裝要注意其軸向不可封閉，以保留彈性膠的膨脹空間（如**圖 7-25**）。Bayer 等人曾提出使用彈性膠安裝透鏡時的彈性膠厚度值公式[7-3]，如下：

$$t_e = \frac{0.5D_{\mathrm{g}}(\alpha_{\mathrm{m}} - \alpha_{\mathrm{g}})}{\alpha_{\mathrm{e}} - \alpha_{\mathrm{g}}}\ , \tag{7-2}$$

上式中下標 e、g、m 分別代表彈性膠、玻璃及金屬（鏡筒）；t_{e} 為彈性膠建議厚度，D_{g} 是玻璃透鏡直徑，α_{e}、α_{g} 和 α_{m} 則為彈性膠、玻璃及金屬的熱膨脹係數。

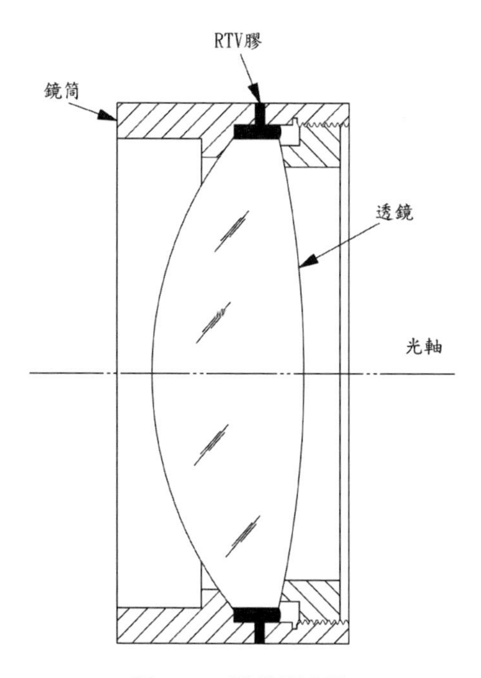

圖 7-25　彈性膠安裝

使用式7-2所得之彈性膠厚度t_e固緊透鏡，可使鏡片在徑向上為消熱（Athermal）設計，即在此厚度t_e下，鏡片與鏡筒在徑向因為溫度變化導致的熱脹冷縮可由彈性膠所吸收，使得溫度變化對鏡片造成的應力降低，但要注意彈性膠僅具有徑向的消熱效果，在軸向上還是會存在些許剪應力。此外，彈性膠亦有如緩衝墊般包覆著透鏡外緣，可保護鏡片、降低振動或衝擊的影響，並具有良好密封效果，可阻隔水氣或灰塵進入鏡筒，但需注意使用彈性膠組裝的鏡片一般是不容易再拆卸的，在高溫與真空的環境中使用要特別選擇低逸氣的彈性膠。

7.5 撓性安裝

撓性安裝即為以柔克剛，目的為讓光學元件在外在環境的擾動下（如溫度變化、振動或衝擊）不會被過度拘束住，讓光學元件有隨外在環境變化的彈性緩衝空間，以免因為固緊產生過大的拘束應力造成鏡片破損，但當外在環境擾動消失後，又會回到原本的組裝位置。撓性機構的材料通常選擇具有較高降伏強度的金屬材料，如不鏽鋼、鉬鋼或鈦合金等，避免選用低降伏強度的金屬（如鋁合金），以免容易產生塑性變形而造成元件永久移位。

圖 7-26 為撓性機構的示意圖，三個具彈性的金屬片固定一光學透鏡。以圓柱座標系觀察，通常撓性機構設計是在徑向為撓性，而在軸向和切向是剛性。**圖 7-26** 中，三個金屬片在徑向有撓性，可隨鏡片因環境溫度變化產生的熱漲冷縮體積變化而產生彈性變形，或是有外來振動或衝擊時，可當作避震器般讓鏡片隨外來振動而些許移動，不會過度拘束鏡片，以免產生應力甚至造成鏡片的破裂。但在外在環境擾動（溫度、振動或衝擊等）消失後，該元件又可回歸原本的定位位置，不會產生移位。

實務上撓性機構與鏡筒可為一體成形加工，或是不同材質分別加工後再組裝，以下舉例說明。**圖 7-27** 為半導體曝光機台鏡頭所用的可拆卸式撓性機構設計圖，利用線切割放電加工不鏽鋼撓性機構，鏡片與撓性機構是用膠合方式固定，三個撓性機構與鋁合金次鏡筒再使用螺絲鎖固，並分別以定位銷輔助定位。**圖 7-28**（a）～（c）所示之數種撓性機構與鏡筒（次鏡筒）則為一體成型，需要特別設計與加工。

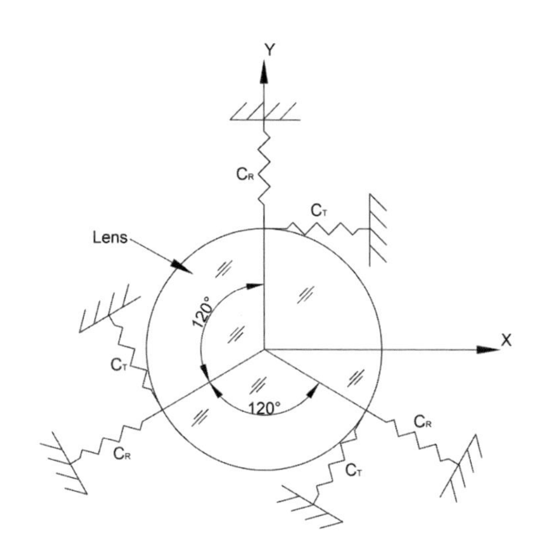

圖 7-26　撓性組裝示意圖

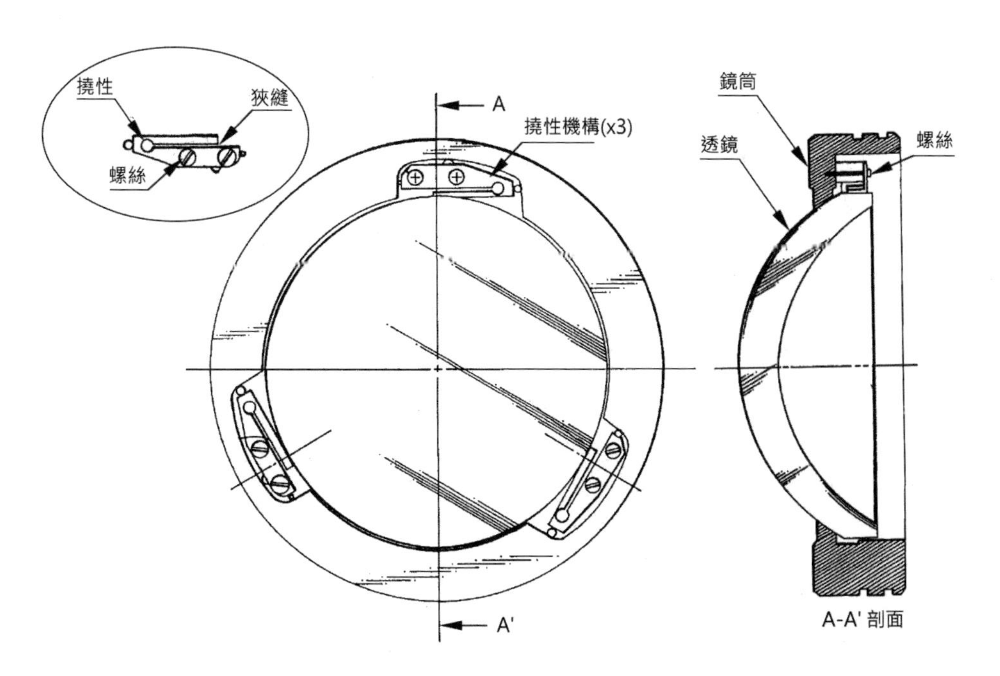

圖 7-27　可拆卸式撓性機構組裝 [7-6]

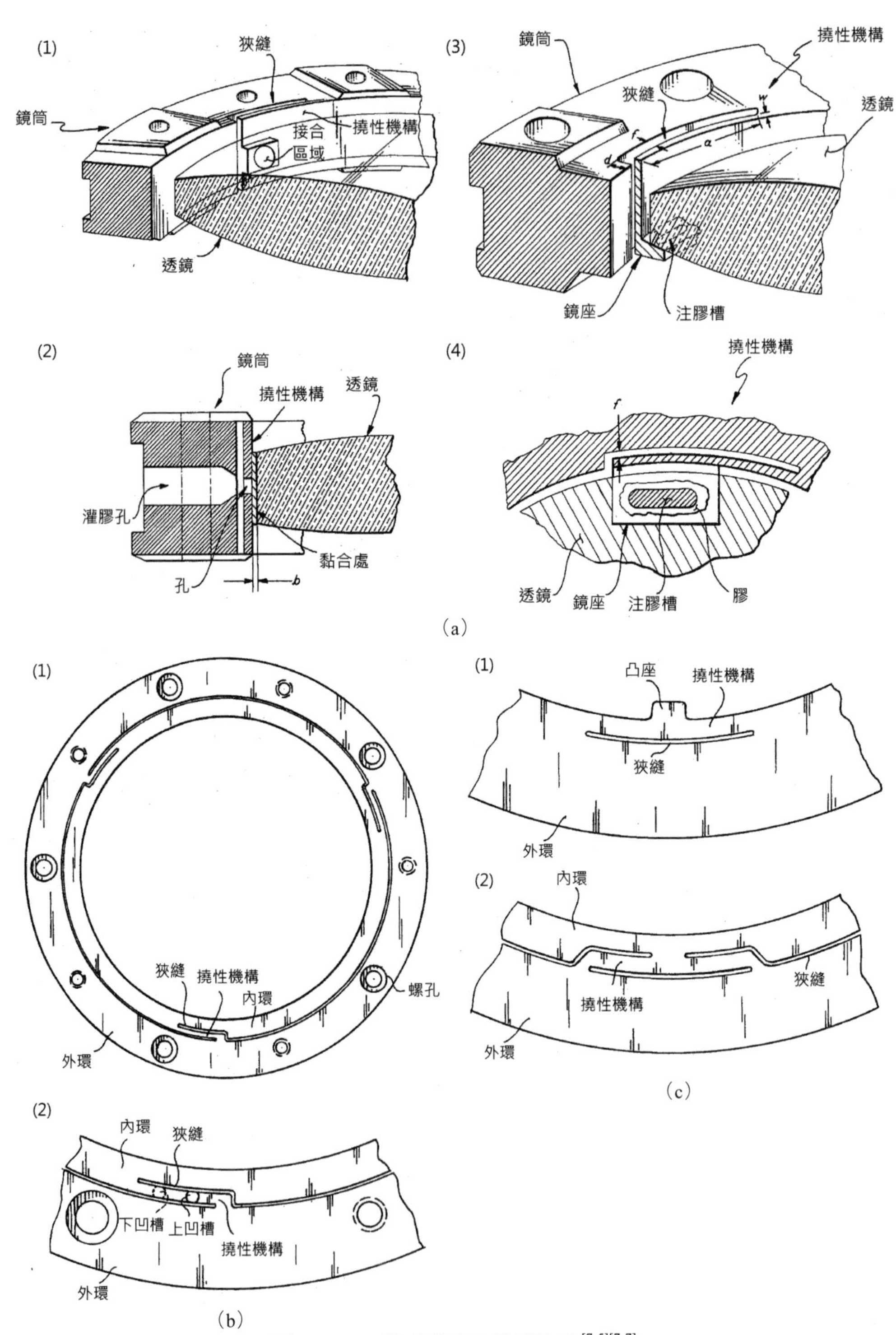

圖 7-28　一體成型撓性機構設計 [7-5][7-7]

撓性機構的設計需事先分析，以預測所設計的機構強度與可承受的外力和變形量，避免在使用過程中產生永久塑性變形或是疲勞破壞。因為撓性機構形狀不規則且較複雜，較難找到材料力學解析公式解，所以通常需要使用電腦輔助分析軟體（如有限元素法）進行應力與變形分析，以預測所設計的撓性機構強度與所承受應力值。

7.6 運動學裝配

以直角（Cartesian）座標觀察，物體在三維空間中具有六個自由度，即沿著三軸向的平移自由度（Δx, Δy, Δz），與繞著三個軸的旋轉自由度（θx, θy, θz），如**圖 7-29** 所示。所謂運動學裝配（Kinematic mount)即是拘束一物體時，所給予的拘束數目與要限制的自由度數目一樣，不造成過度拘束，避免對被拘束物產生過大的拘束應力與變形。

如**圖 7-30** 所示，將一物體與放在 X-Z 平面上的三個圓球接觸而不分離（為點接觸形態），則此物體被限制住的 3 個自由度為 Y 軸向平移自由度 Δy，與繞 X、Z 軸的旋轉自由度 θx、θz；若將此物體的側邊也和 Y-Z 平面上的兩個圓球接觸，則又限制住了另外 2 個自由度，即 X 軸向平移自由度 Δx、與繞 Y 軸的旋轉自由度 θy；而僅剩的最後一個自由度 Δz，可藉由將物體和 X-Y 平面上的圓球接觸，就剛好完全限制住此物體在三維空間中的 6 個自由度了。上述範

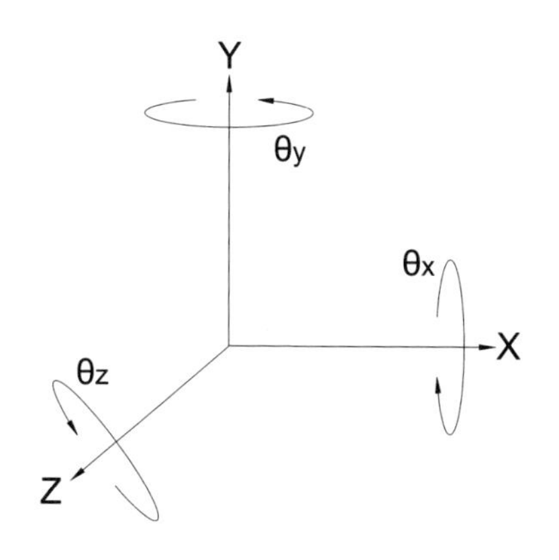

圖 7-29　三維空間的六個自由度

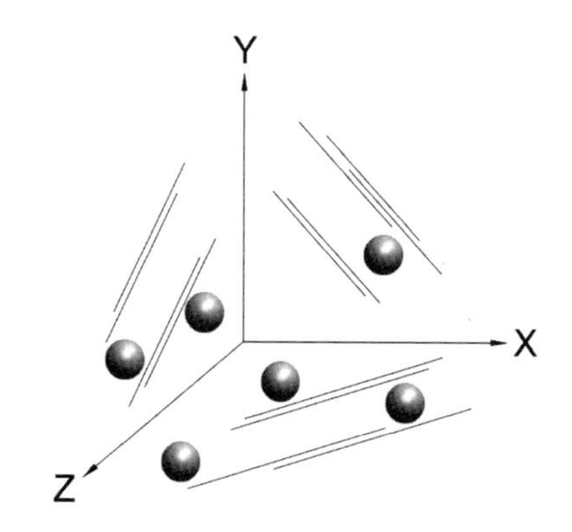

圖 7-30　運動學裝配示意圖

例說明即為運動學裝配原則，通常是以點接觸形態限制物體，且還需要有個通過物體重心的輕微拘束力（如利用彈簧輕壓物體），以避免物體和拘束點因振動而導致鬆脫或分離。

但運動學裝配因為是點接觸，缺點是接觸應力過高，欲改善此缺點可將點接觸改為小面積的平面接觸以降低接觸應力，稱為半運動學裝配（Semi-kinematic mount），如**圖 7-31** 所示。但須注意定義同一平面上的數個小平面，如**圖 7-31** 中 X-Z 平面上的三個小平面，必須確保是共平面（經過拋光等精密加工），使物體能確實與三個小平面同時接觸，避免只接觸到其中一個平面或是只接觸到任一平面的邊緣（線接觸），否則不但達不到預期的拘束效果，且會造成更高的接觸應力之反效果。

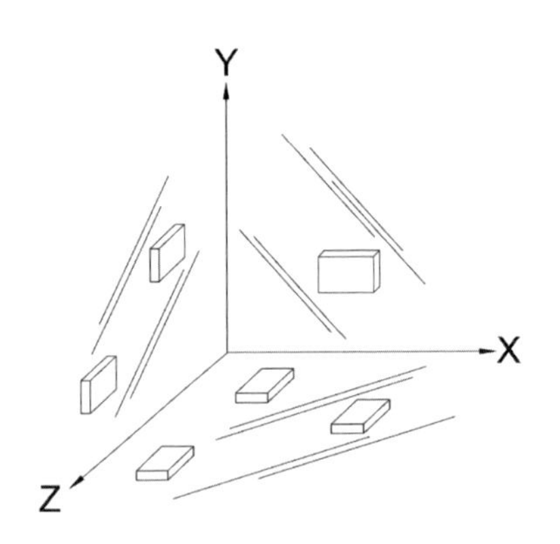

圖 7-31　半運動學裝配示意圖

圖 7-32 所示也是一種典型的運動學裝配，可達到高定位重現性，又可吸收溫度變化造成熱脹冷縮的熱應力影響。利用 A 物體三個接腳端的三個球面，分別和欲配合的 B 物體端的平面、V 形槽及圓錐槽互相接觸配合。說明如下，如**圖 7-32** 所示，當其中第一個球面和空心圓錐面接觸時，此時 A 物體的 3 個軸向的平移自由度 Δx、Δy 和 Δz 都被拘束住；當第二個接腳的圓球放入 V 型槽時，又限制住 A 物體 2 個軸向的旋轉自由度 θy 和 θz；而 A 物體最後一個旋轉自由度 θx 就被第三個球面和平面剛好拘束住，達到運動學裝配的效果。

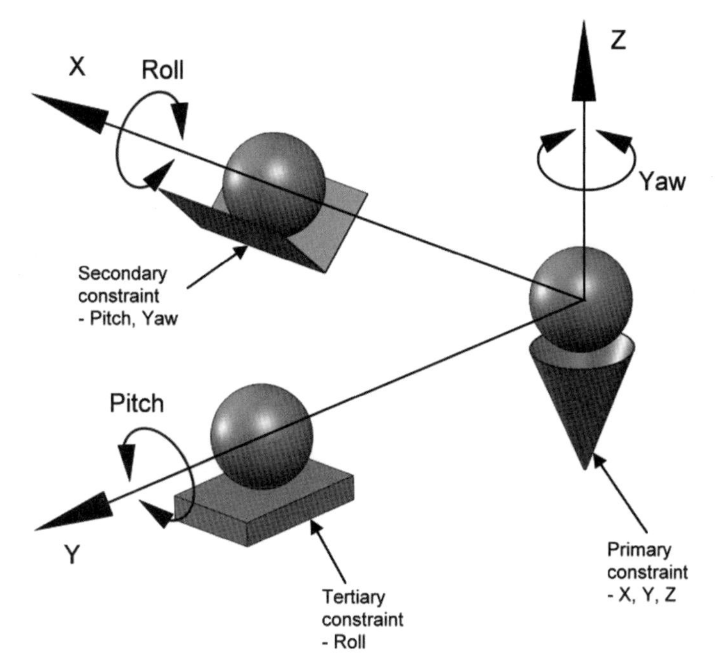

圖 7-32　利用圓錐、V 型槽與平面的運動學裝配

特別提醒，設計時需注意 V 型槽必須指向圓錐，以確保效果並避免產生過度拘束。此外，當溫度上升導致 A、B 兩物體膨脹程度不同時，也不會對 A 物體（光學元件）產生應力與過度拘束，因為 A、B 兩物體在圓球及空心圓錐面會以圓錐的接觸點為中心向外膨脹，A 物體另外兩個接腳的圓球則分別會在 V 型槽和平面滑動（如膨脹則以圓錐孔為固定點向外側滑動），因此不會過度拘束光學元件 A 物體，造成熱應力或扭曲變形。

簡而言之，運動學裝配的優點是高穩定性、高定位重現性（Repeatability）以及光學元件不會受到多餘應力與變形（Distortion free）。

7.7 調整機構

螺紋為最常見的調整機構，常用的螺牙標準分為公制螺紋與英制統一螺紋。如**圖 7-33** 所示，公制螺牙之螺距和大徑的單位是 mm，如 M8×1 代表大徑 8mm、螺距 1mm。而英制螺牙的大徑單位是英吋，螺距常表示為 TPI

（Thread per inch），即每英吋長度的螺牙數，螺牙又分爲粗牙（UNC）和細牙（UNF）兩大類，例如 UNC-1/4-28 代表英制粗牙螺紋且大徑爲 1/4 英吋，每英吋有 28 螺牙。**圖 7-34** 所示的不鏽鋼微調螺絲是 100TPI，表示其每一英吋長度有 100 螺牙，換算其公制螺距爲 25.4/100 = 0.0254mm，將此螺絲轉一圈則前進或後退的距離是 25.4μm，當作調整機構時只旋轉螺絲些許的轉動角度即可達到良好的微調效果。

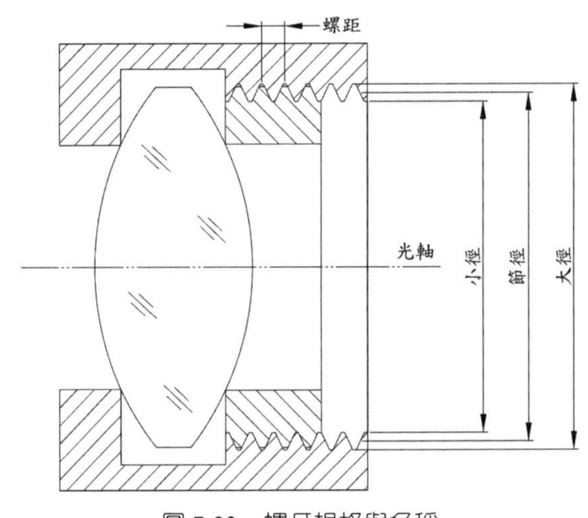

圖 7-33　螺牙規格與名稱

圖 7-34　不鏽鋼微調螺絲（圖片來源：Newport 公司）

鏡片對準徑向調整機構：鏡片在徑向的常用調整方式如**圖 7-35** 所示，在兩個正交方向分別使用一組調整螺絲進行調整，實務上爲方便同時使用兩手分別操作兩正交方向的調整，可在單一軸向調整的兩側螺絲，將其中一個更換爲具彈簧與頂珠的定位柱（Plunger），如**圖 7-35**（b）所示，以提供彈性與預壓力且可消除背隙（Backlash），如此即可單手旋轉另一側的調整螺絲使鏡片隨之前進或後退進行徑向的調整。

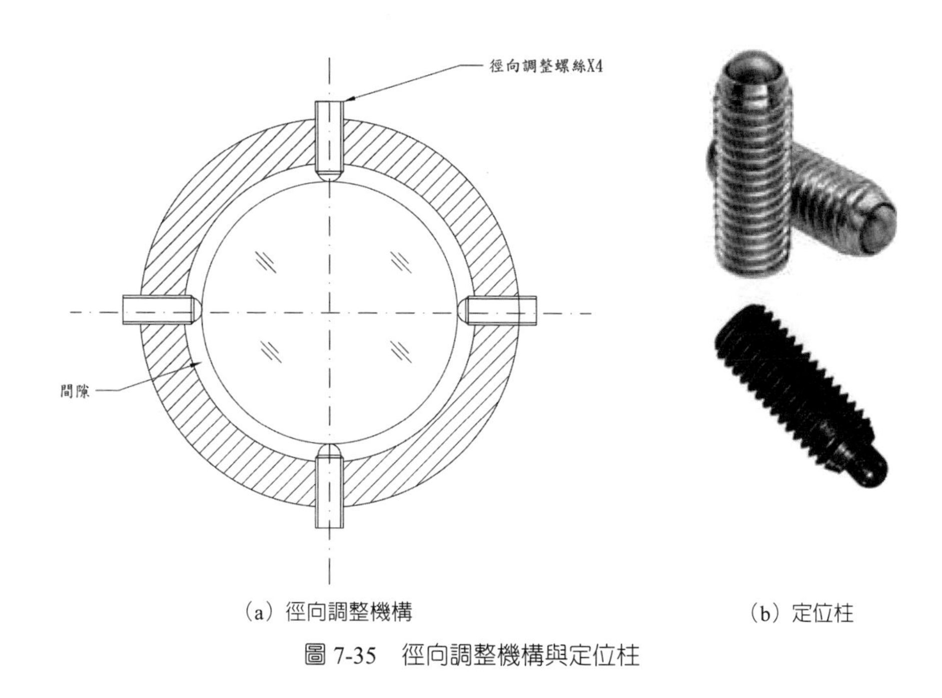

（a）徑向調整機構　（b）定位柱

圖 7-35　徑向調整機構與定位柱

軸向調整機構：**圖 7-36**（a）和（b）所示為兩種鏡片軸向調整機構，都使用 3 個環狀等角度排列的接觸點來調整軸向位置。**圖 7-36**（a）利用螺牙前端的錐面推動圓球，利用鏡片重量壓在圓球上提供預力效果，用手旋轉螺紋前進或後退即可將鏡片往上或下進行軸向的微調。**圖 7-36**（b）利用螺牙前端的圓頭與具撓性的楔形結構下方斜面接觸，鏡片重量壓在楔形面上方的半圓球上，利用鏡片重量提供預力效果，轉動螺紋前進或後退即可將鏡片往上或下的軸向微調。

圖 7-36 所示的兩種軸向調整機構設計特點在於整個鏡筒組裝後，仍可利用側面的螺絲進行軸向間隙調整。此外，因為三點可定義出一平面的姿態，通常需要環狀等角度排列的三個螺絲調整相同的位移量才會使得鏡片在軸向上為平移（往上或往下），若三個螺絲調整的位移量不同，則會得到鏡片傾斜的調整效果。

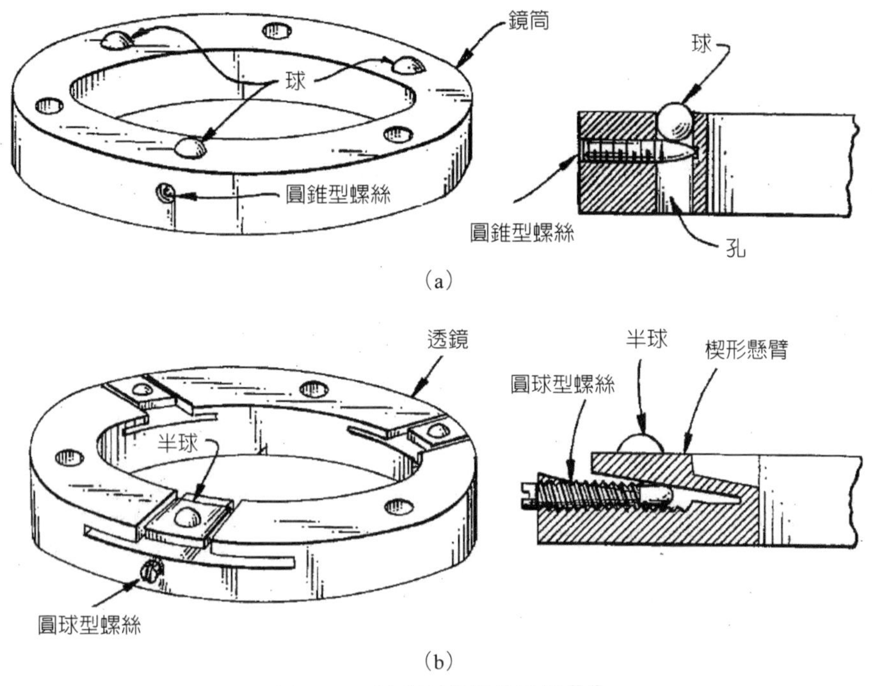

圖 7-36　軸向調整機構設計 [7-5]

7.8 對準方法

光軸平常是肉眼所看不見的，如同一空心鏡筒的中心軸也是看不見的，所以需要用儀器量測定義。光機系統組裝需要使用光學輔助儀器以定義出一基準光軸，再調整、對準各元件的光軸與此基準光軸對齊，在此節介紹光機對準常使用的光學輔助儀器——準直儀和自準直儀。

（1）**準直儀**（Collimator）：將光源放置於透鏡組焦點，可發出準直（Collimating）之平行光束，如**圖 7-37**。通常還會放入擴散片（Diffuser）使光線能量更均勻分布，並可藉由切換濾波片（Filter）以發出特定波長的準直光。

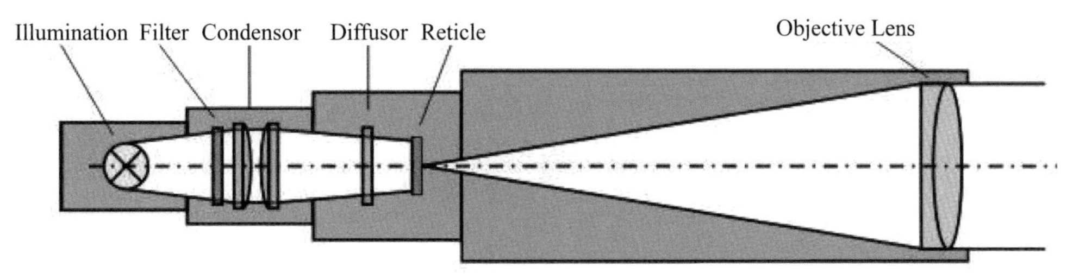

圖 7-37　準直儀（圖片來源：Trioptics 公司）

（2）**自準直儀**（Autocollimator）：為一焦點為無窮遠之望遠鏡與準直儀之組合，如**圖 7-38** 所示為一電子式準直儀，在接收端搭配數位相機接收影像。在準直儀的光源發射處放置刻畫版（Reticle），常用的是空心十字刻畫版（**圖 7-39**），如此由準直儀發射出的準直光為亮的十字圖案，一般慣稱為十字絲（Cross-hair）。若準直儀發射出之光線射至與光線垂直的平面，則會沿原路徑入射進入望遠鏡，最後成像於接收端數位相機的 CCD（Charge coupled device）感測器上，且無偏移的亮十字絲會與 CCD 的中心點重合。

但若反射的平面與準直儀出射的準直光束存在一微小傾斜角度，則反射回 CCD 的亮十字絲會和理想中心點偏移，如**圖 7-40**，由此偏移量與準直儀透鏡組之焦距即可計算此反射鏡微小傾斜角度。故自準直儀可由反射十字絲的位移量推算反射面與出射平行光間的微小角度誤差，為光機組裝或機構組裝直線度校準常用之光學輔助儀器。

（3）**光機組裝對準原理**：使用準直儀或自準直儀所射出的準直光定義基準（參考）光軸，設法調整讓所有元件的光軸都對齊此基準光軸，即完成光學系統的元件對準。就像是一群人在排隊時，使所有人都對齊地上的標線，自然就會成一直線。當然實際的組裝一定會有些許誤差，所以主要是讓每個元件的光軸和基準光軸間的誤差量落在光學設計的可接受容差範圍內，即完成光機系統的對準，如**圖 7-41**。

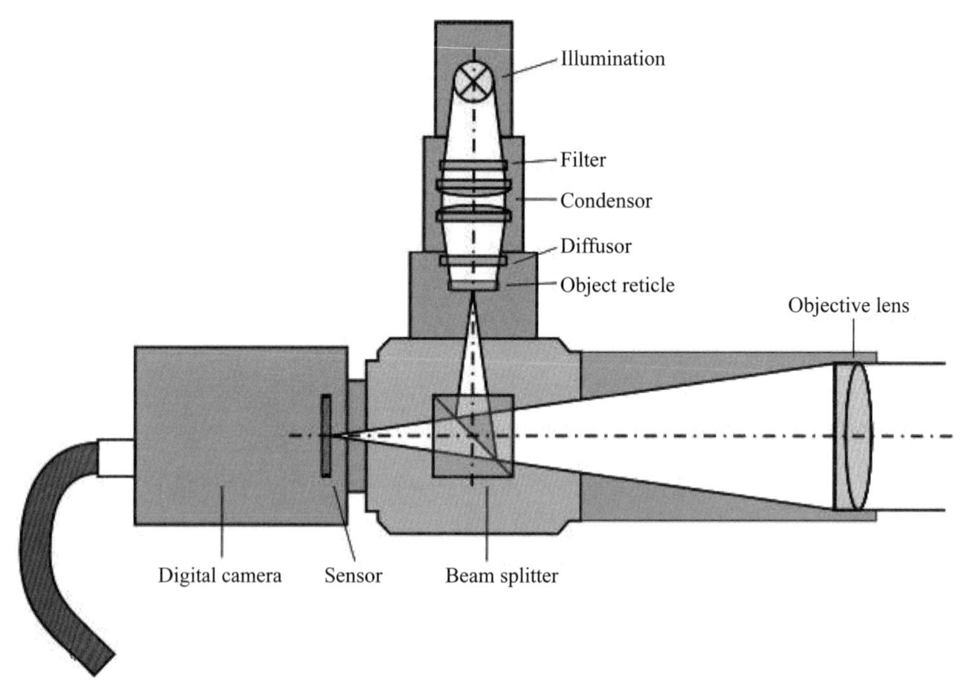

圖 7-38　電子式自準直儀（圖片來源：Trioptics 公司）

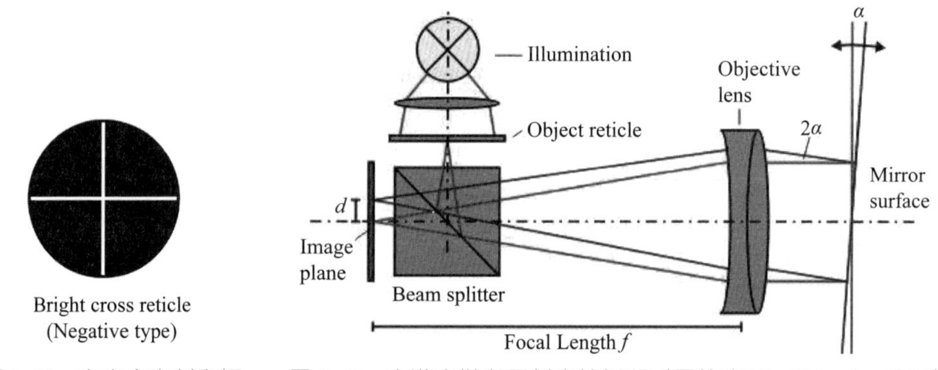

圖 7-39　空心十字刻畫板（圖片：Trioptics 公司）

圖 7-40　自準直儀與反射光線偏移（圖片來源：Trioptics 公司）

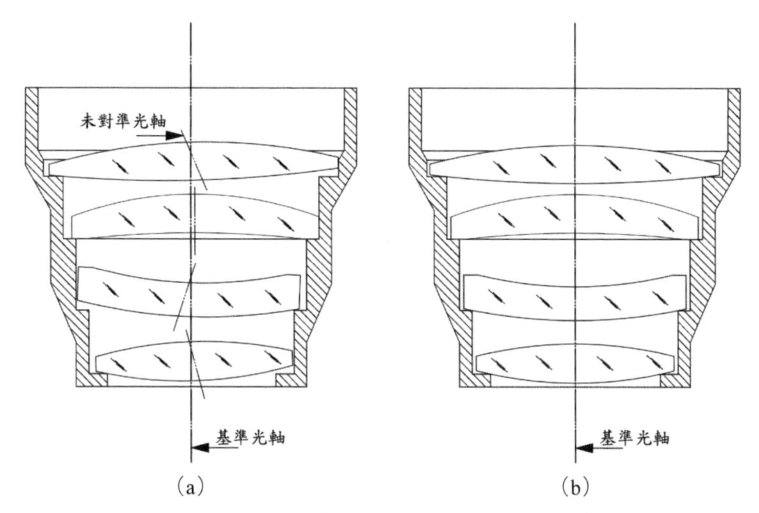

圖 7-41 （a）未對準的透鏡組；（b）理想的對準透鏡組

7.9 消熱設計

消熱設計用意爲讓光機系統對溫度變化不敏感，分爲徑向消熱設計和軸向消熱設計，其中徑向消熱設計請參見 7.4 節彈性膠裝配所敘述，在本節將介紹軸向消熱設計方法。

軸向消熱設計：望遠鏡等精密光學系統，若溫度變化導致機構件熱脹冷縮會影響各光學元件間的間距與聚焦位置，造成離焦（Defocus）。消熱設計可分爲主動式（Active）與被動式（Passive），主動式即爲使用回授控制以電控馬達（或致動器）調整聚焦元件，消弭熱變形的影響，使得焦點落在正確的焦平面，如**圖 7-42** 所示。常用的對焦調整致動器有音圈馬達、伺服馬達、壓電致動器等。

被動式消熱設計有幾種方法，最簡單的設計爲使用單一材料於所有的結構件與光學反射鏡，如**圖 7-43** 中，反射鏡與結構件都是使用鈹製造，該望遠鏡所有與成像有關的光機元件都是同一種材料（即相同的熱膨脹係數），因此可達消熱設計效果。

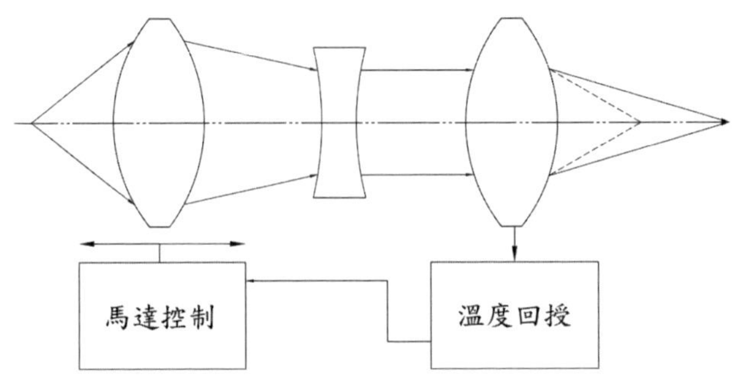

圖 7-42　主動式消熱設計示意圖

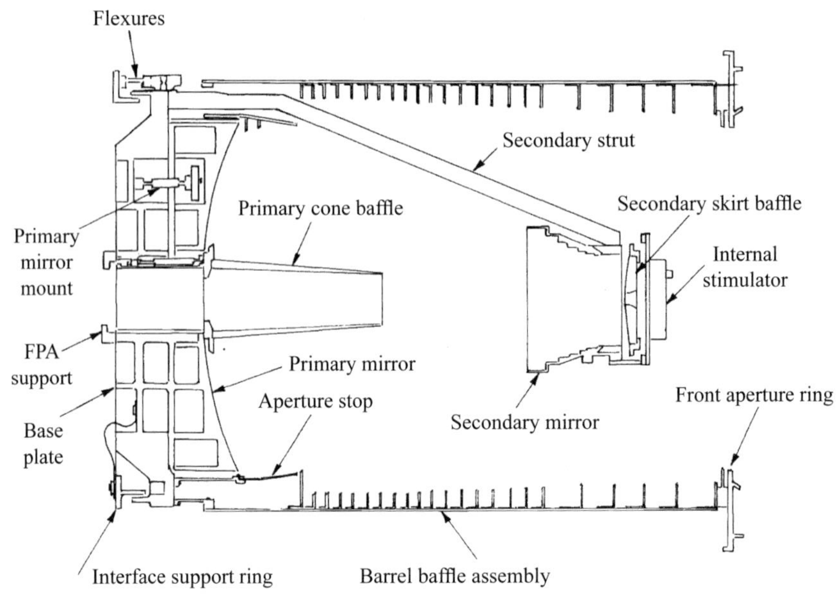

圖 7-43　單一材料被動式消熱設計 [7-8]

除了在選用材料時注意使用較低熱膨脹係數的結構外，無可避免的各種材料也都會有不同的熱膨脹係數。多數望遠鏡系統中反射鏡是由低熱膨脹係數的玻璃陶瓷 Zerodur（德國 Schott 公司生產）或 ULE（美國 Corning 公司生產），而結構件的熱膨脹係數相對較高。**圖 7-44** 為第 2 種常見的被動式軸向消熱設計的示意圖，使用兩種不同熱膨脹係數的金屬以補償焦平面的移動，表 **7-2** 列出幾種常用的低熱膨脹係數材料與其重要機械性質。

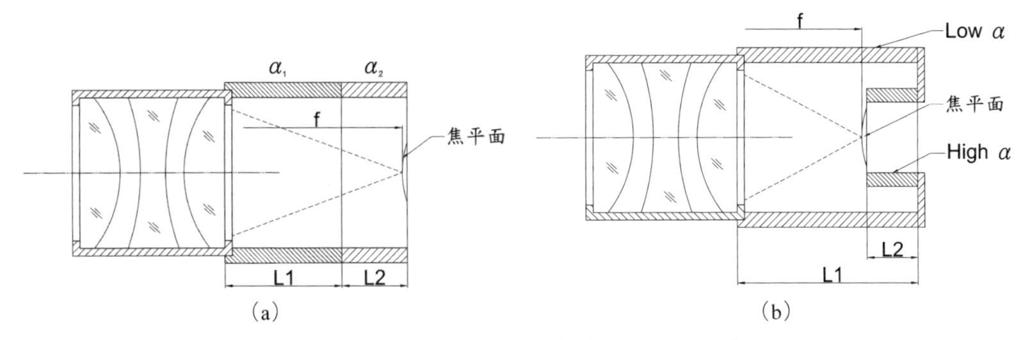

圖 7-44　兩種材料的被動式軸向消熱設計示意圖

表 7-2　低膨脹係數材料表

低膨脹係數材料	CTE（10^{-6}/℃）
Borosilicate crown E6	2.8
Fused silica 7940	0.58
Invar®	0.8
Super Invar®	0.31
ULE® Corning 7972	0.02
Zerodur®	0.02

圖 7-45 爲使用定量桿（Metering rod）技術的被動式消熱設計，定量桿需選用具有低熱膨脹係數材質。**圖 7-45** 中各元件相對距離以三根環狀等角度排列的定量桿維持，且各元件在軸向爲撓性支撐，即使最外層鏡筒會因溫度變化而膨脹或收縮，但是光學元件會因定量桿與撓性支撐使其保持原有的軸向間距設計值，不會隨溫度變化改變。

圖 7-46 中有 6 支 Invar 管當作定量桿的消熱設計，配合其他結構件的高、低熱膨脹係數，使衛星上 GOES 望遠鏡的兩個反射鏡間的軸向距離，在繞地球軌道運行的溫度變化區間（1℃與 54℃間）保持爲定值，達到軸向消熱設計效果。

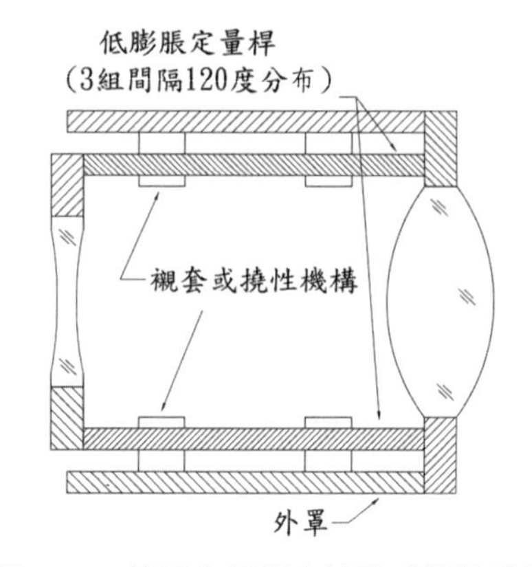

圖 7-45　使用定量桿之被動式消熱設計

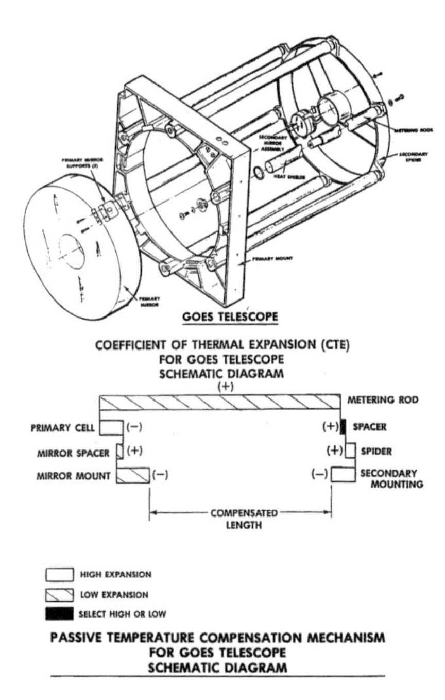

圖 7-46　GOES 望遠鏡被動式軸向消熱設計 [7-9]

7.10 反射鏡、稜鏡與濾光片裝配

濾光片（Filter）通常是鍍有光學薄膜的雙平面透鏡，其裝配方式與先前介紹的透鏡組裝方式大致相同。較大稜鏡的組裝則可使用運動學裝配或半運動學裝配（非永久性固緊），亦可使用膠合方式（永久性固定），但在膠合時要注意

不可讓膠溢出，避免膠固化收縮時對稜鏡造成過大的應力，如**圖 7-47**。且大面積的膠合也會造成過大的固化應力，可將其均勻分散為數個小面積的膠合（總面積與原本的膠合面積相同），降低膠固化產生的應力，如**圖 7-48** 所示。

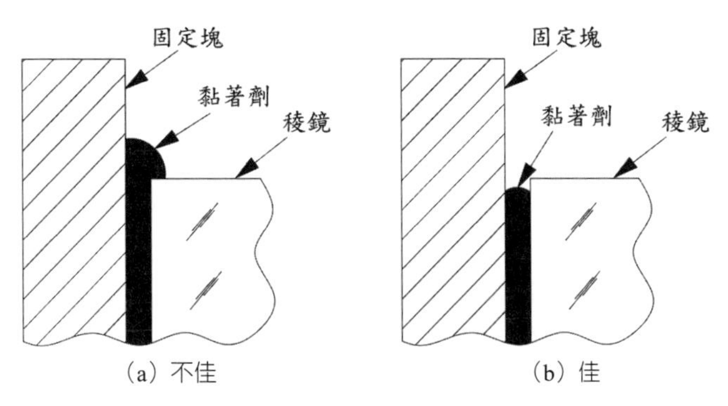

（a）不佳　（b）佳

圖 7-47　使用黏著劑膠合稜鏡示意圖

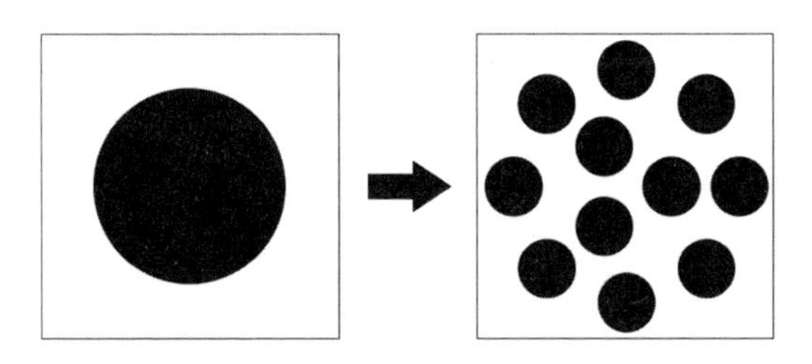

圖 7-48　均勻分布小面積膠合稜鏡示意圖

小反射鏡的組裝也可適用先前介紹的各種透鏡組裝方式，但要注意反射鏡的組裝對準要求比透鏡高，因為入射的光線會將鏡片表面變形或是傾斜誤差放大兩倍反射回去。此外，反射鏡常用撓性機構組裝，以避免溫度變化及振動對反射鏡造成變形或應力甚至永久的移位，**圖 7-49** 所示為反射鏡的幾種撓性機構裝配，尤其是天文望遠鏡或是衛星遙測用的大口徑反射鏡，其撓性機構固緊裝置常需以有限元素分析以達最佳的撓性效果。

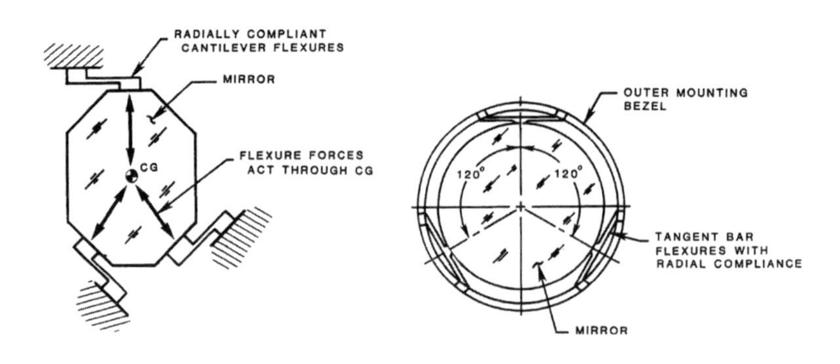

圖 7-49　反射鏡撓性機構固緊範例 [7-10][7-11]

習題

1. 請說明使用螺牙固定環的預壓力如何計算？
2. 請說明使用彈性膠安裝單透鏡的優點。
3. 請說明使用彈性膠固緊的單透鏡徑向消熱設計原理與厚度計算方法。
4. 請簡述自準直儀的組成，與應用在光機組裝對準的方法。
5. 請簡述應用撓性安裝光學元件的優點。

參考資料與文獻

【第一章】

[1-1] Nakazawa, H. *Principles of Precision Engineering*. Oxford, Oxford University Press, 1994.

【第二章】

[2-1] ISO 286-1: Geometrical product specifications (GPS) – ISO code system for tolerances on linear sizes – Part 1: Basis of tolerances, deviations and fits. 2010.

[2-2] ISO 286-2: Geometrical product specifications (GPS) – ISO code system for tolerances on linear sizes – Part 2: Tables of standard tolerance grades and limit deviations for holes and shafts. 2010.

[2-3] ISO 1101: Geometrical product specifications (GPS) – Geometrical tolerancing — Tolerances of form, orientation, location and run-out. 2012.

[2-4] ISO 2692: Geometrical product specifications (GPS) – Geometrical tolerancing — Maximum material requirement (MMR), least material requirement (LMR) and reciprocity requirement (RPR). 2006.

[2-5] ISO 2768-1: General tolerances – Part 1: Tolerances for linear and angular dimensions without individual tolerance indications. 1989.

[2-6] ISO 2768-2: General tolerances – Part 2: Geometrical tolerances for features without individual tolerance indications. 1989.

[2-7] ISO 5459: Geometrical product specifications (GPS) – Geometrical tolerancing – Datums and datum systems. 2011.

[2-8] ISO 8015: Geometrical product specifications (GPS) – Fundamentals – Concepts, principles and rules. 2011.

[2-9] CNS 3-3：工程製圖（表面織構符號），2010。

[2-10] CNS 3-4：工程製圖（幾何公差），1999。

[2-11] CNS 3-12：工程製圖（幾何公差－最大實體原理），1994。

[2-12] CNS 4-1：產品幾何規範（GPS）－線性尺度之ISO公差編碼系統－第1部：公差、偏差及

配合之基礎，2012。

[2-13] CNS 4-2：產品幾何規範（GPS）—線性尺度之ISO公差編碼系統—第2部：孔及軸之標準公差類別與限界偏差表，2012。

[2-14] Walter Jorden: Form- und Lagetoleranzen. 5. Aufl. München, Hanser.

【第四章】

[4-1] Eschmann, P. et al. Ball and Roller Bearing. 2nd Ed., Chichester, John Wiley & Sons, 1985.

[4-2] SKF General Catalogue.

[4-3] NTN Precision Rolling Bearings, CAT. No. 2260-IV/E.

[4-4] NSK Linear Guides.

[4-5] 上銀科技股份有限公司，線性滑軌技術手冊，G99TC16-1111，2011.

[4-6] 上銀科技股份有限公司，滾珠螺桿技術手冊，S99TC-12-1208，2012.

[4-7] ISO 3408-1: Ball screws – Part 1: Part 1: Vocabulary and designation. 2006.

[4-8] ISO 3408-3: Ball screws – Part 3: Acceptance conditions and acceptance tests. 2006.

[4-9] CNS 9787: 精密級滾珠螺桿，1983。

[4-10] DIN 3960: Definitions, parameters and equations for involute cylindrical gears and gear pairs. 1987.

[4-11] DIN 3964: Deviations of shaft centre distances and shaft position tolerances of casing for cylindrical gears. 1980.

[4-12] DIN 3967: Backlash, tooth thickness allowances, tooth thickness tolerances. Principles. 1978.

[4-13] ISO 1940-1: Mechanical vibration – Balance quality requirements for rotors in a constant (rigid) state – Part 1: Specification and verification of balance tolerances. 2003.

【第五章】

[5-1] http://en.wikipedia.org/wiki/Actuator

[5-2] Oriol gomis-Bellmunt and Lucio Flavio Campanile, Design Rules for Actuators in Active Mechanical Systems, Springer, London, 2010.

[5-3] http://en.wikipedia.org/wiki/Sensor

[5-4] Alexander H. Slocum, Precision Machine Design, Prentice- Hall, New Jersey, 1992.

[5-5] Harald Sehr, et al., "Fabrication and test of thermal vertical bimorph actuators for movement in the wafer plane," J. Micromech. Microeng., vol. 11, pp.306-310. 2001.

[5-6] 楊三本，形狀記憶合金驅動的對焦致動器之設計，國立中央大學機械工程學系，碩士論文，2009。

[5-7] Kyle Campbell, Yeshaiahu Fainman, and Alex Groisman, "Pneumatically actuated adaptive lenses with millisecond response time," Appl. Phys. Lett., vol. 91, pp.171111-1-171111-3, 2007.

[5-8] A. Grunwald, A.G. Olabi, "Design of a magnetostrictive (MS) actuator," Sens. Actuator A, vol. 144, pp. 161-175, 2008.

[5-9] http://shicoh.altecs.jp/ir070903.pdf

[5-10] C. S. Liu and P. D. Lin, "A miniaturized low-power VCM actuator for auto-focusing applications," Opt. Express, vol. 16, pp. 2533-2540. 2008.

[5-11] C. S. Liu and P. D. Lin, "High positioning repeatability of miniature actuator," Sens. Mater., vol. 20. pp. 319-326, 2008.

[5-12] M. Murphy, M. Conway, and G. Casey, "Lens drivers focus on performance in high-resolution camera modules," Analog Dialogue 40-11, pp. 1-3, 2006.

[5-13] Y. K. Tseng, "Voice coil motor positioning apparatus," TW Patent I239432, 2005.

[5-14] Y. K. Tseng, "Voice coil motor apparatus," TW Patent I303915, 2008.

[5-15] C. S. Liu and P. D. Lin, "Miniaturized auto-focusing VCM actuator with zero holding current," Opt. Express, vol. 17, no. 12, pp. 9754-9761, 2009.

[5-16] C. S. Liu, S. S. Ko, and P. D. Lin, "Experimental Characterization of High-Performance Miniature Auto-Focusing VCM Actuator," IEEE Trans. Magn., vol. 47, no. 4, pp. 738-745, 2011.

[5-17] 劉建聖、林柏衡、柯順升、張裕修、洪基彬，音圈馬達，中華民國專利 *I343164*, 2011。

[5-18] C. S. Liu, P. H. Lin, S. S. Ke, Y. H. Chang, and J. B. Horng, "Voice coil motors," *US Patent 7633190.* 2010.

【第六章】

[6-1] K.H. Ang, G.C.Y. Chong, and Y. Li, "PID control system analysis, design, and technology," IEEE Transactions on Control Systems Technology, 13 (4), pp. 559-576, 2005.

[6-2] http://en.wikipedia.org/wiki/Intel_MCS-51

[6-3] http://www.deltaww.com/

[6-4] http://www.heidenhain.com/

[6-5] http://www.hitachi-america.us/

[6-6] Joseph J. Carr, "Sensors & Circuits: Sensors, Transducers, & Supporting Circuits For Electronic Instrumentation Measurement and Control", 1993.

[6-7] 周瑞仁，農業自動化叢書第十二輯：機電整合，2003。

[6-9] C. Kilian, Modern Control Technology, 2005。

【第七章】

[7-1] Yoder, P. R. Jr., Mounting Optics in Optical Instruments, 2nd Ed., SPIE Press, Bellingham, WA, 2008.

[7-2] Yoder, P. R. Jr., Opto-mechanical System Design, 3rd Ed., CRC press, 2005.

[7-3] Bayar, M., Opt. Eng., 20, 181, 1981.

[7-4] Fischer, R. E., Proc. SPIE, 1533, 27, 1991.

[7-5] Bacich, J. J., U. S. Patent 4,733,945, 1988.

[7-6] Ahmad, A., Huse, R. L., U. S. Patent 4,929,054, 1990.

[7-7] Bruning, J. H., DeWitt, F. A., Hanford, K. E., U. S. Patent 5,428,482, 1995.

[7-8] Schreibman, M., Young, P., Proc. SPIE, 250, 50, 1980.

[7-9] Zurmehly, G. E., Hookman, R., Proc. SPIE, 1167, 360, 1989.

[7-10] Vukobratovich, D., Richard, R. M., Proc. SPIE, 959, 18, 1988.

[7-11] Mammini, P., Nordt, A., Holmes, B., Stubbs, D., Proc. SPIE, 5176, 26, 2003.

索 引

A

Accuracy 準確度　4, 92, 93, 103, 129
Actuator 致動器　185, 187, 188, 189, 190, 191, 192, 193, 194, 195, 196, 197, 198, 199, 200, 202, 203, 204, 205, 206, 207, 208, 209, 210, 211, 212, 213, 230, 267
Angularity 傾斜度　32, 33, 35, 57, 176, 177, 206, 208, 209, 210
Athermal 消熱　235, 256, 267, 268, 269
Autocollimator 自準直儀　264, 265, 266
Automatic control 自動控制　215, 216, 218
Axial clearance 軸向餘隙　160, 161
Axial clearance of bearings 軸承軸向間隙　137
Axial runout 軸向偏轉　133, 134, 135

B

Backlash 背隙　8, 156, 160, 161, 167, 168, 170, 171, 172, 174, 175, 176, 177, 178, 186, 263
Backlash control 背隙控制　177, 178
Balance quality grades 平衡等級　182, 184, 185
Balancing 平衡　140, 181, 182, 183, 184, 185
Ball screw 滾珠螺桿　131, 156, 157, 159, 160, 161, 162
Base tangent length 跨齒厚　173
Bearing cage 保持架　132
Bearing clearance 軸承間隙　136, 146, 150
Bimorph 雙層膜　192
Burnished cell mounting 鉚合固緊　241

C

Capability of accuracy 製程準確度　92, 93, 103, 129
Capability of precision 製程精密度　93, 103, 129
Central processing unit, CPU 中央處理器　219, 220, 221, 223
Centre line average roughness 中心線平均粗糙度　77, 78
Circular run-out 圓偏轉度　32, 33, 36, 44, 57, 160
Circumference load 圓周負載　140, 142, 143, 144, 145
Clearance fit 餘隙配合　27, 28, 55, 59, 70
Closed-loop control system 閉迴路控制系統　196, 198, 204, 212, 213, 216, 229
Closing link 封閉環　96, 97, 98, 99, 100, 101, 102, 103, 104, 105, 106, 107, 109, 110, 111, 112, 113, 114, 115, 116, 117, 118, 120, 121, 122, 123, 124, 125, 126, 127, 129, 130
Coaxiality/Concentricity 同心度　32, 33, 35, 40, 45, 55, 57, 60, 61, 62, 65, 66, 67, 68, 69, 70, 71, 73, 141, 167, 250
Coefficient of thermal expansion, CTE 熱膨脹係數　138, 192, 236, 237, 238, 255, 267,

268, 269
Collimator 準直儀 206, 264, 265, 266
Comb driver 梳狀致動器 190, 191
Common datum 共同基準 37, 38, 43, 45, 46, 63, 141
Compensating link 補償環 96
Component link 組成環 96, 97, 98, 99, 100, 101, 102, 103, 104, 105, 106, 107, 108, 109, 110, 111, 112, 113, 114, 115, 116, 117, 118, 119, 120, 121, 122, 123, 124, 125
Conical gear 錐形齒輪 178
Continuous flange mounting 連續法蘭環固緊 244, 245
Cruise control system 定速巡航系統 216, 217
Cumulative pitch deviation 節距累積誤差 166
Cumulative tolerance 累積公差 18, 19, 20, 21, 22, 23, 24, 25, 50, 96
Cylindricity 圓柱度 32, 33, 34, 44, 45, 57, 74, 76, 141, 145

D

Datum 基準 2, 3, 27, 28, 32, 33, 35, 36, 37, 38, 39, 40, 41, 42, 43, 44, 45, 46, 56, 57, 60, 61, 62, 63, 64, 66, 67, 68, 69, 73, 74, 77, 78, 79, 80, 96, 106, 138, 141, 146, 152, 153, 154, 155, 156, 158, 160, 163, 176, 180, 228, 250, 264, 265
Datum feature 基準形態 33, 37, 38, 39, 41, 42, 43, 44, 45, 46, 56, 57, 60, 62, 66, 67, 141
Datum system 基準系統 38, 41, 42, 43, 44
Decenter 偏心 10, 168, 182, 184, 239
Decreasing link 減環 96, 97, 98, 99, 100, 103, 106, 107, 108, 114, 115, 116, 117, 120, 121, 122, 123, 130
Defocus 離焦 267
Derivative control 微分控制 218, 219
Derived feature 衍生形態 33, 37, 39, 56
Despace 軸向移位 239
Dielectrophoresis 介電泳動 195
Diffuser 擴散片 264
Digital micromirror device, DMD 數位微鏡裝置 191
Dimension deviation 尺寸誤差 7, 88
Double flank testing machine 雙齒腹嚙合測試機 167
Double lead worm 雙導程螺桿 178
Double nut compressive preload 雙螺帽壓縮式預壓 161
Double nut tensive preload 雙螺帽拉伸式預壓 161
Drop-in assembly 直接置入組裝 247

E

Elastomeric mounting 彈性膠固緊 243
Electromagnetic actuator 電磁式致動器 189, 190
Electrostatic actuator 靜電式致動器 190, 191
Electrothermal actuator 電熱式致動器 192
Electrowetting 電濕潤 195
Encoder 編碼器 167, 168, 170, 188, 227, 228, 229
Enhanced crystal lens 液晶透鏡 198

Envelope requirement 包容要求　50, 52, 53, 54, 55, 57, 74
Envelpoe Requirement 包容要求　50, 52, 53, 54, 55, 57, 74
Error 誤差　1, 2, 3, 4, 5, 6, 7, 8, 10, 12, 13, 17, 32, 33, 36, 42, 45, 54, 56, 57, 66, 73, 86, 88, 111, 133, 135, 157, 158, 159, 160, 164, 165, 166, 167, 168, 169, 170, 174, 176, 177, 180, 216, 218, 219, 225, 239, 252, 254, 265

F

Filter 濾波片　264
First natural frequency 第一自然頻率　237
Fit 配合　8, 11, 14, 16, 25, 26, 27, 28, 29, 30, 31, 41, 44, 52, 55, 56, 58, 59, 60, 62, 65, 69, 70, 72, 73, 74, 76, 82, 83, 86, 97, 98, 107, 121, 123, 136, 137, 139, 140, 141, 142, 143, 144, 145, 148, 149, 151, 153, 167, 170, 242, 246, 247, 248, 250, 260, 269
Flatness 真平度　32, 33, 34, 36, 40, 49, 56, 57
Form tolerance 形狀公差　12, 32, 33, 43, 45, 50, 52, 54, 56, 57, 74
Function chart programming, FBD 功能圖程式 223
Fundamental deviation 基礎偏差　14, 16, 27, 28, 29, 30, 170, 171

G

Gaussian distribution 高斯分配　89
General tolerance 通用公差、一般公差　17, 18, 20, 43, 46, 47, 48, 49, 53, 54, 55, 73
General tolerances for geometrical tolerances 幾何公差之通用公差　46
Geometrical tolerance 幾何公差　9, 11, 12, 31, 32, 33, 34, 36, 37, 39, 40, 41, 42, 43, 44, 45, 46, 47, 49, 50, 51, 52, 53, 54, 55, 56, 57, 59, 60, 61, 62, 64, 65, 66, 67, 68, 70, 71, 72, 73, 76, 83, 141, 145, 157, 160
Go/no-go gauge 極限量規　55

H

Hall element 霍爾元件　196, 198, 199, 204, 205, 212
Helical gear 螺旋齒輪　131, 163, 164, 165, 167, 178
Helix deviation 齒線誤差　165
Helix form deviation 齒線形狀偏差　165
Helix slope deviation 齒線傾斜偏差　165
Hole-based fit system 基孔制配合系統
Human machine interface, HMI 人機介面　224

I

Increasing link 增環　96, 97, 98, 99, 100, 103, 106, 107, 108, 113, 114, 115, 116, 117, 118, 120, 121, 122, 123, 130
Independency principle 獨立原則　50, 52, 53, 54, 55, 57, 58, 59, 66, 67, 83
Instruction List, IL 指令表　223
Instrumentation amplifier, INA 儀表放大器 225, 226, 227, 233
Integral control 積分控制　218, 219
Interference fit 干涉配合　27, 28, 30, 31, 55,

72, 139, 148

K

Kinematic mount 運動學裝配 235, 259, 260, 261
Kinematic pair 運動對 2
Kinematic reference 運動基準 2

L

Ladder programming, LAD 階梯圖程式 223
Lathe assembly 超精密組裝 247, 248
Lead 導程 156, 157, 158, 159, 161, 162, 178
Lead, specified 代表導程 158
Lead. nominal 標稱（基準）導程 158
Least material condition, LMC 最小實體狀況 51, 63, 66, 67, 68, 69, 72
Least Material Requirement (LMR) 最小實體要求 50, 52, 53, 56, 57, 65, 66, 68, 69, 70, 72
Least material requirement, LMS 最小實體要求 50, 52, 53, 56, 57, 65, 66, 68, 69, 70, 72
Least material size, LMS 最小實體尺度 51
Least material virtual condition, LMVC 最小實體虛擬狀況 51, 52, 65, 67
Least material virtual size, LMVS 最小實體實效尺寸 52
Lens-holder 鏡頭夾持座 199, 202, 207, 209
Linear bearing 線性滾珠軸承 150, 151
Linear guideway 線性滑軌 131, 150, 151, 152, 153, 154, 186
Link 環 96
Liquid lens 液體透鏡 198
Liquid pinning 膠合銷 250
Location tolerance 定位公差 32, 41, 56, 59
Long wave portion of single flank composite deviation 低頻濾波之單齒腹嚙合誤差 169
Lorentz force 羅倫茲力 202, 203
Lower limit deviation 下偏差 13, 16, 99, 100, 101, 102, 103, 104, 106, 114, 121, 123, 124, 125, 126, 128, 170, 171
Lower limit of size 下界限尺度 13
Lower specification limit 規格下限 91, 92, 94, 102, 106
Low-outgassing 低逸氣 243, 256
Lubrication of ball screws 滾珠螺桿之潤滑 162

M

Magnetoconductive plate 導磁片 196, 198, 199, 200, 202, 203, 207, 209, 212
Magnetostrictive actuator 磁致伸縮式致動器 194, 195
Maximal material requirement, MMR 最大實體要求 50, 52, 53, 55, 56, 57, 58, 59, 60, 61, 62, 63, 64, 65, 70, 71, 72
Maximum material condition, MMC 最大實體狀況 51, 55, 56, 60, 61, 63, 67, 68, 69, 71, 99
Maximum Material Requirement (MMR) 最大實體要求 50, 52, 53, 55, 56, 57, 58, 59, 60, 61, 62, 63, 64, 65, 70, 71, 72
Maximum material size, MMS 最大實體尺度 51, 55

Maximum material virtual condition, MMVC 最大實體虛擬狀況　51, 52, 64, 70, 71
Maximum material virtual size, MMVS 最大實體虛擬尺寸　51, 58, 59, 60, 62, 63, 64, 70
Mean peak-to-valley roughness, Rz 十點平均粗糙度　78, 79
Mean shift 中間值偏移　93
Memory 記憶體　219, 220, 221, 222, 223, 233
Metering rod 定量桿　269
Micro Controller Unit, MCU 微控制器　215, 219, 220, 221, 233
Microactuator 微致動器　188, 189, 192, 197
Micro-Electro-Mechanical System, MEMS 微機電系統　189, 190
Micromotion actuator 微動致動器　189
Multiple datums 多基準　37, 38, 43, 44, 63, 64
Multiple spring-clip mounting 多重彈片固緊　243, 244

N

Nominal size 標稱尺度　13, 14, 15
Nominal value 標稱值　2, 3, 13
Normal backlash 法向背隙　171, 175, 186
Normal distribution 常態分配　87, 89, 90, 91, 92

O

Open-loop control system 開迴路控制系統　216
Operational amplifier, OPA 運算放大器　225, 226, 227
Optical axis 光軸　239, 250, 253, 264, 265
Orientation location 方向公差　41, 43, 57
Outgassing 逸氣　243, 256
Over ball 量球距　173
Over pin 量銷距　173
Overlap Contact Ratio 近接接觸率　167
Oversized ball preload 過大鋼珠預壓　161

P

Parallelism 平行度　32, 33, 35, 57, 145, 152, 155, 176, 177
PD controller 比例微分控制器　219
Percentage overshoot 過衝百分比　218
Permanent magnet 永久磁鐵　199, 202, 203, 207, 209, 212
Permissible residual unvalance 許可不平衡
Perpendicularity 垂直度　32, 33, 35, 43, 44, 46, 48, 57, 58, 141, 160
Photodiode 光二極體　228
Phototransistor 光電晶體　224, 228
PI controller 比例積分控制器　219
Piezoelectric actuator 壓電式致動器　189, 191, 194
Piezoelectric motor 壓電馬達　197, 199, 213
Pitch deviation 節距誤差　165, 166, 167
Pitch variation error 鄰接節距誤差　166
Pitching 俯仰　152
Pitch-shift preload 導程偏移預壓　162
Plunger 定位柱　262, 263
Pneumatic and hydraulic actuators 氣液壓式致動器　189, 193
Point load 點負載　140, 143, 144, 145

Poker-chip assembly 次鏡筒堆疊組裝 248, 251
Polymer deformable membrane 可變形高分子膜 198
Position 正位度 32, 33, 35, 39, 40, 43, 57, 59, 62, 63, 64, 65, 66, 68, 69
Power amplifier 功率放大器 229, 230, 231, 233
Power transistor 功率電晶體 231, 232
precision 精密度 4, 5, 93, 103, 129, 132, 229
Precision factor 依精度因子配置；精度因子 107, 111, 112, 113, 119, 120
Preload 預壓 137, 146, 147, 148, 156, 161, 162, 207, 209, 211, 244, 262
Process capability index 製程能力指數 94, 103, 104, 123, 129
Profile any line 曲線輪廓度 32, 33, 57
Profile any surface 曲面輪廓度 32, 33, 57
Profile deviation 齒形誤差 165, 167
Profile form deviation 齒形形狀偏差 166
profile shifting 移位 170, 225, 239, 256
Profile slope deviation 齒形傾斜偏差 166
Programmable logic controller, PLC 可程式邏輯控制器 223
Projected tolerance zone 延伸區域 40, 41
Proportional control 比例控制 218, 219
Proportional scaling 等比例配置 107, 108, 111, 112, 113
Proportional-Integral-Derivative controllerPID 控制器 200, 205, 206, 207, 215, 216, 218, 219, 220, 221, 223, 229, 233

R

Radial backlash 徑向背隙 175, 186
Radial clearance of bearings 軸承徑向間隙 138
Radial composite runout deviation 嚙合偏轉誤差 169
Radial runout 徑向偏轉 133, 135
Random error 隨機誤差 3, 4
Reciprocity requirement 可逆要求 70, 71
Reciprocity requirement associated with LMR 可逆最小實體要求 72
Reciprocity requirement associated with MMR 可逆最大實體要求 70, 71, 72
Relay 繼電器 223
repeatability 重複精度 4, 5, 197, 198, 206, 207, 209, 210, 212
Repeatability 重現度 261
reproducibility 重現精度 4, 5
resolution 解析度 5, 9, 191, 197, 204, 212, 228
Reticle 刻畫版 265
Rise time 上升時間 218, 219
Rolling 翻滾 152, 154
Rolling beraing 滾動軸承 55, 131, 132, 150, 152, 180, 186
Room-temperature vulcanizing, RTV 彈性膠（RTV 膠） 235, 243, 245, 255, 256, 267, 272
Root sum square, RSS 均方根和模式 101
Roughness 表面粗糙度 9, 12, 76, 77, 78, 79, 80, 81, 83

Roundness 真圓度　32, 33, 34, 53, 57, 141, 250
Runout error 齒面偏轉誤差　167, 168
Run-out tolerance 偏轉公差　33, 37, 38, 48, 57, 141

S

Scaling factor 尺度因子　96
Seebeck effect 席貝克效應　224
Semi-kinematic mount 半運動學裝配　260, 270
sensitivity 靈敏度　5, 225, 233
Sensor 感測器　188, 211, 216, 220, 224, 225, 227, 230, 233, 265
Sequential function chart, SFC 順序功能流程圖程式　223
Servo motor 伺服馬達　215, 229, 230, 234, 267
Settling time 安定時間　218, 219
Shaft inclination 軸傾斜度　176, 177
Shaft skew 軸歪斜度　176
Shaft-based fit system 基軸制配合系統　27
Shape memory alloy actuator 形狀記憶合金致動器　192, 193
Short wave portion of single flank composite deviation 高頻濾波之單齒腹嚙合誤差　169
Side runout 側向偏轉　133, 135
Silicon elastomer 矽橡膠　243
Simulated datum feature 模擬基準形態　42, 45, 46
Single flank testing machine 單齒腹嚙合測試機　167
Single pitch deviation 單一節距誤差　166
Sinlge point diamond turning, SPDT 單點鑽石車削　247
Spring mounting 彈簧固緊　240
Standard tolerance, IT (International tolerance) 標準公差　14, 15, 16, 103, 170, 172
Statistical model 統計模式　101
Steady state error 穩態誤差　218, 219
Steady-state thermal stability 穩態的熱穩定性　237
Stepping motor 步進馬達　190, 197, 199, 213
Straightness 真直度　32, 33, 34, 36, 39, 49, 50, 53, 54, 56, 57, 58
Strain gauge 應變計　224, 225
stray light 雜散光　237
Structured text ，ST 結構式文件編程語言　223
Symmetry 對稱度　32, 33, 35, 46, 49, 57
System error 系統誤差　3, 4, 6

T

Thermal bubble inkjet head 熱氣泡式噴墨印表頭　192
Threaded retaining ring mounting 螺牙固定環固緊　242
Tilt 傾斜　32, 33, 35, 41, 43, 57, 77, 165, 166, 176, 177, 179, 206, 208, 209, 210, 239, 248, 263, 265, 271
Time domain response 時域響應　217
Tolerance on specified travel 代表行程公差　158
Tooth thickness 齒厚　170, 171, 172, 173, 174,

177, 178, 186
Tooth- to-tooth radial composite deviation 鄰接雙齒腹嚙合綜合誤差 169
Tooth- to-tooth tangential composite deviation 鄰接橫向綜合誤差，單齒腹嚙合誤差 168, 169
Toroidal 超環面 253
Total cumulative pitch deviation 節距累積總誤差 166
Total helix deviation 齒線總和偏差 166
Total profile deviation 齒形總和偏差 166
Total radial composite deviation 雙齒腹嚙合綜合總誤差 169
Total run-out 總偏轉度 32, 33, 36, 57, 160
Total tangential composite deviation 橫向綜合總誤差，單齒腹嚙合誤差 168
Transformation Ratio 傳遞係數 96, 97
Transition fit 過渡配合 27, 28, 30, 31
Transverse backlash 橫向背隙 174, 175, 186
Travel 行程 158, 159, 160, 184, 186, 189
Travel compensation 行程補償 158
Travel deviation 行程誤差 158, 159
Travel deviation, actual mean 真實平均行程誤差 e_{0a} 158
Travel deviation, actual specified mean 真實代表行程誤差 e_{sa} 159
Travel variation 行程變動值 159
Travel, actual 真實行程 158
Travel, actual mean 真實平均行程 158, 159
Travel, nominal 標稱（基準）行程 158
Travel, specified 代表行程 158, 159

U

Upper limit deviation 上偏差 13, 16, 100, 101, 102, 106, 114, 121, 123, 124, 125, 126, 128, 170, 171
Upper limit of size, ULS 上界限尺度 13
Upper speciation limit, USL 規格上限 91, 92, 94, 102, 106, 125
Useful travel 有效行程 158, 159

V

Variable frequency drive，VFD 232
Virtual condition，VC 51, 201, 202, 205, 206, 221, 222
Voice coil motor 音圈馬達 196, 197, 198, 199, 200, 202, 203, 204, 205, 206, 207, 208, 209, 210, 211, 212, 213, 267
Voltage follower 電壓隨耦器 225, 226

W

Worst case model 最壞狀況模式 99

Y

Yawing 偏滾 152

國家圖書館出版品預行編目資料

精密機械設計／蔡錫錚等著. -- 初版. -- 臺北市：五南, 2015.06
面； 公分
ISBN 978-957-11-7846-2 (平裝)

1.機械設計

446.19 103018734

5DI6

精密機械設計
Precision Machine Design

作 者— 蔡錫錚 賴景義 劉建聖 陳世叡 陳怡呈
發 行 人— 楊榮川
總 經 理— 楊士清
總 編 輯— 楊秀麗
主 編— 高至廷
責任編輯— 王者香
封面設計— 簡愷立
出 版 者— 五南圖書出版股份有限公司
地 址：106台北市大安區和平東路二段339號4樓
電 話：(02)2705-5066 傳 真：(02)2706-6100
網 址：https://www.wunan.com.tw
電子郵件：wunan@wunan.com.tw
劃撥帳號：01068953
戶 名：五南圖書出版股份有限公司
法律顧問 林勝安律師事務所 林勝安律師
出版日期 2015年6月初版一刷
2021年3月初版四刷
定 價 新臺幣390元

經典永恆・名著常在

五十週年的獻禮——經典名著文庫

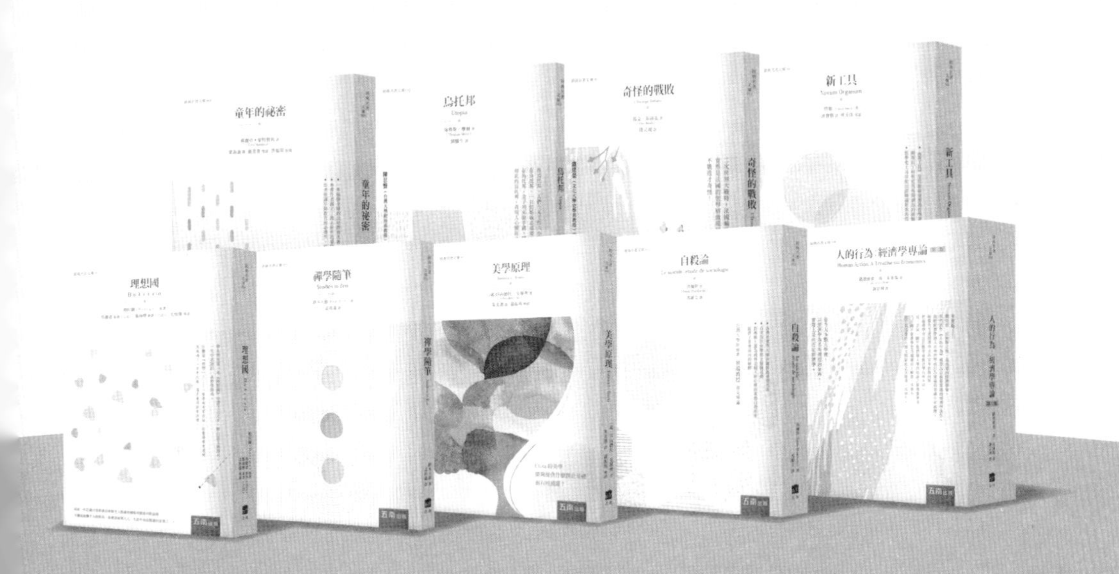

五南，五十年了，半個世紀，人生旅程的一大半，走過來了。
思索著，邁向百年的未來歷程，能為知識界、文化學術界作些什麼？
在速食文化的生態下，有什麼值得讓人雋永品味的？

歷代經典・當今名著，經過時間的洗禮，千錘百鍊，流傳至今，光芒耀人；
不僅使我們能領悟前人的智慧，同時也增深加廣我們思考的深度與視野。
我們決心投入巨資，有計畫的系統梳選，成立「經典名著文庫」，
希望收入古今中外思想性的、充滿睿智與獨見的經典、名著。
這是一項理想性的、永續性的巨大出版工程。
不在意讀者的眾寡，只考慮它的學術價值，力求完整展現先哲思想的軌跡；
為知識界開啟一片智慧之窗，營造一座百花綻放的世界文明公園，
任君遨遊、取菁吸蜜、嘉惠學子！